工程图学基础与计算机绘图

张　琳　马晓丽　编著

莫正波　主审

中国建材工业出版社

图书在版编目（CIP）数据

工程图学基础与计算机绘图/张琳，马晓丽编著.
—北京：中国建材工业出版社，2012.9（2020.8 重印）
ISBN 978-7-5160-0161-5

Ⅰ.①工…　Ⅱ.①张…　②马…　Ⅲ.①工程制图—计
算机制图—高等学校—教材　Ⅳ.①TB237

中国版本图书馆 CIP 数据核字（2012）第 104460 号

内 容 简 介

工程图学基础与计算机绘图是在教育部相关课程的教学基本要求及总结同类院校工程制图教学改革的基础上编写而成。

本书在注重制图基本训练和计算机绘图训练的同时，还兼顾了理论学习和实践技能培养两方面要求，使学生在进行本门课程学习的过程中得到科学思维方法的培养与空间思维能力和创新能力的开发与提高。

本书可作为普通高等院校本科非机械类相关专业教材，也可作为工程技术人员的培训教材。

工程图学基础与计算机绘图

张琳　马晓丽　编著

出版发行：中国建材工业出版社
地　　址：北京市海淀区三里河路 1 号
邮　　编：100044
经　　销：全国各地新华书店
印　　刷：北京雁林吉兆印刷有限公司
开　　本：850mm×1168mm　1/16
印　　张：17.5
字　　数：542 千字
版　　次：2012 年 9 月第 1 版
印　　次：2020 年 8 月第 4 次
定　　价：**56.00 元**

本社网址：www.jccbs.com.cn
本书如出现印装质量问题，由我社发行部负责调换。联系电话：（010）88386906

前　言

本书是根据教育部制定的高等学校工科本科"画法几何及工程制图课程教学基本要求"，在充分总结了同类院校工程制图课程教学改革成果的基础上编写而成的，在教材中兼顾了理论学习和实践技能培养两方面的要求，使学生在学习制图基本知识、进行制图基本训练和计算机绘图训练的同时，得到科学思维方法的培养以及空间思维能力和创新能力的开发与提高。

《工程图学基础与计算机绘图》作为一门技术基础课，它融工程制图知识与计算机绘图内容于一体。本书将计算机绘图作为一种绘图工具，建立以工程制图知识为基础、计算机绘图为绘图工具的教学体系，选用 AutoCAD2010 绘图软件，将 AutoCAD 绘图的内容编写在教材中，极大地调动和提高了学生的学习积极性和兴趣。

全书共分为十章，主要内容有：制图的基本知识，投影法和点、直线、平面的投影，立体的投影，组合体的视图与尺寸标注，轴测图，机件的常用表达方法，标准件和常用件，零件图，装配图和计算机绘图。在编写内容上做到了由浅入深、由简及繁，并使之环环相扣，具有较强的系统性。

本书主要有以下几个方面特点：

1. 在注重学生使用手工仪器工具绘图、徒手画草图等绘图能力培养的同时，注意培养学生分析和解决工程实际绘图问题的能力和创造能力。

2. 文中叙述力求简捷明了，重要的作图大多都选择了分步图的形式，对基本概念、投影规律以及较为复杂的投影图，都绘制了空间示意图。

3. 全书贯穿了最新的技术制图与机械制图国家标准及有关的其他标准。

4. 第十章配有与教学内容相结合的实例练习和习题，能够使学生迅速领会机械图的绘制方法。

本书可作为普通高等学校本科非机械类相关各专业的教材，也可作为工程技术人员的培训教材和参考技术资料。与本书配套的马晓丽和张琳主编的《工程图学基础与计算机绘图习题集》也由中国建材工业出版社同时出版。

本书由青岛理工大学张琳、马晓丽担任编著，由莫正波担任主审，参加编写和整理工作的还有：张效伟、杨月英、宋琦、滕绍光、高丽燕、於辉、黄蕾、王诗言、许文君、张学秀等。在编写过程中，编者吸收和借鉴了国内外同行专家的一些先进经验和成果，也得到了中国建材工业出版社的热情帮助，在此表示衷心的感谢！

由于水平有限，书中难免会有不足之处，敬请广大同仁和读者批评指正。

编　者

2012 年 8 月

目　　录

第一章　制图的基本知识 …………………………………………………………………… 1

第一节　国家标准《技术制图》和《机械制图》 ………………………………… 1
第二节　绘图工具及仪器的使用方法 ……………………………………………… 10
第三节　几何作图 …………………………………………………………………… 13
第四节　绘制平面图形 ……………………………………………………………… 16

第二章　投影法和点、直线、平面的投影 ……………………………………………… 22

第一节　投影法 ……………………………………………………………………… 22
第二节　点的投影 …………………………………………………………………… 25
第三节　直线的投影 ………………………………………………………………… 29
第四节　平面的投影 ………………………………………………………………… 36

第三章　立体的投影 ………………………………………………………………………… 42

第一节　平面立体的投影 …………………………………………………………… 42
第二节　曲面立体的投影 …………………………………………………………… 44
第三节　平面与平面立体相交 ……………………………………………………… 50
第四节　平面与曲面立体相交 ……………………………………………………… 52
第五节　两曲面立体相交 …………………………………………………………… 60

第四章　组合体的视图与尺寸标注 ……………………………………………………… 67

第一节　三视图的形成及其特性 …………………………………………………… 67
第二节　画组合体的视图 …………………………………………………………… 69
第三节　读组合体视图 ……………………………………………………………… 76
第四节　组合体的尺寸标注 ………………………………………………………… 82

第五章　轴测图 ……………………………………………………………………………… 90

第一节　轴测图基本知识 …………………………………………………………… 90
第二节　正等轴测图 ………………………………………………………………… 91
第三节　斜二轴测图 ………………………………………………………………… 96

第六章　机件的常用表达方法 …………………………………………………………… 100

第一节　视图 ………………………………………………………………………… 100
第二节　剖视图 ……………………………………………………………………… 103
第三节　断面图 ……………………………………………………………………… 113
第四节　局部放大图、简化画法和其他规定画法 ……………………………… 115
第五节　第三角画法简介 …………………………………………………………… 120

第七章　标准件、齿轮和弹簧 ··· 123

　　第一节　螺纹 ··· 123

　　第二节　螺纹紧固件 ·· 129

　　第三节　键联结和销连接 ·· 133

　　第四节　齿轮 ··· 136

　　第五节　滚动轴承 ··· 138

　　第六节　弹簧 ··· 140

第八章　零件图 ··· 142

　　第一节　零件图的作用与内容 ··· 142

　　第二节　零件的表达方案的选择与尺寸标注 ··· 143

　　第三节　零件的结构工艺性简介 ·· 146

　　第四节　零件图的技术要求 ·· 148

第九章　装配图 ··· 155

　　第一节　装配图的内容 ·· 155

　　第二节　装配图的表达方法 ·· 156

　　第三节　装配图中的零、部件序号和明细栏 ··· 158

　　第四节　画装配图的方法和步骤 ·· 159

第十章　计算机绘图 ·· 163

　　第一节　AutoCAD2010 基本知识 ··· 163

　　第二节　绘图环境设置与常用基本操作 ··· 168

　　第三节　辅助绘图命令 ·· 179

　　第四节　常用二维绘图命令 ·· 186

　　第五节　二维图形编辑命令 ·· 195

　　第六节　文字 ··· 205

　　第七节　尺寸标注 ··· 212

　　第八节　图块 ··· 224

　　第九节　三维实体建模 ·· 237

附录 ··· 248

参考文献 ··· 274

第一章　制图的基本知识

工程图样是现代机器制造过程中重要的技术文件之一，是工程界的技术语言。设计师通过图样设计新产品，工程师依据图样制造新产品。此外，图样还广泛应用于技术交流中。

在各个工业部门，为了科学地进行生产和管理，对图样的各个方面，如图幅的安排、尺寸注法、图纸大小、图线粗细等，都需要有统一的规定，这些规定称为制图标准。

本章介绍由国家颁布的机械制图国家标准（简称国标）、绘图工具的使用、几何作图和平面图形尺寸分析等有关的制图基本知识。

第一节　国家标准《技术制图》和《机械制图》

国家标准《机械制图》是我国颁布的一项重要技术指标，它统一规定了生产和设计部门所共同遵守的画图规则，每个工程技术人员在绘制工程图样时必须严格遵守这些规定。

一、图纸幅面式与格式（GB/T 14689—2008）

1. 图纸幅面

绘制技术图样时，应优先选用表 1-1 所规定的基本幅面。必要时，允许选用规定的加长幅面，这些幅面的尺寸是由基本幅面的短边成整倍数的增加得出，如图 1-1 所示。

表 1-1　图纸幅面尺寸　　　　　　　　　　　　　　　　（mm）

幅画代号	A0	A1	A2	A3	A4
$B \times L$	841×1189	594×841	420×594	297×420	210×297
e	20			10	
c	10			5	
a	25				

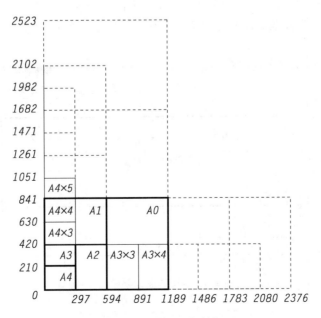

图 1-1　图纸幅面及加长幅面

2. 图框格式及方向符号

图纸既可横放也可竖放。画图前先用粗实线画出边框线，尺寸在表1-1中可查到。格式分为留有装订边和不留装订边两种，见图1-2。同一产品的图样，只能采用一种格式。

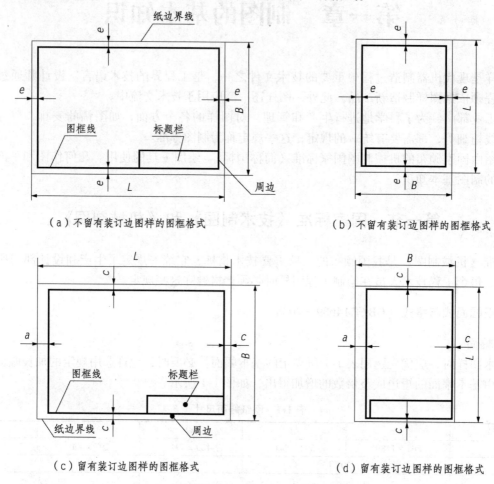

（a）不留有装订边图样的图框格式　　　　　（b）不留有装订边图样的图框格式

（c）留有装订边图样的图框格式　　　　　（d）留有装订边图样的图框格式

图1-2　图框格式

图纸上必须有标题栏。一般情况下，标题栏画在图纸的右下角，紧贴下边框线和右边框线。标题栏主要内容如图1-3所示。国家标准对标题栏内容并没有硬性规定，企业可以根据情况添加或删减其他有关的内容。

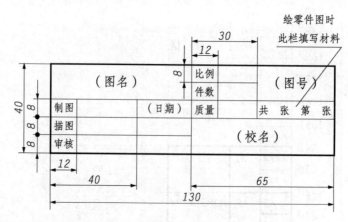

图1-3　制图作业标题栏尺寸

2

二、比例（GB/T14690—1993）

比例是图样中图形与其实物相应要素的线性尺寸之比。作图时，应尽量采用原值比例。如果机件太大或太小，可适当选用缩小或放大的比例画图。表 1-2 左半部分为国家标准中推荐优先选用的第一系列比例，必要时也允许选用表右半部分的第二系列比例。但是不论采用何种比例，图中所注的尺寸数值应为机件的实际尺寸。

表 1-2　标准比例系列

种类	第一系列		第二系列	
原值比例	1 : 1		—	
放大比例	2 : 1　　5 : 1		2.5 : 1　　4 : 1	
	$1 \times 10^n : 1$　$2 \times 10^n : 1$　$5 \times 10^n : 1$		$2.5 \times 10^n : 1$　$4 \times 10^n : 1$	
缩小比例	1 : 2　　1 : 5　　1 : 10		1 : 1.5　1 : 2.5　1 : 3　1 : 4　1 : 6	
	$1 : 2 \times 10^n$　$1 : 5 \times 10^n$　$1 : 1 \times 10^n$		$1 : 1.5 \times 10^n$　$1 : 2.5 \times 10^n$　$1 : 3 \times 10^n$　$1 : 4 \times 10^n$　$1 : 6 \times 10^n$	

注：n 为正整数。

三、字体（GB/T 14691—1993）

书写字体必须做到：字体工整、笔画清楚、间隔均匀、排列整齐。字体高度（用 h 表示）的公称尺寸系列为：1.8mm、2.5mm、3.5mm、5mm、7mm、10mm、14mm、20mm。如果要书写更大的字，其字体高度应按 $\sqrt{2}$ 的比率递增。字体高度代表字体的号数，图样中的字体可分为汉字、字母和数字。表 1-3 给出了字体与图幅的关系。

表 1-3　字体与图幅的关系

图幅	A0	A1	A2	A3	A4
汉字	7	7	5	5	5
字母与数字	5	5	3.5	3.5	3.5

1. 汉字

汉字应写成长仿宋体，并应采用国家正式公布的简化字。汉字的高度 h 应不小于 3.5mm，其字宽一般为 $h/\sqrt{2}$。书写汉字的要点为：横平竖直、注意起落、结构匀称、填满方格。汉字的示例如下：

10 号字

字体工整　笔画清楚　间隔均匀　排列整齐

7 号字

横平竖直注意起落结构均匀填满方格

5 号字

技术制图机械电子汽车航空船舶土木建筑矿山井坑港口纺织服装

3.5 号字

螺纹齿轮端子接线飞行指导驾驶舱位挖填施工引水通风间阀坝棉麻化纤

2. 字母和数字

字母和数字分为 A 型和 B 型。A 型字体的笔画宽度为字高的 1/14；B 型字体的笔画宽度为字高的

1/10。在同一图样上，只允许选用一种字型。一般采用 A 型斜体字，斜体字的字头向右倾斜，与水平线成 75°。以下字例为 A 型斜体字母、数字和 A 型直体拉丁字母：

拉丁字母大写斜体：

拉丁字母小写斜体：

罗马数字斜体：

阿拉伯数字斜体：

拉丁字母大写直体：

拉丁字母小写直体：

希腊字母示例

3. 字母和数字应用示例

（1）用作指数、分数、极限偏差、注脚等的字母及数字，一般采用小一号字体，其应用示例如下：

4

10^3 S^{-1} D_1 Td $\phi 20^{+0.070}_{-0.023}$ $7^{\circ+1^{\circ}}_{-2^{\circ}}$ $\frac{3}{5}$

（2）其他应用示例如下：

$10Js5(\pm 0.003)$ $M24\text{-}6h$

$\phi 25\dfrac{H6}{m5}$ $\dfrac{\text{II}}{2:1}$ $\dfrac{A\frown}{5:1}$ $6.3\diagdown$

四、图线（GB/T17450—1998）

图线是图中所采用各种形式的线，国家标准规定图线的基本线型有 15 种，所有线型的图线宽度（b）应按图样的类型、大小和复杂程度在数系：0.13mm，0.18mm，0.25mm，0.35mm，0.5mm，0.7mm，1mm，1.4mm，2mm 中选取，此数系的公比为 $\sqrt{2}$。

机械图样通常采用表 1-4 列出的 8 种图线；按线宽分为粗线和细线两种，宽度比为 2∶1。在本课程作业中，粗实线宽度（b）一般以 0.7~1mm 为宜。

表 1-4　基本线型

图线名称	图线型式	图线宽度	应用举例
粗实线	——————	b	可见轮廓线，可见过渡线
细实线	——————	约 $b/2$	尺寸线，尺寸界限，剖面线，重合断面的轮廓线，引出线
虚线	- - - - - -	约 $b/2$	不可见轮廓线，不可见过渡线
波浪线	～～～	约 $b/2$	断裂处的边界线
双折线	—\/\——	约 $b/2$	断裂处的边界线，视图和剖视图的分界线
细点画线	—·—·—·	约 $b/2$	轴线，对称中心线
粗点画线	—·—·—·	b	有特殊要求的线和表面的表示线
双点画线	—··—··—	约 $b/2$	相邻辅助零件的轮廓线，极限位置的轮廓线，假想投影轮廓线，中断线

注：虚线中的"画"和"短间隔"，点画线和双点画线中的"长画"、"点"和"短间隔"的长度，国标中有明确规定。

图 1-4 是常用图线的用途示例。

画图线应注意以下几个问题（图 1-5）：

1. 同一图样中，同类图线的宽度应一致。同一条虚线、点画线和双点画线中的短画、短间隔、长画和点的长度应各自大致相等。点画线和双点画线的首尾两端应是长画而不是点。

2. 细点画线和细双点画线的首末端一般应是长画而不是点，细点画线应超出图形轮廓 2~5mm。当图形较小难以绘制细点画线时，可用细实线代替细点画线。

3. 当图线相交时，应是线段相交。当虚线在粗实线的延长线上时，在虚线和粗实线的分界点处应留出间隙。

4. 当不同图线互相重叠时，应按粗实线、细虚线、细点画线的先后顺序只画前面一种图线。

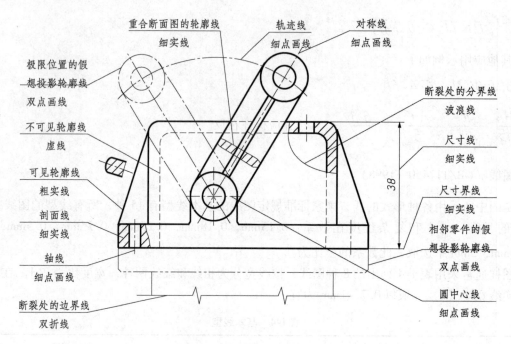

图 1-4　图线及其应用

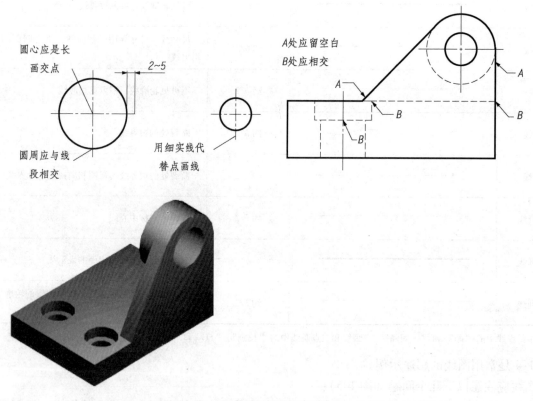

图 1-5　图线画法注意事项

五、尺寸注法（GB/T 4458.4—2003）

图形只能表达机件的结构形状，其真实大小应由尺寸确定。一张完整的图样，其尺寸注写应做到正确、完整、清晰、合理。本节只就尺寸的正确注法摘要介绍国家标准中有关注写尺寸的一些规定，对尺寸注写的其他要求将在后续章节中介绍。

1. 基本规则

（1）机件的真实大小应以图样上所注的尺寸数值为依据，与图形的大小及绘图的准确度无关。

（2）图样中（包括技术要求和其他说明）的尺寸，以毫米为单位时，不需标注计量单位的代号或名称，若采用其他单位，则必须注明相应计量单位的代号或名称。

（3）图样中所标注的尺寸，应为该图样所示机件的最后完工尺寸，否则应另加说明。

（4）机件的每一尺寸，一般只标注一次，并应标注在反映该结构最清晰的图形上。

2. 标注尺寸的基本规定

图样上标注的每一个尺寸，一般由尺寸界线、尺寸线和尺寸数字（包括必要的计量单位、字母和符号）组成，其相互间的关系如图1-6所示。

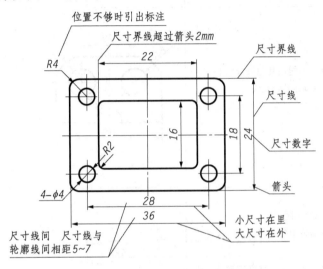

图1-6　尺寸的组成部分

有关尺寸数字、尺寸线、尺寸界线以及必要的符号和字母等有关规定见表1-5。

表1-5　尺寸注法的基本规则

项目	说　明	图　例
尺寸数字	1. 线性尺寸的数字一般应注写在尺寸线的上方，也允许写在尺寸线的中断处。	R20　φ27　36　40　60　80　70　20
	2. 线性尺寸数字的方向，一般按（a）图所示方向注写，并尽可能避免在图示30°范围内标注尺寸。当无法避免时，允许按（b）图标注。	30°　20　30°（a）　16　16（b）

项目	说　明	图　例
尺寸数字	3. 尺寸数字不可被任何图线通过，否则必须将该图线断开。	
尺寸线	1. 尺寸线用细实线绘制，不能用其他图线代替，一般也不能与其他图线重合或画在其延长线上。 　2. 标注线性尺寸时，尺寸线必须与所标注的线段平行。	 正确　　　　　　错误
尺寸终端	1. 箭头：适用于各种类型的图样。 　2. 斜线：当尺寸线的终端采用斜线形式时，尺寸线与尺寸界线必须相互垂直。 　3. 一张图样中只能采用一种尺寸线终端的形式，不能混用。	
尺寸界线	1. 尺寸界线用细实线绘制，并应由图形的轮廓线、轴线和对称中心线处引出。 　2. 也可利用轮廓线，轴线和对称中心线作尺寸界线。	
	3. 尺寸界线一般应与尺寸线垂直，当尺寸界线过于接近轮廓线时允许倾斜画出。 　4. 在光滑过渡处标注尺寸时，必须用细实线将轮廓线延长，从它们的交点处引出尺寸界线	

项目	说　明	图　例
直径与半径的注法	1. 标注直径时，应在尺寸数字前加符号"ϕ"。标注半径时，应在尺寸数字前加符号"R"。 2. 当圆弧大于180°时，应标注直径符号；小于或等于180°时标注半径符号。 3. 若大圆弧在图纸范围内无法标出圆心位置时，可不标出。	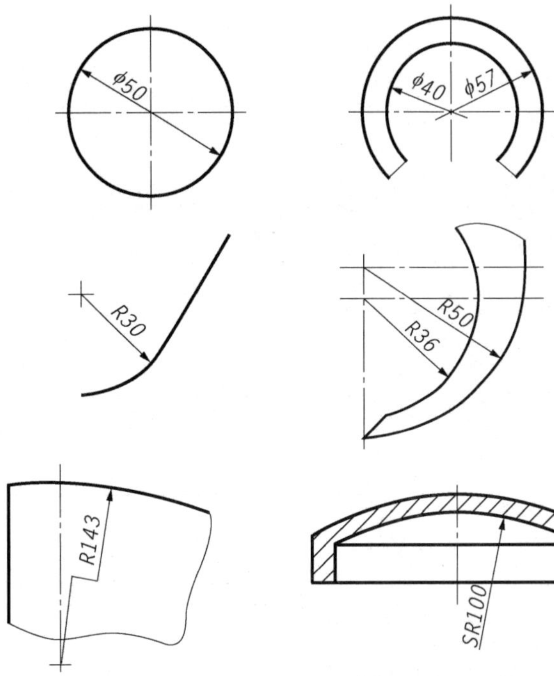
弧长及弦长	1. 标注弧长时，应在尺寸数字上方加注符号"⌢"。 2. 标注弦长和弧长的尺寸界线应平行于该弦的垂直平分线。	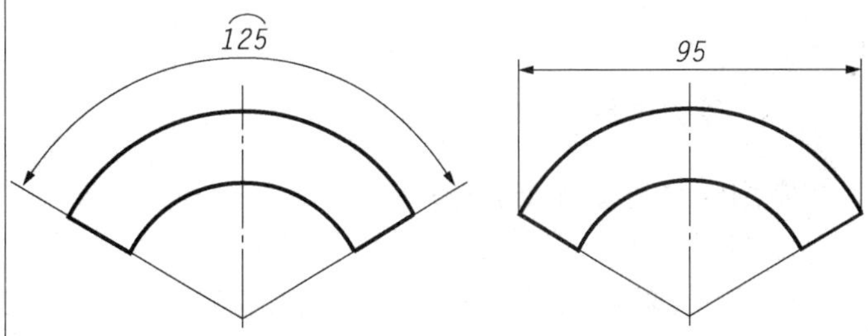
球的注法	标注球面的直径和半径时，应在符号"ϕ"和"R"前加符号"S"。	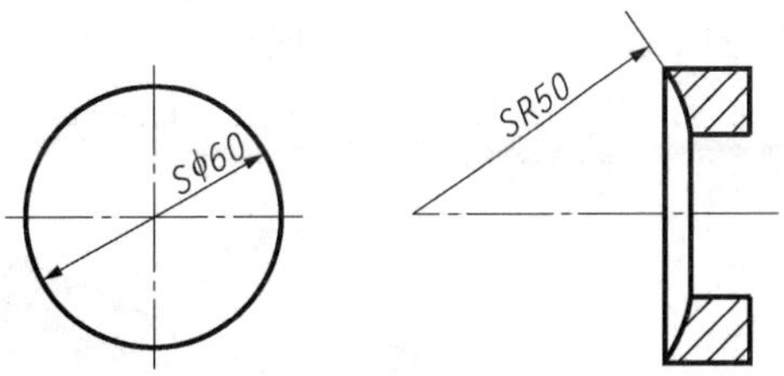
角度的注法	1. 角度数字一律写成水平方向。 2. 数字一般注写在尺寸线中断处，必要时可按图示形式标注。 3. 标注角度时，尺寸线应画成圆弧，其圆心是该角的顶点。	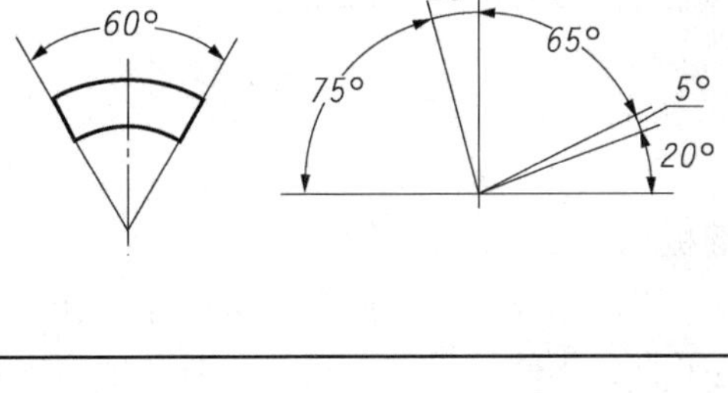

项 目	说　明	图　例
狭小部位的注法	在没有足够的位置画箭头或注写数字时，可按图示形式标注	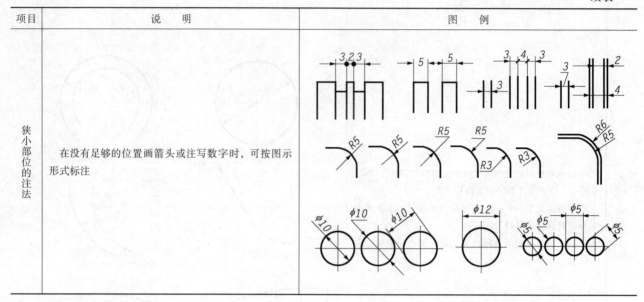

第二节　绘图工具及仪器的使用方法

手工绘图是工程技术人员的一项基本技能，绘图时，不仅需要一套绘图工具和仪器，而且还应正确地使用和维护，这样才能发挥它们的作用，保证绘图质量，提高绘图效率。下面简要介绍几种常用的绘图工具。

一、绘图工具

常用的手工绘图仪器及工具：铅笔、图板、丁字尺、三角板、比例尺、圆规、分规、曲线板等。

1. 铅笔

绘图采用绘图铅笔（图1-7）。铅笔端部的标号（如2B、B、HB、H、2H等）用来表明铅芯的软硬和黑度。H前的数值越大，铅芯越硬，所绘图线颜色越浅；B前的数值越大，铅芯越软，所绘图线颜色越深。常用的绘图铅笔其硬度一般为2B～H；通常打底稿时选用HB～H；写字时选用HB；加深粗实线时选用HB～B；加深圆弧时，一般要比粗实线的铅芯软一些，圆规用铅芯可选B～2B。

削铅笔时应从无标记的一端开始，以便保留标记，识别铅芯硬度。画粗实线时，铅芯磨成铲形，其余线型的铅芯磨成圆锥形。

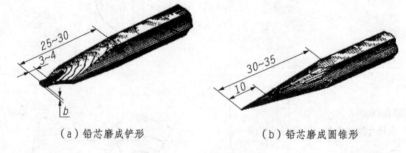

（a）铅芯磨成铲形　　　　　　　（b）铅芯磨成圆锥形

图1-7　绘图铅笔

2. 图板

图板为矩形木板，图纸用胶带纸固定其上，侧面是引导丁字尺移动的导边。使用时必须保持板面平坦，导边平直，不使其受潮、受热，避免磕碰（图1-8）。

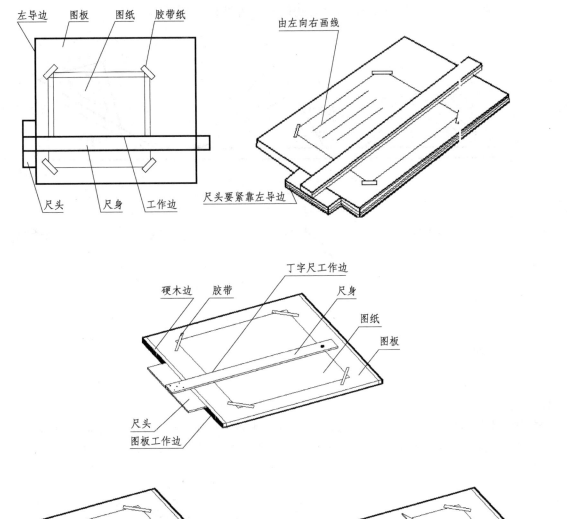

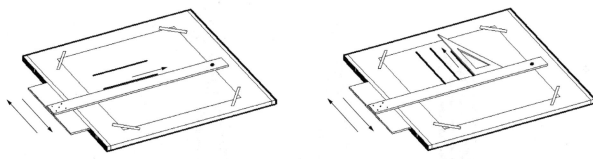

图 1-8　图板和丁字尺的使用

3. 丁字尺

丁字尺由尺头和尺身组成，是用来与图板配合画水平线的工具，尺身的工作边（有刻度的一边）必须保持平直光滑。画图时，尺头只能紧靠在图板的左边（不能靠在右边、上边或下边）上下移动，画出一系列的水平线，或结合三角板画出一系列的垂直线，如图 1-8 所示。

4. 三角板

一副三角板有 30°×60°×90° 和 45°×45°×90° 两块。三角板的长度有多种规格如 25cm、30cm 等，绘图时应根据图样的大小，选用相应长度的三角板。三角板除了结合丁字尺画出一系列的垂直线外，还可通过配合画出 15°、30°、45°、60°、75° 等角度的斜线，如图 1-9 所示。

5. 曲线板

曲线板是用于画非圆曲线的工具。画图时，首先要定出曲线上足够数量的点，徒手将各点连成曲线，然后选用曲线板上与所画曲线吻合的一段，沿着曲线板边缘将该段曲线画出，最后依次连续画出其他各段。注意前后两段应有一小段重合，曲线才显得圆滑，如图 1-10 所示。

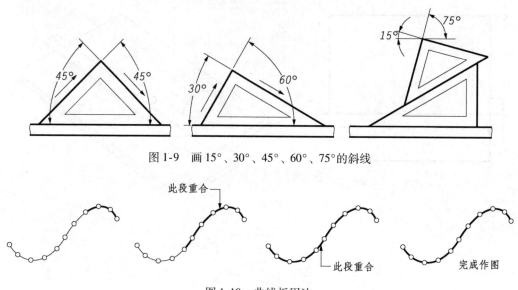

图 1-9　画 15°、30°、45°、60°、75°的斜线

图 1-10　曲线板用法

二、绘图仪器

常用的绘图仪器有分规、圆规。

1. 分规

分规用于截取或等分线段。分规的两脚并拢后，其尖应对齐。从比例尺上量取长度时，切忌将尖刺入尺面。当量取若干段相等线段时，可令两个针尖交替地作为旋转中心，使分规沿着不同的方向旋转前进，如图 1-11 所示。

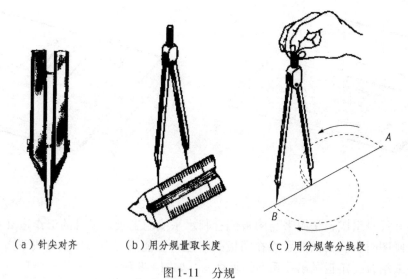

（a）针尖对齐　　　（b）用分规量取长度　　　（c）用分规等分线段

图 1-11　分规

2. 圆规

圆规是画圆或圆弧的仪器。其中一条腿有肘形关节，端部插孔内可装接各种插脚和附件。如画圆的半径过大，可在肘形关节插孔内装接延伸杆，然后在延伸杆插孔内再装接插脚。

圆规的两腿并拢后，其针尖应略长于铅芯或鸭嘴笔尖端。使用前，应将钢针与铅笔调整成与纸面垂直。画图时，圆规两腿所在的平面应稍向旋转方向倾斜，并用力均匀，转动平稳。如图 1-12 所示。

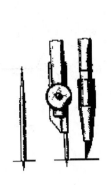
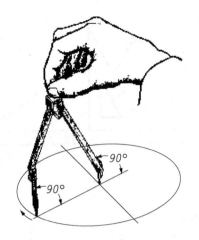

图 1-12　圆规

第三节　几 何 作 图

绘制机械图样时，无论零件的结构多么复杂，其形状总是由若干几何图形组成的。只有熟练地掌握各种几何图形的作图原理和方法，才能更快更好地手工绘制机械图样。下面介绍几种基本的几何作图。

一、正多边形的画法

1. 等分直线段

若已知直线 AB，要将其 n 等分，其作图步骤如图 1-13 所示。

（1）过 A 点作任意线 AM，以适当长度为单位，在 AM 上量取 n 个单位，得 1，2……K 点，如图 1-13（a）所示。

（2）连接 KB，作 KB 的平行线与 AB 相交，交点即可将 AB 分为 n 等分，如图 1-13（b）所示。

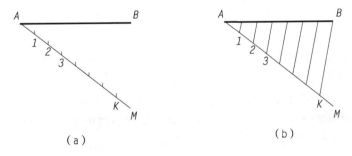

（a）　　　　　　　　　　　（b）

图 1-13　等分直线段

2. 正六边形的画法

若已知正六边形的外接圆直径为 D，一顶点为 A，其画法如图 1-14 所示，其中（a）、（b）所示是根据正六边形外角为 60°进行作图的。

（1）过两点 A、B 用 60°三角板直接画出六边形的四条边，再用丁字尺连接点 1、2 和 3、4，即得正六边形，如图 1-14（a）所示。

（2）当给出六边形外接圆直径时，可用 60°三角板直接作出该圆得外接正六边形，如图 1-14（b）所示。

（3）用外接圆半径六等分圆周，以两点 A、B 为圆心，原圆半径为半径，画弧交于 1、2、3、4 即得圆周六等分，连接各点为六边形，如图 1-14（c）所示。

13

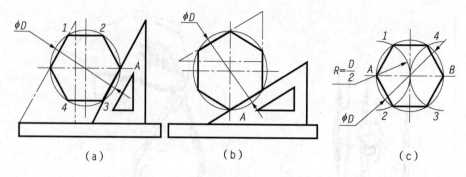

（a）　　　　　　　　　　（b）　　　　　　　　　　（c）

图 1-14　正六边形的画法

3. 正五边形的画法

若已知正五边形的外接圆直径 D 及一顶点 A，其作图步骤如图 1-15 所示。

（1）作 OB 中点 M：以 B 为圆心，以 OB 长为半径作弧得 P、Q 两点，连接 P、Q 与 OB 相交得 M，如图 1-15（a）所示。

（2）作正五边形边长 AN：以 M 为圆心，MA 为半径，作弧与 OB 延长线交于 N，线段 AN 长即为正五边形的边长，如图 1-15（b）所示。

（3）作五边形的其余四点：以 A 为起点，AN 为边长等分圆弧，并连接各等分点，即得正五边形。如图 1-15（c）所示。最后整理作图线即可得图 1-15（d）所示正五边形。

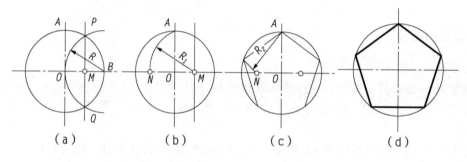

（a）　　　　　　　（b）　　　　　　　（c）　　　　　　　（d）

图 1-15　正五边形的画法

4. 正 n 边形的画法

若已知正 n 边形的外接圆半径 R 及一顶点 A（以正七边形为例），其作图步骤如图 1-16 所示。

（1）将已知圆 O 的垂直直径 AN 七等分，得等分点 1、2、3、4、5、6，以 A 为圆心，AN 为半径作弧，与圆 O 水平中心线的延长线相交得 M_1、M_2，如图 1-16（a）所示。

（2）过 M_1、M_2 分别向等分点 2、4、6 引直线，并延长到与圆周相交，得交点 B、C、D 和 G、F、E，由 A 点开始，顺次连接 A、B、C、D、E、F、G、A，即为所求，如图 1-16（b）所示。

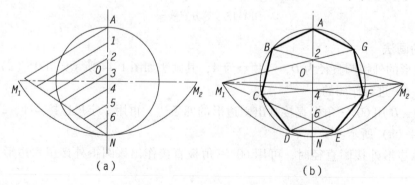

（a）　　　　　　　　　　　　　（b）

图 1-16　正七边形的画法

二、斜度与锥度的画法及标注

1. 斜度

斜度是指一直线或平面对另一直线或平面的倾斜程度，其大小用两直线或平面间夹角的正切来度量，在图样中以 $1:n$ 的形式标注。图 1-17 为斜度是 $1:5$ 的画法及标注。标注时斜度符号的倾斜方向应与斜度方向一致。

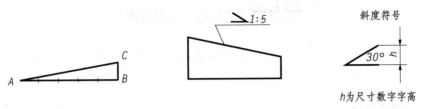

图 1-17　斜度画法及标注

2. 锥度

锥度是指正圆锥底圆直径与其高度或正圆锥台两底圆直径之差与其高度之比。在图样中以 $1:n$ 的形式标注。图 1-18 为锥度为 $1:5$ 的画法及标注。画锥度时，一般可将锥度转化为斜度，如锥度为 $1:5$，则斜度为 $1:10$。锥度符号的方向应与锥度方向一致。

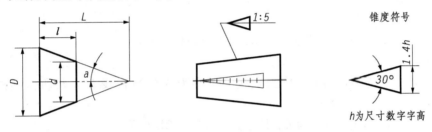

图 1-18　锥度画法及标注

三、椭圆的画法

椭圆的画法很多，下面介绍根据椭圆长、短轴画椭圆的两种方法（设椭圆的长轴为 $2a$，短轴为 $2b$，长轴方向为 AB，短轴方向为 CD）。

1. 同心圆法画椭圆（如图 1-19 所示）

（1）以 O 为圆心，分别以 a、b 为半径作同心圆；

（2）过圆心 O 任意作一直线，与大圆交于 M 点，与小圆交于 N 点。过 M 点作短轴的平行线 MK，过点 N 作长轴的平行线 NK，两直线的交点 K 即为椭圆上一点；

（3）用上述方法，可以求出椭圆上一系列点，然后用曲线板光滑地连接各点即得椭圆。

2. 四心圆法画椭圆（如图 1-20 所示）

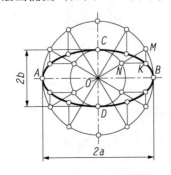

图 1-19　同心圆法画椭圆

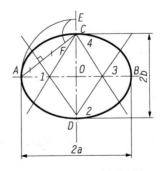

图 1-20　四心法画椭圆

（1）连接长、短轴的端点 A、C，以 O 为圆心，以 a 为半径作弧 AE；

（2）以短轴端点 C 为圆心，以长半轴和短半轴之差 CE 为半径作弧，使与 AC 相交得点 F；

（3）作 AF 的中垂线，与长轴交于点 1，与短轴交于点 2，并作出点 1、2 关于中心 O 的对称点 3、4；

（4）分别以点 2、4 为圆心，以 $C2$（或 $D4$）为半径作弧；以点 1、3 为圆心，以 $A1$（或 $B3$）为半径作弧，即得近似椭圆。

第四节　绘制平面图形

任何平面图形都是由各种线段（直线或曲线）构成的，线段之间可能相交、相切或平行。本节主要讨论如何绘制平面图形中的相切线段。

一、平面图形的线段连接

绘制平面图形时，经常会遇到从一线段光滑地过渡到另一线段的情况，这种光滑地过渡，实际上是两线段的相切，作图方法称为线段连接，其切点称为连接点。当用一圆弧连接两已知线段时，该圆弧称为连接弧，连接弧的半径称为连接半径。画连接弧时，应解决两个问题：即确定连接弧的圆心和连接点。圆弧连接的基本作图如下：

1. 直线与圆弧连接

作图步骤如图 1-21 所示。

已知一点 A 和一直线 L，连接圆弧半径为 R，如图 1-21（a）。

作图步骤如下：

（1）以 A 为圆心，R 为半径画弧。作与直线 L 距离为 R 的平行线 $L1$，与所作圆弧交于 O 点，如图 1-21（b）。

（2）过 O 作直线 L 的垂线，垂足为 B，即切点，如图 1-21（c）。

（3）以 O 为圆心，R 为半径画弧，使圆弧通过 A、B 两点，擦去多余部分，即为所求，如图 1-21（d）。

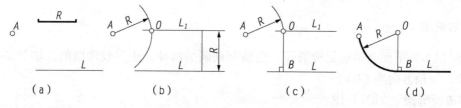

（a）　　　　　　（b）　　　　　　（c）　　　　　　（d）

图 1-21　圆弧与直线连接

2. 圆弧与圆弧外切连接

作图步骤如图 1-22 所示。

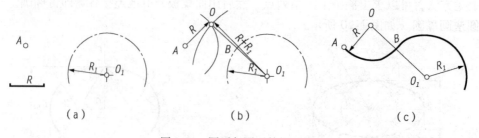

（a）　　　　　　　　（b）　　　　　　　　（c）

图 1-22　圆弧与圆弧外切连接

已知一点 A 和一半径为 R_1 的圆弧，连接圆弧半径为 R，如图 1-22（a）所示。

作图步骤如下：

（1）分别以 A、O_1 为圆心，以 R、$R+R_1$ 为半径画弧，相交于 O 点，连接 O_1、O，交已知圆弧于 B

点，即切点，如图 1-22（b）所示。

（2）以 O 为圆心，R 为半径画弧，使圆弧通过 A、B 点，擦去多余部分，完成作图，如图 1-22（c）所示。

3. 圆弧和直线与圆弧连接

作图步骤如图 1-23 所示。

已知一直线 L 和一半径为 R_1 的圆弧，连接圆弧半径为 R，如图 1-23（a）所示。

作图步骤如下：

（1）作与直线 L 距离为 R 的平行线 L_1，以 O_1 为圆心，$R+R_1$ 为半径画弧，交 L_1 于 O 点，过 O 作直线 L 的垂线，垂足为 A。连接 OO_1，交已知圆弧于 B 点，如图 1-23（b）所示。

（2）以 O 为圆心，R 为半径画弧，使圆弧通过 A、B 点，擦去多余部分，完成作图，如图 1-23（c）所示。

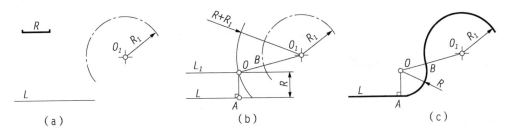

图 1-23　圆弧和直线与圆弧连接

4. 圆弧与圆弧外切连接

作图步骤如图 1-24 所示。

已知半径分别为 R_1、R_2 的两圆弧，连接圆弧半径为 R，如图 1-24（a）所示。

作图步骤如下：

（1）分别以 O_1、O_2 为圆心，以 $R+R_1$、$R+R_2$ 为半径画弧，两段圆弧相交于 O 点，如图 1-24（b）所示。

（2）连接 OO_1，交圆弧 O_1 于 A 点；连接 OO_2，交圆弧 O_2 于 B 点，A、B 即切点，如图 1-24（c）所示。

（3）以 O 为圆心，R 为半径画弧，擦去多余部分，完成作图，如图 1-24（d）所示。

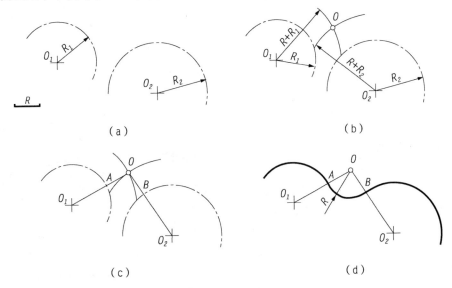

图 1-24　圆弧与圆弧外切连接

5. 圆弧与两圆弧内切连接

作图步骤如图 1-25 所示。

已知半径分别为 R_1、R_2 的两圆弧，连接圆弧半径为 R，如图 1-25（a）所示。

作图步骤如下：

（1）分别以 O_1、O_2 为圆心，以 $R-R_1$、$R-R_2$ 为半径画弧，相交于 O 点，如图 1-25（b）所示。

（2）连接 OO_1，交圆弧 O_1 于 A 点；连接 OO_2，交圆弧 O_2 于 B 点，如图 1-25（b）所示。

（3）以 O 为圆心，R 为半径画弧，擦去多余部分，完成作图，如图 1-25（c）所示。

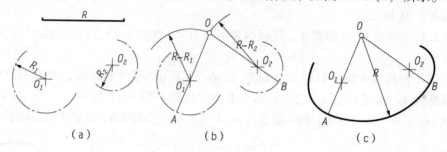

（a）　　　　　（b）　　　　　（c）

图 1-25　圆弧与两圆弧内切连接

6. 圆弧与一已知圆弧内切连接且与另一圆弧外切连接

作图步骤如图 1-26 所示。

已知半径分别为 R_1、R_2 的两圆弧，连接圆弧半径为 R，如图 1-26（a）所示。

作图步骤如下：

（1）分别以 O_1、O_2 为圆心，以 $R-R_1$、$R+R_2$ 为半径画弧，相交于 O 点；连接 OO_1，交圆弧 O_1 于 A 点，连接 OO_2，交圆弧 O_2 于 B 点，如图 1-26（b）所示。

（2）以 O 为圆心，R 为半径画弧，擦去多余部分，完成作图，如图 1-26（c）所示。

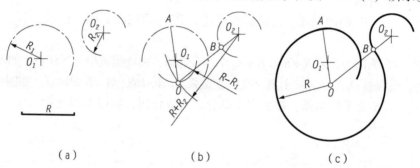

（a）　　　　　（b）　　　　　（c）

图 1-26　圆弧与一已知圆弧内切连接且与另一已知圆弧外切连接

二、平面图形的画法

1. 平面图形的尺寸分析

平面图形的尺寸按其作用不同，分为定形尺寸和定位尺寸两类。对平面图形的尺寸进行分析，可以检查尺寸的完整性以及确定各线段的作图顺序。要想确定平面图形中线段的上下、左右的相对位置，必须引入工程制图中称为基准的概念。

（1）尺寸基准

在平面图形中确定尺寸位置的几何元素称为尺寸基准，简称基准。一般平面图形中常用作基准的有：对称图形的对称线、较大圆的中心线、较长的轮廓直线。图 1-27 中是以较大圆的中心线和较长的水平线作基准线。

（2）定形尺寸

确定平面图形各部分大小的尺寸称为定形尺寸，如直线的长度、圆及圆弧的直径或半径等。图 1-27

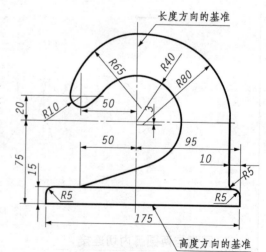

图 1-27　平面图形的尺寸分析

中的 $R40$、$R5$、$R65$、$R80$、$R10$、15、175 等均为定形尺寸。

（3）定位尺寸

确定平面图形中各个几何图形之间相对位置的尺寸称为定位尺寸，如图 1-27 所示的 50、3、20 等均为定位尺寸。

2. 平面图形的线段分析

平面图形的线段，通常根据其定位尺寸的完整与否，可分为三类：

（1）已知线段　定形尺寸和定位尺寸齐全的线段，称为已知线段。

（2）中间线段　已知定形尺寸和一个定位尺寸的线段，称为中间线段，如图 1-27 中 $R80$ 等尺寸。

（3）连接线段　只知定形尺寸，定位尺寸全部未知的线段，称为连接线段，如图 1-27 中 $R65$、$R5$ 等尺寸。

3. 平面图形的画法

（1）分析图形，通常根据所注尺寸确定那些是已知线段，那些是连接线段，并画出长度方向和高度方向的基准线，如图 1-28（a）所示。

（2）画出各已知的线段，如图 1-28（b）所示。

（3）画出中间线段，利用与右侧竖直线相切的关系，确定 $R80$ 圆弧的圆心和切点位置，画出 $R80$ 的圆弧，如图 1-28（c）所示。

（4）利用圆弧连接的作图方法，画出 $R65$、$R5$ 圆弧线段；作 $R40$ 和 $R10$ 的公切直线，用 50 定水平线上的一点，并过此点作 $R40$ 圆弧的切线，最后加粗图线，如图 1-28（d）所示。

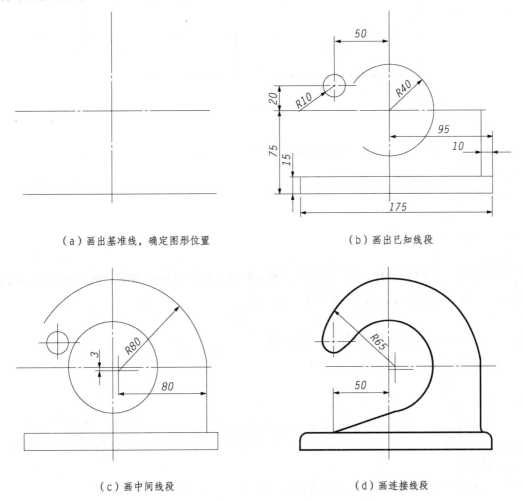

（a）画出基准线，确定图形位置　　　　（b）画出已知线段

（c）画中间线段　　　　　　　　（d）画连接线段

图 1-28　拖钩的画图步骤

三、绘图的一般步骤

1. 绘制仪器图

（1）准备工作

1）将绘图工具、仪器和绘图桌擦拭干净，削磨好铅笔和铅芯。

2）根据图形大小、复杂程度及数量选取标准比例和图幅。

3）鉴别图纸正面，并将图纸固定在图板左下方适当位置。

（2）布局

三个图形之间的间隔一般采用 3∶4∶3 布局法，如图 1-29 所示：

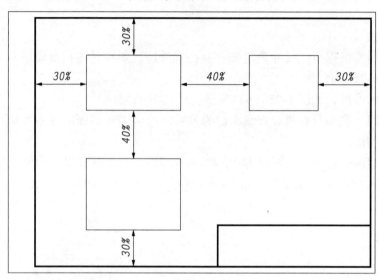

图 1-29　图形布局

（3）画底稿

（a）用 2H 或 H 的铅笔画底稿，图线要画得细而浅。首先画各图形的基准线，如对称中心线等。

（b）画各图形的主要轮廓。

（c）画细节并完成全图底稿。

（d）画尺寸界线和尺寸线。

（e）检查并擦去多余作图线。

（4）加深

用 HB 或 B 的铅笔，圆规用 B 或 2B 的铅芯，按各种图线的粗细规格加深。同一种宽度图线的加深顺序为：先圆弧（圆）后直线。同一种图线的粗细应一致。

（5）注写文本

画箭头，注写尺寸数字，填写标题栏及其他文字。

（6）整理图纸

校核全图，取下图纸，沿图幅边框裁边。

2. 绘制草图

草图是一种以目测估计图形与实物的比例，徒手绘制的图形。绘制草图时，不需精确地按物体各部分的尺寸，也没有比例规定，只要求物体各部分比例协调。绘制草图时应做到：图线分明、字体工整、比例匀称、图面整洁。

绘制草图一般用 HB 铅笔，铅芯削磨成圆锥形。徒手绘制几种图线的方法如下：

（1）徒手画直线

画直线时，执笔要稳，眼睛要注意终点。画较短线时，只运动手腕；画长线时运动手臂。画水平线时，可将图纸放成稍向左倾斜，从左向右画；画垂直线时自上而下运笔；画倾斜线时，可适当将图纸转到绘图顺手的位置，如图1-30所示。

图1-30　徒手画直线

（2）徒手画圆及圆弧

画圆时，应定出圆心的位置，过圆心画中心线。画小圆时，可在对称中心线上取四个点，过四点画圆，如图1-31（a）所示。画大圆时，可过圆心增画两条45°的辅助斜线，在斜线上再定四点，过八点画圆。如图1-31（b）所示。

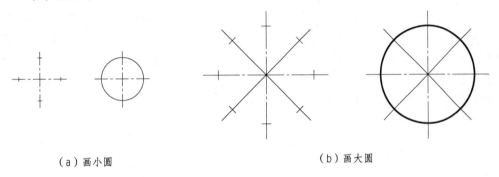

（a）画小圆　　　　　　　　　　　　　（b）画大圆

图1-31　徒手画圆

画圆弧、椭圆等曲线时，同样用目测定出曲线上若干点，光滑连接即可，如图1-32所示。

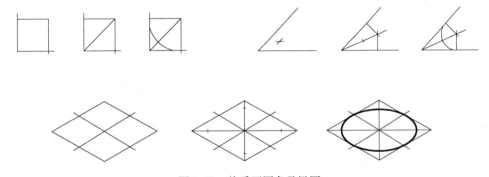

图1-32　徒手画圆角及椭圆

第二章 投影法和点、直线、平面的投影

第一节 投 影 法

一、投影法的基本知识

在日常生活中，我们常看到物体被光照射后在某个平面上呈现影子的现象。如图 2-1（a）所示，取一个三棱锥，放在灯光和地面之间，这个三棱锥在地面上就会产生影子，但是这个影子只是一个灰黑的三角形，它只反映了三棱锥底面的外形轮廓，至于三棱锥三个侧面的轮廓则均未反映出来。要想准确而全面地表达出三棱锥的形状，就需对这种自然现象加以科学的抽象：假设光源发出的光线能够透过形体，将各个顶点和各条侧棱都在地面上投下它们的影子，这些点和线的影将组成一个能够反映出形体形状的图形，如图 2-1（b）所示，这个图形通常称为形体的投影。光源 S 称为投影中心，影子投落的平面 P 称为投影面，连接投影中心与形体上的点的直线称为投影线。通过一点的投影线与投影面的交点就是该点在该投影面上的投影。这种作出形体的投影的方法称为投影法。由此可见，投影线、被投影的物体和投影面是进行投影时必须具备的三个要素。

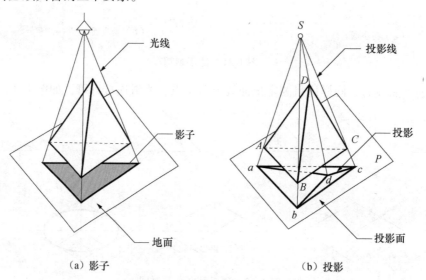

（a）影子　　　　　　　　　　　（b）投影

图 2-1 三棱锥的影子和投影

二、投影法分类

投影法可分为中心投影法和平行投影法两大类。

1. 中心投影法

当投影中心距离投影面为有限远时，所有的投影线都交汇于一点，这种投影法称为中心投影法，如图 2-2（a），用这种方法所得的投影称为中心投影。

2. 平行投影法

当投影中心距离投影面为无限远时，所有的投影线可看作互相平行，这种投影法称为平行投影法。根据投射线与投影面的倾角不同，平行投影法又分为斜投影法和正投影法两种。

（1）斜投影法。当投射线倾斜于投影面时，称为斜投影法，如图 2-2（b）所示。用这种方法所得的投影称为斜投影。

（2）正投影法。当投射线垂直于投影面时，称为正投影法，如图 2-2（c）所示。用这种方法所得的投影称为正投影。

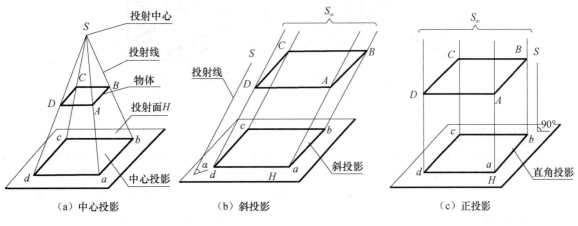

图 2-2　中心投影和平行投影

三、物体的三面投影图

1. 物体的一面投影

如图 2-3 所示，在正立投影面 V 面上有一个 L 形的投影，V 面投影只能反映出形体的高度和长度，反映不出形体的宽度。从图 2-3 中可看出，该投影可以是图中所示的任意一个形体的投影，当然我们还可以设计出更多符合条件的形体。因此我们可以得出结论，物体的一面投影不能确定物体的形状。

2. 物体的两面投影

如图 2-4 所示，建立了水平投影面 H 面和正立投影面 V 面组成的两面投影体系。从图 2-4 中可看出，图中的这两个形体都是由一个水平板和一个侧立板所组成，H 投影反映出水平底板的实形。这两个形体的 H 面投影和 V 面投影完全一样，都反映不出侧立板的实际形状。因此，我们可得出结论：物体的两面投影有时也不能唯一确定物体的形状。

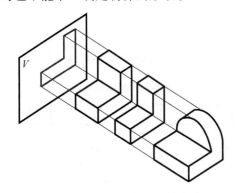

图 2-3　物体的一面投影

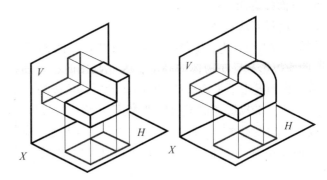

图 2-4　物体的两面投影图

3. 物体的三面投影

如图 2-5 所示，在 H、V 面的基础上再加一个与 H、V 面都垂直的侧立投影面，简称 W 面。在侧立投影面上的投影称侧面投影，简称 W 面投影。形体的 V、H、W 投影所确定的形状是唯一的。因此，我们可得出结论：通常情况下，物体的三面投影可以确定唯一物体的形状。

V 面、H 面和 W 面共同组成一个三面投影体系，三投影面两两相交的交线 OX、OY 和 OZ 称投影轴，三投影轴的交点 O 称为原点。

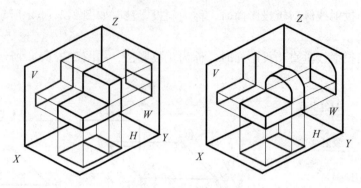

图 2-5　物体的三面投影

4. 投影面的展开

为了在一张图纸上绘制三面投影图，我们需要把三个投影面展开。如图 2-6（a）所示的长方体的三面投影，我们按照图 2-6（b）所示的方法将投影面展开，规定 V 面固定不动，H 面绕 OX 轴向下旋转 90°，W 面绕 OZ 轴向右旋转 90°，从而都与 V 面处在同一平面上。这时 OY 轴分为两条，一条随 H 面转到与 OZ 轴在同一铅垂线上，标注为 OY_H；另一条随 W 面转到与 OX 轴在同一水平线上，标注为 OY_W，如图 2-6（c）所示。正面投影（V 投影）、水平投影（H 投影）和侧面投影（W 投影）组成的投影图，称为三面投影图。

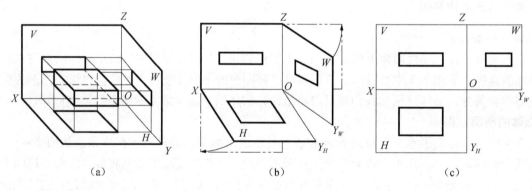

（a）　　　　　　　　　　（b）　　　　　　　　　　（c）

图 2-6　三面投影图的展开

5. 三面投影图的对应关系

（1）度量对应关系

如图 2-7 所示：V、H 两面投影都反映物体的长度，因此画图时，正面投影和水平投影要左右对齐；V、W 两面投影都反映物体的高度，因此画图时，正面投影和侧面投影要上下平齐；H、W 两面投影都反映物体的宽度，因此水平投影和侧面投影要宽度相等。总结起来，三面投影图的度量对应关系就是：长对正、高平齐、宽相等，这种关系称为三面投影图的投影规律，简称三等规律。

（2）位置对应关系

从图 2-8 中可以看出：物体的三面投影图与物体之间的位置对应关系为：

正面投影反映物体的上、下、左、右的位置；

水平投影反映物体的前、后、左、右的位置；

侧面投影反映物体的上、下、前、后的位置。

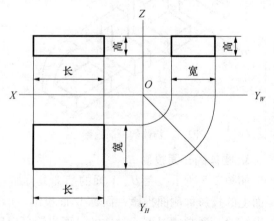

图 2-7　三面投影图的度量对应关系

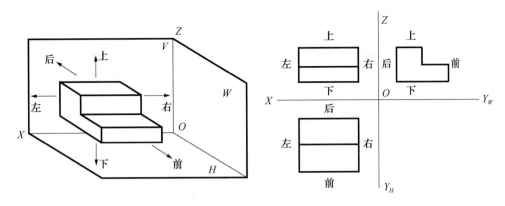

图 2-8　投影图和物体的位置对应关系

第二节　点的投影

任何形体都是由多个表面所围成的，这些表面都可以看成是由点、线等几何元素所组成的。因此，点是组成空间形体最基本的几何元素，要研究形体的投影问题，首先要研究点的投影。

一、点的一面投影

点的一面投影不能确定它在空间的位置，它至少需要两面投影。如图 2-9 所示，若投影方向确定后，A 点在 H 面上就有唯一确定的投影 a；反之，仅凭 B 点的水平投影 b，并不能确定 B 点的空间位置。故需要研究点的多面投影问题。

二、点的两面投影

1. 两面投影体系

如图 2-10 所示，取互相垂直的两个投影面 H 和 V，两者的交线为 OX 轴，该体系称为两投影面体系。在几何学中，平面是广阔无边的。使 V 面向下延伸，H 面向后延伸，则将空间划分为四个部分，称四个分角。在 V 之前 H 之上的称为第 I 分角；V 之后 H 之上的称为第 II 分角；V 之后 H 之下的称为第 III 分角；V 之前 H 之下的称为第 IV 分角。我国制图标准规定，画投影图时，物体处于第一分角所得的投影称为第一分角投影。

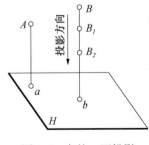

图 2-9　点的一面投影

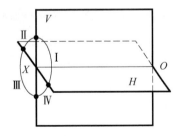

图 2-10　两面投影体系

2. 点的两面投影及其投影规律

如图 2-11（a）所示，空间点 A 在第 I 分角内。由 A 点向 H 面作垂线，垂线与 H 面的交点称为 A 点在 H 面上的投影，用 a 表示；由 A 点向 V 面作垂线，垂线与 V 面的交点称为 A 点在 V 面上的投影，用 a' 表示。规定：空间点用大写字母标记，如 A、B、C……等；H 面投影用相应的小写字母标记，如 a、b、c……等，V 面投影用相应的小写字母加一撇标记，如 a'、b'、c'……等。由 A 点的两个投影 a' 和 a 便可唯一确定空间点 A 的位置。

由图 2-11（a）可看出，由 Aa' 和 Aa 可以确定一个平面 Aaa_xa'，且 Aaa_xa' 为一矩形，故得：$aa_x = Aa'$（A 点到 V 面的距离），$a'a_x = Aa$（A 点到 H 面的距离）。

同时，还可以看出：因 $Aa \perp H$ 面，$Aa' \perp V$ 面，故平面 $Aaa_xa' \perp H$ 面，$Aaa_xa' \perp V$ 面，则 $OX \perp a'a_x$，$OX \perp aa_x$。当两投影面体系按展开规律展开后，aa_x 与 OX 轴的垂直关系不变，故 $a'a_xa$ 为一垂直于 OX 轴的直线，见图 2-11（b）。

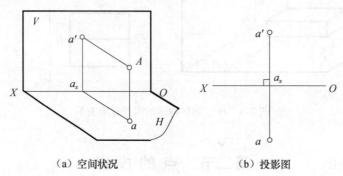

（a）空间状况　　　　（b）投影图

图 2-11　点的两面投影及其投影规律

综上所述，可得点的两面投影规律如下：

（1）点的正面投影与水平投影的连线垂直于 OX 轴；

（2）点的正面投影到 OX 轴的距离等于该点到 H 面的距离，点的水平投影到 OX 轴的距离等于该点到 V 面的距离。

三、点的三面投影

1. 求点的三面投影

如图 2-12（a）所示，将空间点 A 放在如前所述的三投影面体系中，由 A 点分别向 H、V、W 面作垂线 Aa、Aa'、Aa''，垂足 a、a'、a''（读作 a 两撇）分别称为 A 点的水平投影、正面投影、侧面投影。将三面投影体系按投影面展开规律展开，便得到 A 点的三面投影图，因为投影面的大小不受限制，所以通常不必画出投影面的边框，如图 2-12（b）所示。

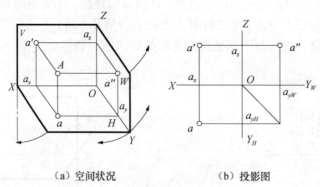

（a）空间状况　　　　（b）投影图

图 2-12　点的三面投影

从图 2-12（a）可看出：$aa_x = Aa' = a''a_z$，即 A 点的水平投影 a 到 OX 轴的距离等于 A 点的侧面投影 a'' 到 OZ 轴的距离，都等于 A 点到 V 面的距离。在图 2-12（b）中，根据点的两面投影规律，$aa' \perp OX$ 轴，同理可得出 $a'a'' \perp OZ$ 轴。

综上所述，可得点的三面投影规律如下：

（1）点的水平投影与正面投影的连线垂直于 OX 轴；

（2）点的正面投影与侧面投影的连线垂直于 OZ 轴；

（3）点的水平投影到 OX 轴的距离等于该点的侧面投影到 OZ 轴的距离，都反映该点到 V 面的距离。

由上述规律可知，已知点的两个投影便可求出第三个投影。

【例2-1】 如图2-13（a）所示，已知点A、B的两面投影，求作第三面投影。

根据"长对正、高平齐、宽相等"的三面投影关系，可以利用已知的两面投影求出第三面投影。

【解】 作图步骤：

（1）在图面右下角的空白地方，过原点O画一条45°的斜线作为宽相等的辅助作图线。

（2）过A点的水平投影a向右画一条水平线，与45°斜线相交后，再向上画铅垂线，与过A点的正面投影a'所作的水平线相交于一点，此点即为A点的侧面投影a"。

（3）求B点的水平投影时，需过b"向下作铅垂线，与45°斜线相交后，再向左画水平线，与过b'所作的铅垂线相交于一点，此点即为B点的水平面投影b。

作图过程如图2-13（b）所示。

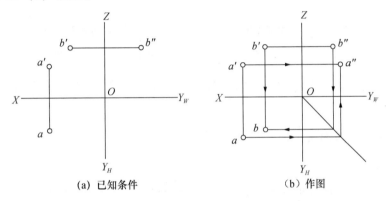

(a) 已知条件　　　　　（b）作图

图2-13　已知两面投影求第三面投影

2. 投影面上或投影轴上点的投影

在图2-11和图2-12中，空间点是针对一般点而言的，也就是说空间点到三个投影面都有一定的距离。但如果空间点处于特殊位置，比如点恰巧在投影面上或投影轴上，这些点的投影规律又如何呢？如图2-14所示：

（1）若点在投影面上，则点在该投影面上的投影与空间点重合，另两个投影均在投影轴上，如图中的点A和点B；

（2）若点在投影轴上，则点的两个投影与空间点重合，另一个投影在投影轴原点，如图2-14中的点C。

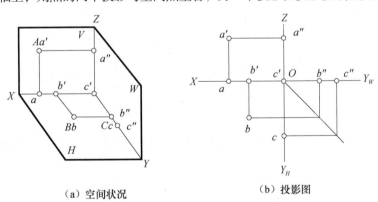

（a）空间状况　　　　　（b）投影图

图2-14　投影面、投影轴上的点的投影

3. 点的投影与坐标

空间点的位置除了用投影表示以外，还可以用坐标来表示。

我们可以把投影面当作坐标面，把投影轴当作坐标轴，把投影原点当作坐标原点，则点到三个投影面的距离便可用点的三个坐标来表示，如图2-15所示，点的投影与坐标的关系如下：

A点到H面的距离 $Aa = Oa_z = a'a_x = a''a_y = z$ 坐标

A 点到 V 面的距离 $Aa' = Oa_y = aa_x = a''a_z = y$ 坐标

A 点到 W 面的距离 $Aa'' = Oa_x = a'a_z = aa_y = x$ 坐标

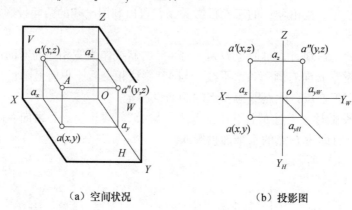

（a）空间状况　　　　　（b）投影图

图 2-15　点的投影与坐标

由此可见，已知点的三面投影就能确定该点的三个坐标；反之，已知点的三个坐标，就能确定该点的三面投影或空间点的位置。

四、两点的相对位置与重影点

1. 两点的相对位置

根据两点的投影，可判断两点的相对位置。如图 2-16 所示，从图 2-16（a）表示的上下、左右、前后位置对应关系可以看出：根据两点的三个投影判断其相对位置时，可由正面投影或侧面投影判断上下位置，由正面投影或水平投影判断左右位置，由水平投影或侧面投影判断前后位置。根据图 2-16（b）中 A、B 两点的投影，可判断出 A 点在 B 点的左、前、上方；反之，B 点在 A 点的右、后、下方。

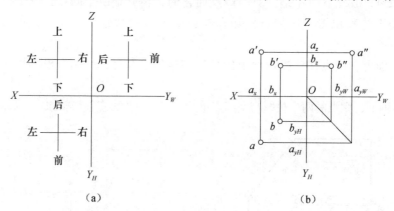

（a）　　　　　　　　　　　（b）

图 2-16　两点的相对位置

【例 2-2】　如图 2-17（a）所示，已知点 A 的三投影，另一点 B 在点 A 上方 8mm，左方 12mm，前方 10mm 处，求点 B 的三个投影。

【解】　作图步骤：

（1）在 a' 左方 12mm，上方 8mm 处确定 b'；

（2）作 $b'b \perp OX$ 轴，且在 a 前 10mm 处确定 b；

（3）按投影关系求得 b''。作图结果见图 2-17（b）。

2. 重影点及可见性的判断

当空间两点位于某一投影面的同一条投影线上时，此两点在该投影面上的投影重合，这两点称为对该投影面的重影点。

如图 2-18（a）所示，A、C 两点处于对 V 面的同一条投影线上，它们的 V 面投影 a'、c' 重合，A、C

就称为对 V 面的重影点。同理，A、B 两点处于对 H 面的同一条投影线上，两点的 H 面投影 a、b 重合，A、B 就称为对 H 面的重影点。同理，A、D 称为对 W 面的重影点。

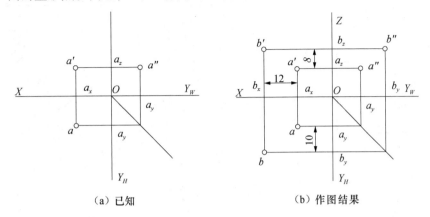

(a) 已知　　　　　　　　　　　　　　(b) 作图结果

图 2-17　根据两点相对位置求点的投影

当空间两点在某一投影面上的投影重合时，其中必有一点遮挡另一点，这就存在着可见性的问题。如图 2-18（b）所示，A 点和 C 点在 V 面上的投影重合为 a'（c'），A 点在前遮挡 C 点，其正面投影 a' 是可见的，而 C 点的正面投影（c'）不可见，加括号表示（称前遮后，即前可见后不可见）。同时，A 点在上遮挡 B 点，a 为可见，（b）为不可见（称上遮下，即上可见下不可见）。同理，也有左遮右的重影状况（左可见右不可见），如 A 点遮住 D 点。

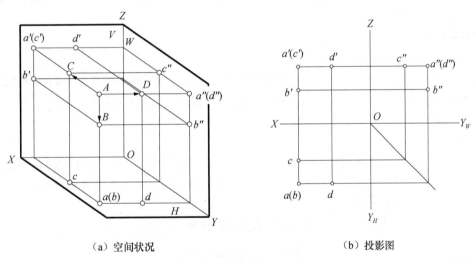

(a) 空间状况　　　　　　　　　　　　(b) 投影图

图 2-18　重影点的可见性

第三节　直线的投影

一、直线的投影特性

直线的投影一般情况下仍然是直线，特殊情况下，当直线垂直于投影面时积聚为一点。由于空间两个点可以确定一条直线，所以直线的投影可以由直线上任意两点的同面投影连成直线来确定。如图 2-19 所示，对于直线段，我们一般取其两个端点，要绘制一条直线的三面投影图，只要将直线上两端点的各同面投影相连，便得直线的投影。直线的投影用粗实线表示。

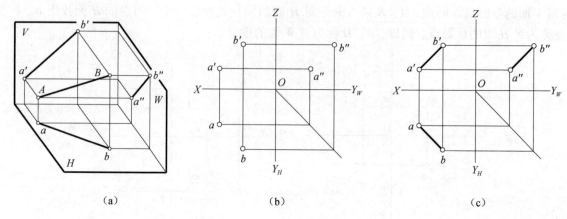

（a）	（b）	（c）

图 2-19　直线的投影

二、各类直线的投影特性

直线的投影特性是由其对投影面的相对位置决定的，按直线对投影面的相对位置，直线分为：

投影面垂直线：垂直于某一投影面的直线。

投影面平行线：仅平行于某一投影面的直线。

一般位置直线：对三个投影面均倾斜的直线。

直线与投影面之间的夹角称为倾角。在三投影面体系中，直线对 H、V、W 面的倾角分别用 α、β、γ 表示。

1. 投影面的平行线

（1）空间位置

仅平行于一个投影面，与其他两投影面都倾斜的直线，称为投影面平行线。平行于 H 面，且与 V、W 面倾斜的直线称为水平线；平行于 V 面，且与 H、W 面倾斜的直线称为正平线；平行于 W 面，且与 H、V 面倾斜的直线称为侧平线。

（2）投影特性

投影面平行线在它所平行的投影面上的投影反映实长，并反映与另外两投影面的夹角；在其他两投影面上的投影分别平行于该直线所平行的那个投影面的两条投影轴（或在其他两投影面上的投影都垂直于同一投影轴），且长度都小于其实长。

水平线、正平线及侧平线的立体图、投影图及投影特性见表 2-1。

表 2-1　投影面的平行线

名称	立体图	投影图	投影特性
正平线			1. 正面投影反映实长，正面投影和投影轴的夹角反映了直线对 H 面和 W 面的真实倾角； 2. 水平投影平行于 OX 轴； 3. 侧面投影平行于 OZ 轴。

名称	立体图	投影图	投影特性
水平线			1. 水平投影反映实长，水平投影和投影轴的夹角反映了直线对 V 面和 W 面的真实倾角； 2. 正面投影平行于 OX 轴； 3. 侧面投影平行于 OY_W 轴。
侧平线			1. 侧面投影反映实长，侧面投影和投影轴的夹角反映了直线对 H 面和 V 面的真实倾角。 2. 正面投影平行于 OZ 轴； 3. 水平投影平行于 OY_H。

2. 投影面垂直线

（1）空间位置

垂直于某一个投影面的直线，称为投影面垂直线。垂直于 V 面的直线称为正垂线；垂直于 H 面的直线称为铅垂线；垂直于 W 面的直线称为侧垂线。

（2）投影特性

投影面垂直线在其所垂直的投影面上的投影积聚成一点；在其他两个投影面上的投影分别垂直于该直线所垂直的那个投影面的两条投影轴（或其他两投影都平行于同一投影轴），并且都反映线段的实长。

正垂线、铅垂线、侧垂线的立体图、投影图及投影特性见表 2-2。

表 2-2　投影面的垂直线

名称	立体图	投影图	投影特性
正垂线			1. 正面投影积聚为一点； 2. 水平投影和侧面投影平行于相应的 OY 轴，且反映实长。
铅垂线			1. 水平投影积聚为一点； 2. 正面投影和侧面投影平行于 OZ 轴，且反映实长。

名称	立体图	投影图	投影特性
侧垂线			1. 侧面投影积聚为一点； 2. 水平投影和正面投影平行于 *OX* 轴，且反映实长。

3. 一般位置直线

（1）空间位置

一般位置直线对三个投影面都处于倾斜位置，它与 *H*、*V*、*W* 面的倾角 α、β、γ 均不等于 0° 或 90°。

（2）投影特性

一般位置直线的三个投影均倾斜于投影轴，均不反映实长；三个投影与投影轴的夹角均不反映直线与投影面的夹角。

一般位置直线的立体图、投影图及投影特性见表 2-3。

表 2-3　一般位置直线

名称	立体图	投影图	投影特性
一般位置直线	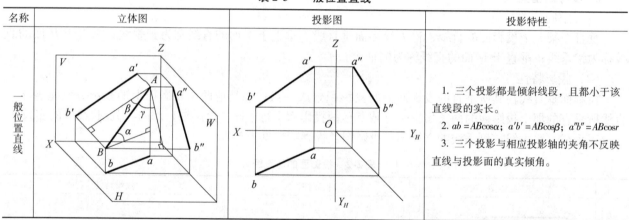		1. 三个投影都是倾斜线段，且都小于该直线段的实长。 2. $ab=AB\cos\alpha$；$a'b'=AB\cos\beta$；$a''b''=AB\cos r$ 3. 三个投影与相应投影轴的夹角不反映直线与投影面的真实倾角。

三、点在直线上的投影

1. 点和直线的从属关系

若点在直线上，则点的各个投影必在直线的同面投影上。如图 2-20 所示，点 *C* 在直线 *AB* 上，则有点 *c* 在 *ab* 上，点 *c'* 在 *a'b'* 上，点 *c''* 在 *a''b''* 上。反之，如果点的各个投影均在直线的同面投影上，则可判断点在直线上。

在图 2-20 中，*C* 点在直线 *AB* 上，而 *D*、*E* 两点均不满足上述条件，所以 *D*、*E* 都不在直线 *AB* 上。

【例 2-3】　如图 2-21（a）所示，判断点 *C* 是否在线段 *AB* 上。

【解】　由图 2-21（a）可知，点 *c* 在 *ab* 上，点 *c'* 在 *a'b'* 上，但点的两个投影分别在直线的同面投影上并不能确定点在直线上。我们可以作出点和直线的第三面投影，看点 *c''* 是否也在 *a''b''* 上，如果在，则点 *C* 在 *AB* 上，否则点 *C* 就不在 *AB* 上。

作图过程和结果见图 2-21（b），由图可见，点 *c''* 不在 *a''b''* 上，故点 *C* 不在 *AB* 上。

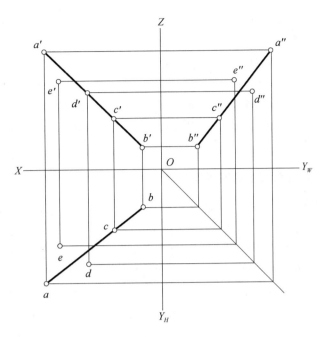

图 2-20 点和直线的从属关系

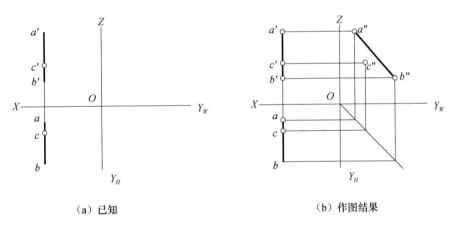

（a）已知 　　　　　　　　　　（b）作图结果

图 2-21 判断点是否在线上（作第三投影）

2. 点分割线段成定比

如图 2-22 所示，直线上的点分割线段之比等于其相应的投影之比。即：$AC/CB = ac/cb = a'c'/c'b'$，此规律又称为定比定理。

【例 2-4】 应用定比定理，来判断图 2-23 点 C 是否在 AB 上。

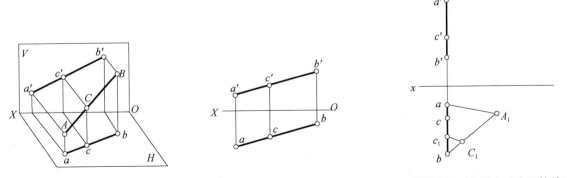

图 2-22 简单比定理 　　　　　　图 2-23 判断点是否在线上（应用简单比定理）

【解】 （1）分析：如果点 C 在 AB 上，则点 C 分割 AB 应符合定比定理，因此，我们只需要判断 $ac/$

cb 是否等于 $a'c'/c'b'$，就能推断出点 C 是否在 AB 上。

（2）作图过程如图 2-23 所示：

①在 H 面投影上，过 b（或 a）任作一条直线 bA_1；

②在 bA_1 上取 $bA_1 = a'b'$，$bC_1 = b'c'$；

③连接 A_1a，过 C_1 作直线平行于 A_1a，与 ab 交于 c_1；

若 c 与 c_1 重合，说明 C 分割 AB 符合简单比定理，则点 C 在 AB 上。由图可见，已知投影 c 与 c_1 不重合，所以点 C 不在直线 AB 上。

四、直角三角形法求一般位置直线的实长及倾角

我们在投影图中可以采用直角三角形法求一般位置直线的实长和倾角，即在投影、倾角、实长三者之间建立起直角三角形关系，从而求出实长和倾角。

根据几何学原理可知：直线与投影面的夹角就是直线与它在该投影面的投影所成的角。如图 2-24（a）所示；要求直线 AB 与 H 面的夹角 α 及实长，我们可以自 A 点引 $AB_1 /\!/ ab$，得直角三角形 AB_1B，其中 AB 是斜边，$\angle B_1AB$ 就是 α 角，直角边 $AB_1 = ab$，另一直角边 BB_1 等于 B 点的 Z 坐标与 A 点的 Z 坐标之差，即 $BB_1 = z_B - z_A = \Delta z$。所以，在投影图中就可根据线段的 H 投影 ab 及坐标差 Δz 作出与 $\triangle AB_1B$ 全等的一个直角三角形，从而求出 AB 与 H 面的夹角 α 及 AB 线段的实长，如图 2-24（b）所示。

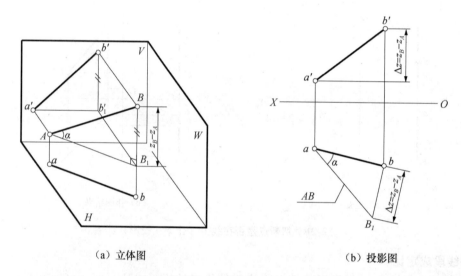

（a）立体图   （b）投影图

图 2-24　直角三角形法求线段实长及倾角 α

利用直角三角形关系图解关于直线段投影、倾角、实长问题的方法称为直角三角形法。在图解过程中，若不影响图形清晰时，直角三角形可直接画在投影图上，也可画在图纸的任何空白地方。

【例 2-5】　如图 2-25（a）所示，已知直线 AB 的水平投影 ab 和 A 点的正面投影 a'，并知 AB 对 H 面的倾角 $\alpha = 30°$，B 点高于 A 点，求 AB 的正面投影 $a'b'$。

【解】　在构成直角三角形四个要素中，已知其中两要素，即水平投影 ab 及倾角 $\alpha = 30°$，可直接作出直角三角形，从而求出 b'。

作图步骤如下：

（1）在图纸的空白处，如图 2-25（c）所示，以 ab 为一直角边，过 a 作 $30°$ 的斜线，此斜线与过 b 点的垂线交于 B_0 点，bB_0 即为另一直角边 Δz。

（2）利用 bB_0 即可确定 b'，如图 2-25（b）所示。

此题也可将直角三角形直接画在投影图上，以便节约时间与图纸，如图 2-25（b）所示。

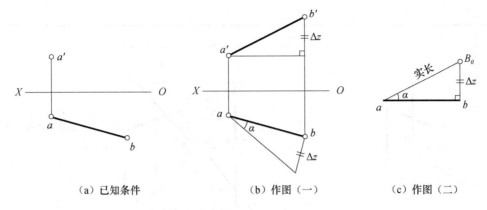

（a）已知条件　　　（b）作图（一）　　　（c）作图（二）

图 2-25　利用直角三角形法求 $a'b'$

五、两直线的相对位置

两直线间的相对位置关系有以下几种情况：平行、相交、交叉（垂直是相交或交叉的特殊情况），图 2-26 所示的是三种相对位置的两直线在水平面上的投影情况，表 2-4 所示的是不同相对位置时的投影图和投影关系。

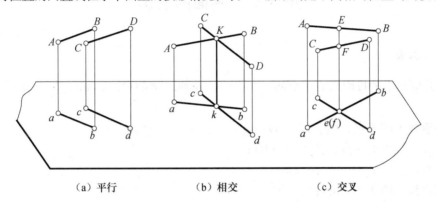

（a）平行　　　（b）相交　　　（c）交叉

图 2-26　两直线的相对位置

表 2-4　　　两直线的相对位置

相对位置	投影图		投影关系
平行			各同面投影均互相平行。反之，若两直线的各同面投影相互平行，则两直线在空间也一定平行。
相交			各同面投影必相交，且各投影的交点符合投影规律。

35

相对位置	投影图	投影关系
交叉	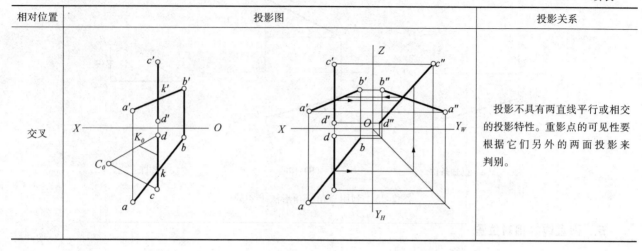	投影不具有两直线平行或相交的投影特性。重影点的可见性要根据它们另外的两面投影来判别。

第四节 平面的投影

一、平面的表示法

通常用一组几何元素的投影来表示空间一个平面。几何元素的形式，如图 2-27 所示，常见的有如下几种：

（1）不在一直线上的三点，图 2-27（a）；

（2）一直线和直线外的一点，图 2-27（b）；

（3）相交两直线，图 2-27（c）；

（4）平行两直线，图 2-27（d）；

（5）任意平面图形，图 2-27（e）。

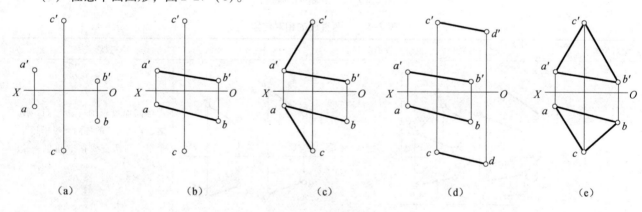

图 2-27　平面的表示法

二、各类平面的投影特性

根据平面与投影面相对位置的不同，平面可分为投影面平行面、投影面垂直面、一般位置平面。其中投影面平行面和投影面垂直面统称特殊位置平面，

1. 投影面平行面

（1）空间位置

平行于某个投影面，与其他两个投影面都垂直的平面，称为投影面平行面。平行于 H 面，与 V、W 面

36

垂直的平面称为水平面；平行于 V 面，与 H、W 面垂直的平面称为正平面；平行于 W 面，与 H、V 面垂直的平面称为侧平面。

（2）投影特性

根据投影面平行面的空间位置，我们可以得出其投影特性。各投影面平行面的立体图、投影图及投影特性见表2-5。

表2-5　投影面的平行面

种类	立体图	投影图	投影特性
正平面	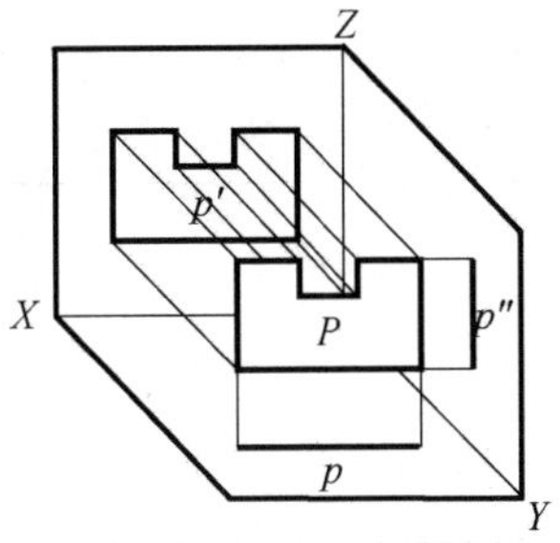	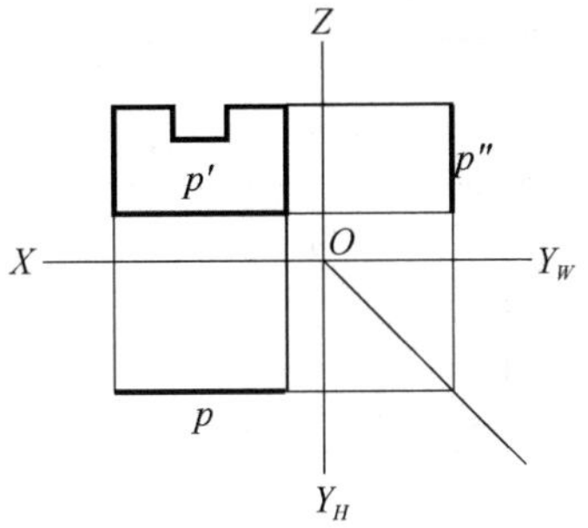	1. 正面投影反映实形。 2. 水平投影平行于 OX 轴，侧面投影平行于 OZ 轴，分别积聚成直线。
水平面	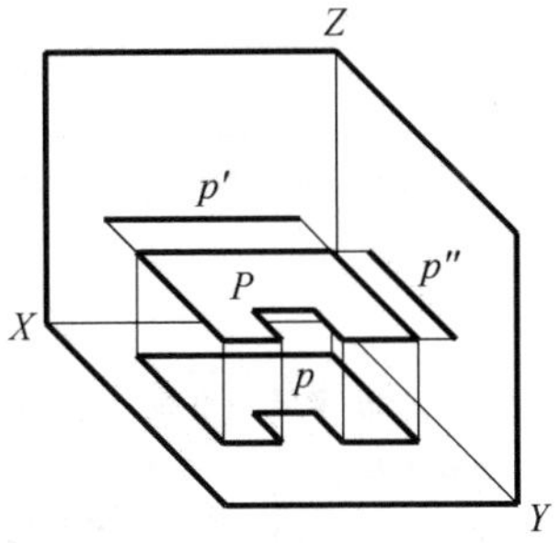	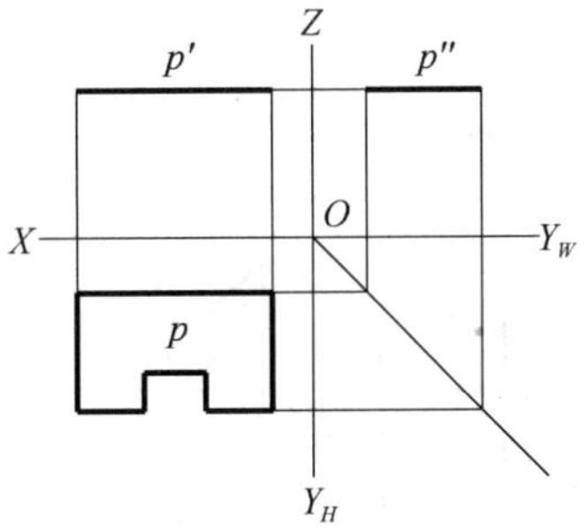	1. 水平投影反映实形。 2. 正面投影平行于 OX 轴，侧面投影平行于 OY_W 轴，分别积聚成直线。
侧平面	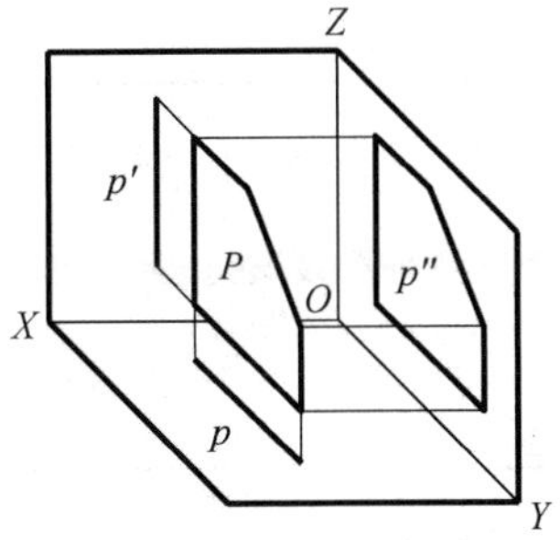	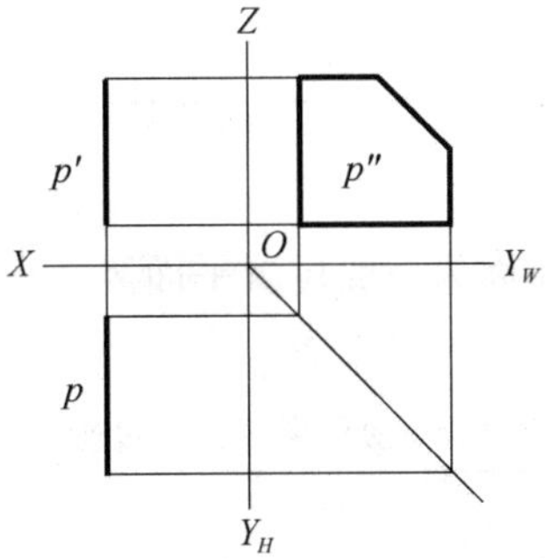	1. 侧面投影反映实形。 2. 正面投影平行于 OZ 轴，水平投影平行于 OY_H 轴，分别积聚成直线。

2. 投影面垂直面

（1）空间位置

垂直于某一个投影面，与其他两个投影面都倾斜的平面，称为投影面垂直面。垂直于 H 面，与 V、W 面倾斜的平面称为铅垂面；垂直于 V 面，与 H、W 面倾斜的平面称为正垂面；垂直于 W 面，与 H、V 面倾斜的平面称为侧垂面。

（2）投影特性

各种投影面垂直面的立体图、投影图及投影特性见表2-6。

表 2-6　投影面的垂直面的投影特性

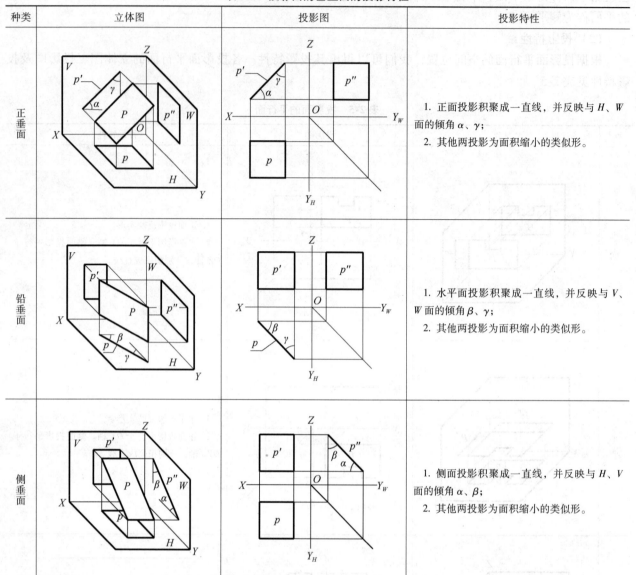

种类	立体图	投影图	投影特性
正垂面			1. 正面投影积聚成一直线,并反映与 H、W 面的倾角 α、γ; 2. 其他两投影为面积缩小的类似形。
铅垂面			1. 水平面投影积聚成一直线,并反映与 V、W 面的倾角 β、γ; 2. 其他两投影为面积缩小的类似形。
侧垂面			1. 侧面投影积聚成一直线,并反映与 H、V 面的倾角 α、β; 2. 其他两投影为面积缩小的类似形。

3. 一般位置平面

对三个投影面均处于倾斜位置的平面称为一般位置平面。

一般位置平面的立体图、投影图及投影特性见表 2-7。

表 2-7　一般位置平面的投影特性

种类	立体图	投影图	投影特性
一般位置平面			一般位置平面对三个投影面都是倾斜的,因此,一般位置平面的三个投影都是面积缩小的类似形。

三、平面上的直线和点

1. 平面上的直线

根据初等几何定理可知，直线在平面上的几何条件是：

（1）通过平面上的两点；

（2）通过平面上一点并平行于平面上的另一直线。

如图 2-28 所示。

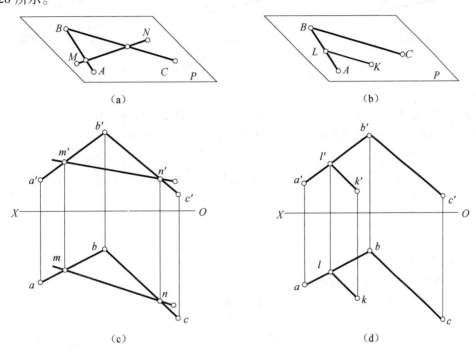

图 2-28　平面上的直线

2. 平面上的点

根据初等几何定理可知，点在平面上的几何条件是：点在平面上的一条直线上。因此，要在平面上取点必须先在平面上取线，然后再在此线上取点，即点在线上，线在面上，那么点一定在面上。如图 2-29 所示。

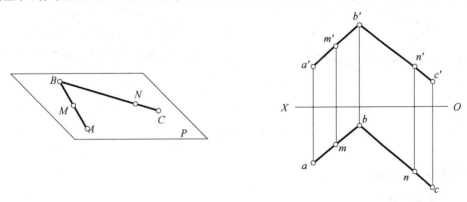

图 2-29　平面上的点

【例 2-6】　如图 2-30（a）所示，已知 △ABC 的两面投影及 △ABC 内 K 点的水平投影 k，作其正面投影 k'。

【解】　分析：由初等几何可知，过平面内一个点可以在平面内作无数条直线，任取一条过该点且属于该平面的已知直线，则点的投影一定落在该直线的同面投影上。

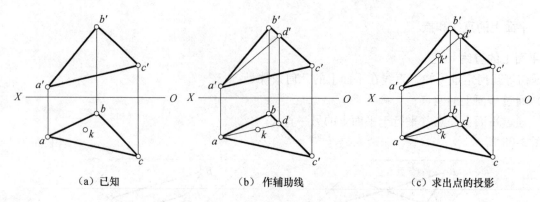

| （a）已知 | （b）作辅助线 | （c）求出点的投影 |

图 2-30　作平面内点的投影

作图过程：

（1）过△abc 的 a 点与点 k 作一直线 ad，与 bc 交于 d，如图 2-30（b）所示；

（2）将 K 的正面投影 k′投到直线 AD 的正面投影 a′d′上。如图 2-30（c）所示。

【例 2-7】　如图 2-31（a）所示，已知四边形 ABCD 为平面图形，试补全正面投影。

【解】　分析：补全 ABCD 正面投影即求 D 的正面投影 d′，因此需要找出一条直线，该直线属于 ABCD，同时 D 点又在其上。

作图过程：

（1）连接 bd 与 ac，交于 e 点；

（2）连接 a′c′，求出 E 点的正面投影 e′；

（3）连接 b′e′并延长，求出 D 点的正面投影 d′；

（4）连接 a′d′，d′c′，完成作图，如图 2-31（b）所示。

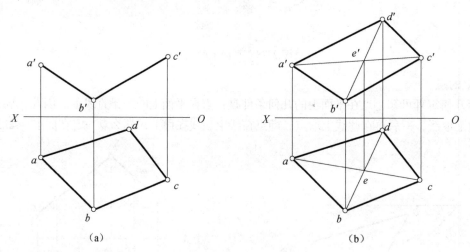

| （a） | （b） |

图 2-31　补全正面投影

四、平面内特殊位置直线

平面内的投影面平行线

平面内平行于投影面的直线称为平面内的投影面平行线，如图 2-32 所示。由于平面内的直线可分别平行于 H、V 和 W 面，因此，平面内的投影面平行线分为：平面内的水平线、平面内的正平线和平面内的侧平线。

平面内的投影面平行线除具有投影面平行线的投影性质外，还与所在平面保持从属关系。因此，在平面内作平行线时，应先作出平行于投影轴的投影，然后再按线与面的从属关系作出其他投影。

【例 2-8】　如图 2-32 所示，△ABC 为一般位置平面，试在此平面上作一条正平线及一条水平线。

40

【解】   过△*ABC* 上的已知点 *C* （*c'*，*c*）作正平线 *CE*。因正平线的水平投影平行于 *OX* 轴，所以过 *c* 作 *ce*∥*OX* 轴，与 *ba* 交于点 *e*，由 *e* 作出 *e'*，连接 *c'e'* 即得 *CE* 的正面投影。同理在△*ABC* 内作水平线 *BD*，由水平线的投影特性，过 *b'* 作 *b'd'*∥*OX* 轴，交 *a'c'* 于 *d'*，由 *d'* 求出 *d*，连接 *bd* 即得 *BD* 的水平投影 *bd*。作图过程如图 2-32 所示。

【例 2-9】   如图 2-33 所示，已知平面 *ABC* 的两面投影，在其上取一点 *K*，使点 *K* 在 *H* 面之上 10mm，*V* 面之前 15mm。

【解】   平面上距 *H* 面为 10mm 的点的轨迹是平面内的水平线，即 *DE* 直线；平面内距 *V* 面为 15mm 的点的轨迹为平面内的正平线，即 *FG* 直线。直线 *DE* 与 *FG* 的交点，即为所求点 *K*。作图过程如图 2-33 所示。

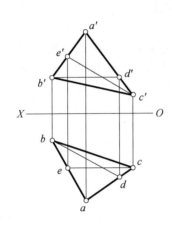

图 2-32   作平面内的投影面平行线

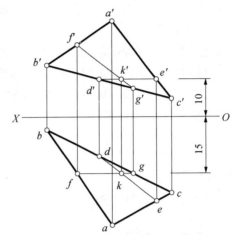

图 2-33   在平面上求一定点 *K*

第三章　立体的投影

立体是由其表面所围成的实体。表面都是平面的立体称为平面立体，表面是曲面或曲面与平面的立体称为曲面立体。

第一节　平面立体的投影

平面立体是由若干个平面围成的多面体。立体表面上面与面的交线称为棱线，棱线与棱线的交点称为顶点。平面立体的投影就是作出组成立体表面的各平面和棱线的投影。可见的棱线画成粗实线，看不见的棱线画成虚线；当粗实线与虚线重合时，画粗实线。

平面立体主要有棱柱、棱锥等。

一、棱柱

1. 棱柱的投影

以图 3-1 所示的正六棱柱为例：

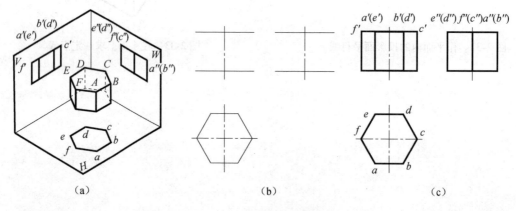

图 3-1　正六棱柱的投影

正六棱柱是由两个端面和六个侧棱面围成的。两个端面为正六边形，六个侧面为矩形，六条棱线相互平行。当正六棱柱如图 3-1（a）所示铅垂放置时，它的上顶面和下底面为水平面，前棱面和后棱面为正平面，其余四个棱面为铅垂面。上顶面和下底面的水平投影反映实形，正面投影和侧面投影积聚为直线，但这两条直线的长度是不一样的，正面投影反映正六边形的对角距离，侧面投影反映正六边形的对边距离；前后棱面的正面投影反映实形，水平和侧面投影积聚为直线；其余四个棱面的水平投影积聚为直线，正面和侧面投影为类似形。

其中棱线和顶点的投影，读者可自行分析。

从本章开始，在画图时不再画出投影轴。作图时，只要各点的正面投影与水平投影在铅垂方向对应起来（长对正），正面投影与侧面投影在水平方向对应起来（高平齐），任意两点的水平投影和侧面投影的 Y 坐标之差保证相等（宽相等）就可以了。

画图 3-1 中六棱柱的投影，可以先画中心线定位，然后画出水平投影的正六边形，再根据投影规律画出其余两个投影。

2. 棱柱表面上取点

在平面立体表面上取点，实质上就是在平面上取点，可利用前述在平面上取点的方法求解。解题时应首先确定所给点（或线）在哪个表面上，再根据表面所处的空间位置利用投影的积聚性或辅助线作图。对于表面上的点和线，还要考虑它们的可见性，判别可见与否的原则是：如果点、线所在表面的投影可见，那么点、线的同面投影可见，即只有位于可见表面上的点、线才是可见的，否则不可见。

组成棱柱的各表面都是平面，当棱柱表面处于特殊位置时，可以利用积聚性作图。

【例 3-1】 如图 3-2（a）所示，已知六棱柱表面上 M 点的正面投影和 N 点的水平投影，求其另外两个投影并判别可见性。

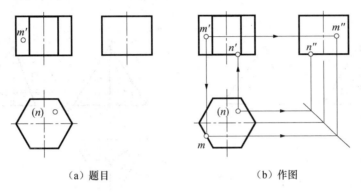

（a）题目　　　　　　　　（b）作图

图 3-2　六棱柱表面上的点

【解】 分析：由图 3-2（a）可知，由于 m' 可见，点 M 在左前棱面上，该棱面为铅垂面，水平，投影积聚，因此点 M 的水面投影 m 必在其积聚投影上，然后再根据 m' 和 m 即可求出 m''。由于点 N 的水平投影 n 不可见，因此点 N 在底面上，该面的正面投影、侧面投影都积聚，因此，点 N 的正平投影 n' 和侧面投影 n'' 在底面的积聚投影上。

作图过程如图 3-2（b）所示::

（1）从 m' 向 H 面作投影连线与左前棱面上的水平投影相交求得 m，由 m' 和 m 求得 m''。

（2）从 n 向 V 面作投影连线与底面的正面投影相交求得 n'，由 n 和 n' 求得 n''。

（3）判别可见性：可见性判别原则是若点所在面的投影可见（或有积聚性），则点的投影亦可见。由此可知 m' 和 m''、n' 和 n'' 均可见。

二、棱锥

1. 棱锥的投影

现以图 3-3 所示的正三棱锥为例说明：

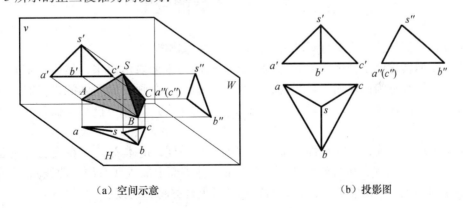

（a）空间示意　　　　　　　　（b）投影图

图 3-3　三棱锥的投影

该正三棱锥由一个底面和三个侧面组成，底面及侧面均为三角形，三条棱线交于一个顶点。当三棱锥如图 3-3 所示位置放置时，它的底面为水平面，侧面 △SAC 为侧垂面，SAB 和 SBC 面均为一般位置平面。

画图 3-3 所示三棱锥的投影，可先画出底面正三角形 △ABC 的三面投影：H 面投影反映实形，V、W 面投影均积聚为直线段，V 面直线段反映正三角形的边长，而 W 面投影直线段反映正三角形的高。然后画出顶点 S 的三面投影，将顶点 S 和底面 △ABC 的三个顶点 A、B、C 的同面投影两两连线，即得三条棱线的投影，三条棱线围成三个侧面，完成三棱锥的投影。

2. 棱锥表面上取点

【例 3-2】 如图 3-4（a）所示，已知三棱锥表面上两点 M 和 N 的正面投影，求其水平投影和侧面投影。

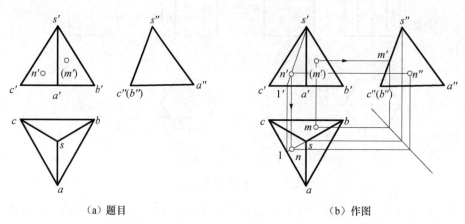

（a）题目　　　　　　　　　　（b）作图

图 3-4　三棱锥表面取点

【解】 分析：由于 m′ 不可见，所以可以确定点 M 在棱面 △SBC 上，△SBC 是侧垂面，因此可以先求出点 M 的侧面投影 m″，再根据 m′ 和 m″ 即可求出 m。点 N 处在一般位置的棱面 △SAC 上，需要通过在平面上作辅助线的方法求出点 N 的另两个投影。

作图过程如图 3-4（b）所示：

（1）过 m′ 向侧面作投影连线与 △SBC 的侧面投影相交即得 m″，由 m′ 和 m″ 求得 m。

（2）过点 N 作辅助线 S1，即连线 s′n′ 交于底边 AC 于 1′，并求得 s1，由 n′ 作投影线交 s1 上得 n，再根据 n′ 和 n 即可求出 n″。

（3）判别可见性，△SBC 水平投影可见，侧面投影有积聚性，所以 m 和 m″ 均可见。而棱面 △SAC 的三投影都可见，因此点 N 的三面投影也都可见。

第二节　曲面立体的投影

常见的曲面立体是回转体，主要有圆柱体、圆锥体、圆球体等。

在投影面上表示回转体就是把组成回转体的曲面或曲面与平面表示出来，然后判别其可见性。曲面上可见与不可见的分界线称为回转面对该投影面的转向轮廓线。在画曲面立体的投影时，除了画出轮廓线和尖点外，还要画出曲面投影的转向轮廓线。因为转向轮廓线是对某一投影面而言的，所以它们的其他投影不应画出。

曲面立体表面上取点、线，与在平面上取点、线的原理一样，应本着"点在线上，线在面上"的原则。此时的"线"可能是直线，也可能是纬圆。在曲面立体表面上取线（直线、曲线），应先取该曲面上能确定此线的一系列的点，求出它们的投影，然后判别可见性并将其连接。

一、圆柱体

如图 3-5（a）所示，圆柱体由圆柱面、顶面、底面围成。圆柱面是由直线绕与其平行的轴线旋转一周形成的。因此，圆柱也可看作是由无数条相互平行且长度相等的素线所围成的。

1. 圆柱体的投影

图 3-5（a）中，圆柱轴线垂直于 H 面，底面、顶面为水平面，底面、顶面的水平投影反映圆的实形，其他投影积聚为直线段，直线段的长度等于圆柱直径。圆柱面上所有素线都是铅垂线，圆柱面的水平投影积聚成一个圆，与顶面和底面的水平投影重合。圆柱正面投影的左右两侧是圆柱面的正面投影转向轮廓线 $a'a_1'$ 和 $b'b_1'$，它们分别是圆柱面上最左、最右素线 AA_1 和 BB_1 的正面投影；AA_1 和 BB_1 的侧面投影 $a''a_1''$ 和 $b''b_1''$ 与轴线的侧面投影重合，不需要画出；同样，圆柱侧面投影的前后两侧是圆柱面的侧面投影转向轮廓线 $c''c_1''$ 和 $d''d_1''$，它们分别是圆柱面上最前、最后素线 CC_1 和 DD_1 的侧面投影；CC_1 和 DD_1 的正面投影 $c'c_1'$ 和 $d'd_1'$ 与轴线的正面投影重合，不需要画出。

画圆柱体投影图时，一般先用点画线画出圆柱体各投影的轴线、中心线，然后画出顶面、底面圆的三面投影，最后画转向轮廓线的三面投影。完成作图后，圆柱体的一个投影为圆，另外两个投影为矩形，如图 3-5（b）所示。

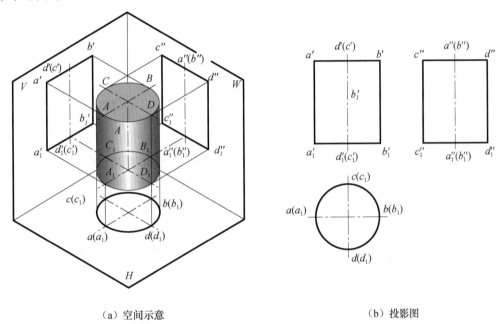

（a）空间示意　　　　　　　　　　（b）投影图

图 3-5　圆柱体的投影

2. 圆柱表面上取点、取线

在圆柱体表面上取点，可直接利用圆柱投影的积聚性作图。

【例 3-3】　如图 3-6（a）所示，已知圆柱面上的点 M、N 的正面投影，求另两个投影。

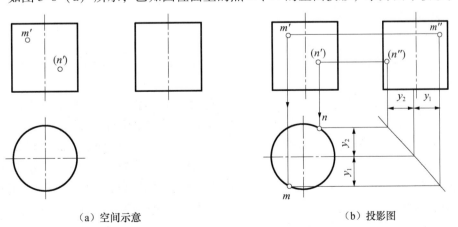

（a）空间示意　　　　　　　　　　（b）投影图

图 3-6　圆柱表面上取点

【解】 M 点的正面投影 m' 可见，又在点画线的左面，由此判断 M 点在左、前半圆柱面上，侧面投影可见。N 点的正面投影（n'）不可见，又在点画线的右面，由此判断 N 点在右、后半圆柱面上，侧面投影不可见。作图过程如图 3-6（b）所示：

（1）求 m、m''。过 m' 向下作垂线，与圆柱的水平投影圆有两个交点，根据判断 M 点位于左、前半圆柱面上，所以取前面的交点为 m，根据 y_1 坐标求出 m''，判断 m'' 可见。

（2）求 n、n''。作法与 M 点相同，（n''）不可见。

【例 3-4】 如图 3-7（a）所示，已知圆柱面上的线段 AB 的正面投影 $a'b'$，求另两个投影。

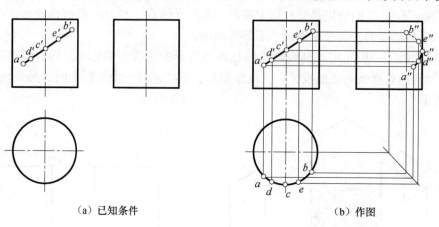

（a）已知条件　　　　　　　　　　　（b）作图

图 3-7　圆柱表面上取线

【解】 圆柱面上的线除了素线外均为曲线，由此判断线段 AB 是圆柱面上的一段曲线。又因 $a'b'$ 可见，因此曲线 AB 位于前半圆柱面上。表示曲线的方法是画出曲线上的诸如端点、转向轮廓线上的点、分界点等特殊位置点以及适当数量的一般位置点，判别可见性，光滑连接即可。作图过程如图 3-7（b）所示：

（1）求端点 A、B 的投影：利用积聚性求出 H 面投影 a、b，再根据宽相等求出 a''、b''；

（2）求侧视转向轮廓线上点 C 的投影 c、c''；

（3）求适当数量的中间点：在 $a'b'$ 上取 d'、e'，然后求出 H 面投影 d、e 和 W 投影 d''、e''；

（4）判别可见性并连线：C 点为侧面投影可见与不可见分界点，曲线的侧面投影 $c''e''b''$ 不可见，画虚线。$a''d''c''$ 可见，画实线。AB 线段的 H 面投影是一段圆弧。

二、圆锥体

圆锥体由圆锥面和底面围合而成。圆锥面可看作一直母线绕与其相交（夹角不为 90°）的轴线旋转而成，母线上的任意一点旋转一周形成一个纬圆。因此圆锥面可看作是由无数条交于顶点的素线所围成，也可看作是由无数个平行于底面的纬圆所组成。

1. 圆锥体的投影

如图 3-8 所示，当圆锥轴线垂直于 H 面时，其底面为水平面，H 面投影反映底面圆的实形，其他两投影均积聚为直线段。

圆锥正面投影的左右两侧是圆锥面的正面投影转向轮廓线 $s'a'$ 和 $s'b'$，它们分别是圆锥面上最左、最右素线 SA 和 SB 的正面投影；SA 和 SB 的侧面投影 $s''a''$ 和 $s''b''$ 与轴线的侧面投影重合，不需要画出；同样，圆锥侧面投影的前后两侧是圆锥面的侧面投影转向轮廓线 $s''c''$ 和 $s''d''$，它们分别为圆锥面上最后、最前素线 SC 和 SD 的侧面投影；SC 和 SD 的正面投影 $s'c'$ 和 $s'd'$ 与轴线的正面投影重合，不需要画出。

画圆锥投影图时，一般先用点画线画出圆锥体各投影的轴线、中心线，然后画出底面圆和锥顶 S 的三面投影，最后画出各转向轮廓线的投影。完成作图后，圆锥面三面投影的特征为一个圆对应两个三角形，三个投影都没有积聚性。

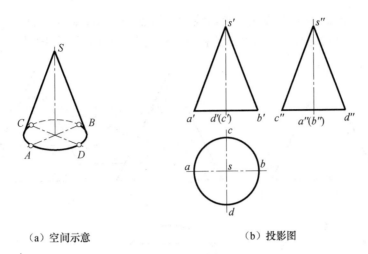

（a）空间示意　　　　　　　　　　　　（b）投影图

图 3-8　圆锥体的投影

2. 圆锥体表面上取点、取线

由于圆锥面的三个投影都没有积聚性，求表面上的点时，需采用辅助线法。为了作图方便，在曲面上作的辅助线应尽可能是直线（素线）或平行于投影面的圆（纬圆）。因此，在圆锥面上取点的方法有两种：素线法和纬圆法。

【例 3-5】　如图 3-9 所示，已知圆锥面上点 M 的正面投影 m'，求 m、m''。

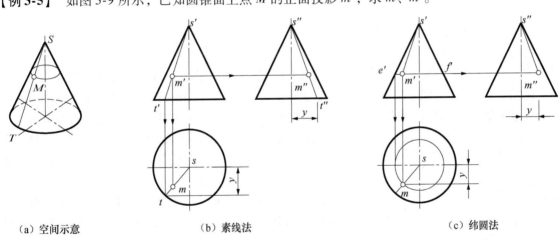

（a）空间示意　　　　　　　（b）素线法　　　　　　　（c）纬圆法

图 3-9　圆锥面上取点

【解】　方法一：素线法

如图 3-9（a）所示，M 点在圆锥面上，一定在圆锥面的一条素线上，故过锥顶 S 和点 M 作一素线 ST，求出 ST 的各投影，根据点与线的从属关系，即可求出 m、m''。作图过程如图 3-9（b）所示：

（1）在图 3-9（b）中，连接 $s'm'$ 延长交底圆于 t'，在 H 投影上求出 t 点，根据 t、t' 求出 t''，连接 st、$s''t''$ 即为素线 ST 的 H 面投影和 W 面投影。

（2）根据点与线的从属关系求出 m、m''，判别可知，m'' 可见。

方法二：纬圆法

如图 3-9（a）所示，过点 M 作一平行于圆锥底面的纬圆，该纬圆的水平投影为圆，正面投影、侧面投影为一直线，M 点的投影一定在该圆的投影上。作图过程如图 3-9（c）所示：

（1）在图 3-9（c）中，过 m' 作与圆锥轴线垂直的线 $e'f'$，它的 H 投影为一直径等于 $e'f'$、圆心为 S 的圆，m 点必在此圆周上。

（2）由 m'、m 求出 m''，判别可知，m'' 可见。

【例 3-6】　如图 3-10（a）所示，已知圆锥面上的曲线 CD 的水平面投影，求 CD 的另外两个投影。

【解】 求圆锥面上线段的投影的方法是求出线段上端点、转向轮廓线上的点、分界点等特殊位置点及适当数量的一般点，判别可见性后顺次光滑连接各点的同面投影即可。作图过程如图 3-10（b）所示：

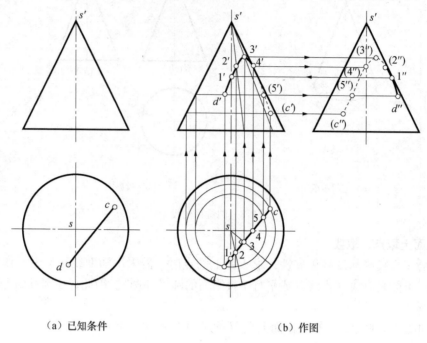

（a）已知条件　　　　　　　　　　（b）作图

图 3-10　圆锥面上取线

（1）补画圆锥面的 W 投影。

（2）求端点。CD 两点均为一般点，可利用纬圆法或素线法求出其 V 面投影和 W 面投影。

（3）求特殊点。CD 与圆锥的最前、最右素线相交，设交点为 I 和 IV，根据 I 点的 H 面投影 1，很容易利用 y 坐标之差在 W 面投影中求出 $1''$，然后求出其 V 面投影 $1'$；IV 点由其 H 面投影 4 先求出 $4'$，再根据投影规律求出 $4''$。对圆锥来说，点离锥顶越近，就越高。因此在线条上离锥顶最近的点就是最高点；所以我们在 H 投影中过 s 作 cd 的垂线，垂足为 3，那么 III 点就应该是最高点，图中利用素线法求出 $3'$ 和 $3''$。

（4）求一般点。为保证作图准确，还需要取一定数量的一般点，图中取了 II、V 两个一般点。在曲线的 H 投影中点较稀疏的地方（如 4 和 c 之间），标出一般点的 H 面投影 2、5，然后用纬圆法或素线法求出其另外两个投影。

（5）连线。依次光滑连接这些点的同面投影，在连接时，注意可见性的判断，不可见的画成虚线，如 V 面投影 $4'$、$5'$、c' 和 W 投影中的 $1''$、$2''$、$3''$、$4''$、$5''$、c'' 均画成虚线。

三、圆球体

圆球体是由圆球面围合而成，圆球面可看作是由半圆绕其直径旋转一周而形成的。

1. 圆球体的投影

如图 3-11 所示，圆球的三个投影均为大小相等的圆，其直径等于圆球的直径。正面投影的圆是前后半球的分界圆，也是球面上最大的正平圆；水平投影的圆是上下半球的分界圆，也是球面上最大的水平圆；侧面投影的圆是左右半球的分界圆，也是球面上最大的侧平圆。三投影图中的三个圆分别是球面对 V 面、H 面、W 面的转向轮廓线。

画圆球投影图时，一般先确定球心位置，并用点画线画出它们的对称中心线，然后分别画出球面上对三个投影面的转向轮廓线圆的投影。

2. 圆球面上取点、取线

球面的三个投影均无积聚性。为作图方便，球面上取点常用纬圆法。圆球面是比较特殊的回转面，过圆球表面上一点，可作属于球面上的无数个纬圆。为作图方便，通常选用平行于投影面的纬圆，即过球面上一点可作正平纬圆、水平纬圆或侧平纬圆作为辅助纬圆。如图 3-11（b）所示，已知属于球面上的点 M 的正面投影 m'，求其另外两投影。

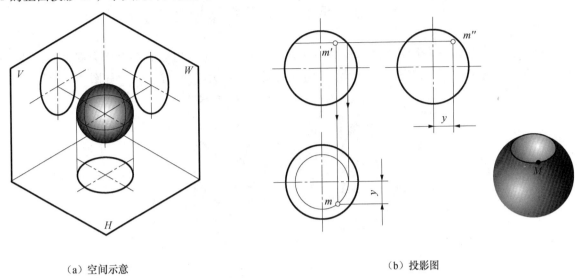

（a）空间示意　　　　　　　　　　　　　（b）投影图

图 3-11　圆球体的投影及圆球面上取点

根据 m' 的位置和可见性，可判断 M 点在上半球的右前部，因此 M 点的水平投影 m 可见，侧面投影 m'' 不可见。作图时可过 m' 作一水平纬圆，作出水平纬圆的 H、W 面投影，从而求出 m、m''。当然，也可采用过 m' 作正平纬圆或侧平纬圆来解决，这里不再详述。

【例 3-7】　如图 3-12（a）所示，已知圆球面上的线段 $CBAFE$ 和 CDE 的正面投影，画出圆球的 W 面投影，并求出曲线 $CBAFE$ 和 CDE 的其余两投影。

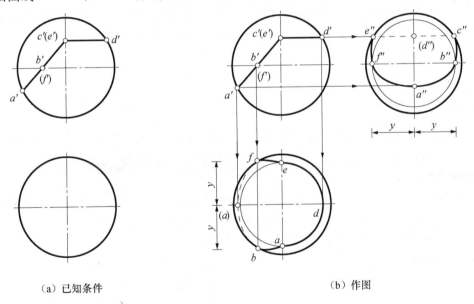

（a）已知条件　　　　　　　　　　　　　（b）作图

图 3-12　圆球面上取线

【解】　根据圆球体的投影特点，可补画圆球体的 W 面投影，是一个与 H、V 面投影直径相等的圆。圆球表面上线段由两部分组成，CDE 为圆球表面上平行于 H 投影面的曲线，显然它是半个水平圆，因此它在 H 投影面上的投影反映实形，在 W 投影面上的投影积聚为直线段；$CBAFE$ 为圆球表面上的曲线，实际上它是一个正垂圆的一部分，它的水平投影和侧面投影是椭圆的一部分，作图时通过 C、B、A、F、E 五个点来进行求作。例如，由 a' 可见，A 点位于最大正平圆上，且在圆球左下部分，其水平投影应在横向点画线上，且不可见，其侧面投影应在竖向点画线上，可见；其余点类似，作图过程和最后结果如图3-12（b）所示，不再赘述。

第三节　平面与平面立体相交

在工程中经常会遇到一些平面与立体相交的问题。我们将与立体相交的平面称为截平面；截平面与立体表面的交线，称为截交线；由截交线所围成的平面图形，称为截面（断面）。如图3-13所示。

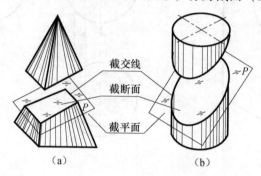

图3-13　平面与立体表面相交

一、截交线的基本性质

由于截平面的位置和与立体形状的不同，所得截交线的形状也不同，但任何截交线都具有以下基本性质：

（1）封闭性。立体是由它的表面所围合而成的完整体，所以立体表面上的截交线总是封闭的平面图形。

（2）共有性（双重性）。截交线既属于截平面，又属于立体的表面，所以截交线是截平面与立体表面的共有线。组成截交线的每一个点，都是立体表面与截平面的共有点。所以，求截交线实质上就是求截平面与立体表面共有点的问题。

二、平面与平面立体相交

1. 截交线的形状分析

平面截切平面立体所得的截交线，是由直线段组成的封闭的平面多边形。平面多边形的每一个顶点是平面立体的棱线与截平面的交点，每一条边是平面体的表面与截平面的交线。

2. 求截交线的方法

通过对平面立体截交线的形状分析，可得出求截交线的方法。求截交线的方法通常有两种：

（1）交点法——求出平面立体的棱线与截平面的交点，再把同一侧面上的点相连。

（2）交线法——直接求平面立体的表面与截平面的交线。

3. 求截交线的步骤

（1）分析截平面的位置和立体的形状以及它们与投影面的相对位置，确定截交线的形状，找出截交线的积聚投影；

（2）求棱线与截平面的交点；

（3）连接各交点，过一个点只能连两条线，且必须是同一表面上的两点才能相连；

（4）如果有多个截平面还应求出截平面的交线；

（5）判别可见性，可见表面上的交线才可见，否则不可见，不可见的交线用虚线表示；

（6）整理图形

【例3-8】　如图3-14所示，求四棱锥被正垂面P截切后截交线的投影。

50

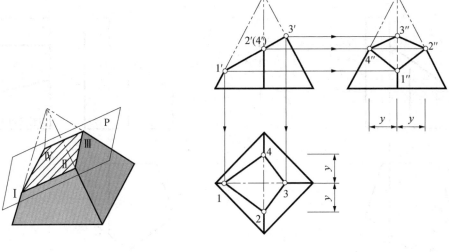

（a）空间示意   （b）投影图

图 3-14 平面截割四棱锥

【解】 由图 3-14（a）可见，截平面 P 与四棱锥的四个侧面都相交，所以截交线为四边形。四边形的四个顶点是四棱锥的四条棱线与截平面的交点。由于截平面 P 为正垂面，故截交线的 V 面投影积聚为直线，可直接确定，然后再由 V 面投影求出 H 面和 W 面投影。作图过程如图 3-14（b）所示：

（1）根据截交线投影的积聚性，在 V 面投影中直接求出截平面 P 与四棱锥四条棱线交点的 V 面投影 $1'$、$2'$、$3'$、$4'$。

（2）根据从属性，在四棱锥各条棱线的 H、W 面投影上，求出交点的相应投影 1、2、3、4 和 $1''$、$2''$、$3''$、$4''$。

（3）将各点的同面投影依次相连（注意只有同一侧面上的两点才能相连），即得截交线的各投影。由于四棱锥去掉了被截平面切去的部分，所以截交线的三个投影均为可见。

【例 3-9】 如图 3-15（a）所示，已知正五棱柱及其上缺口的 V 面投影，补全 H 面和 W 面投影。

【解】 从给出的 V 面投影可知，五棱柱的缺口是由正垂面 P 和侧平面 Q 截切而形成的。正垂面 P 截切五棱柱的四个侧面且与侧平面 Q 相交，截交线应为五边形；侧平面 Q 截切五棱柱的右前、右后棱面且与正垂面 P 相交，截交线应为矩形；画图时只要分别求出这两个截平面与五棱柱的截交线，以及 P、Q 两平面的交线即可。具体作图过程如图 3-15（b）、图 3-15（c）所示，作图结果见图 3-15（d），不再详述。

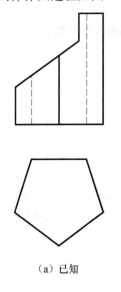

（a）已知

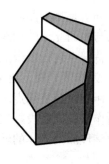

（b）立体

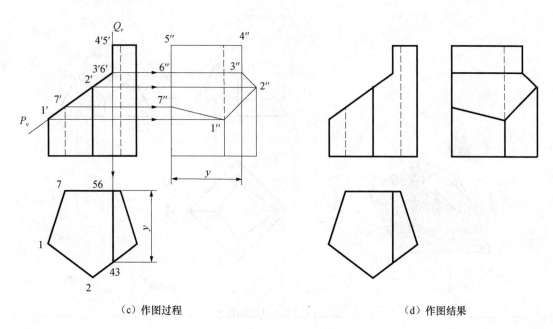

(c) 作图过程　　　　　　　　　　　　　（d) 作图结果

图 3-15　求缺口四棱锥的投影

第四节　平面与曲面立体相交

一、截交线的形状分析

平面与曲面立体相交，其截交线一般为封闭的平面曲线，特殊情况为直线与曲线组成或完全由直线组成平面图形或多边形，其形状取决于曲面立体的几何特征，以及截平面与曲面体的相对位置。截交线是截平面与曲面立体表面的共有线，求截交线时只需求出若干共有点，然后判别可见性并按顺序光滑连接成封闭的平面图形即可。因此，求曲面体的截交线实质上就是在曲面体表面上取点。

二、求截交线的方法

平面与曲面立体相交，截交线上的任一点都可看作是曲面体表面上的某一条线与截平面的交点。对回转体来说，我们一般在曲面上适当地作出一系列的素线或纬圆，并求出它们与截平面的交点，交点分为特殊点和一般点。作图时应先作出特殊点，特殊点能确定截交线的形状和范围，如最高、最低点，最前、最后点，最左、最右点以及转向轮廓线上的点等。为能较准确地作出截交线的投影，还应在特殊点之间作出一定数量的一般点。

三、求截交线的一般步骤

1. 分析立体。分析是哪种曲面立体被截切；
2. 分析截平面与曲面立体的相对位置及投影特点。明确截交线的形状，看截交线的投影有无积聚性；
3. 求特殊点。特殊点包括极限点（最左、最右、最前、最后、最上、最下）和转向点（截平面与转向轮廓线的交点）。为作图方便，通常在求点时编上号，做到三个投影相对应；
4. 求一般点。作图时在特殊点之间求出一定数量的一般点，可以使截交线的形状更加准确；
5. 连线。将所作点的同面投影按顺序相连成光滑的曲线，在连线时，注意判别虚实；
6. 整理。最后整理曲面立体的转向轮廓线。

四、平面截切圆柱

平面截切圆柱时，根据截平面与圆柱轴线的相对位置的不同，截交线有三种不同的形状，见表 3-1。

表 3-1　平面与圆柱相交

	截平面与轴线平行	截平面与轴线垂直	截平面与轴线倾斜
立体图	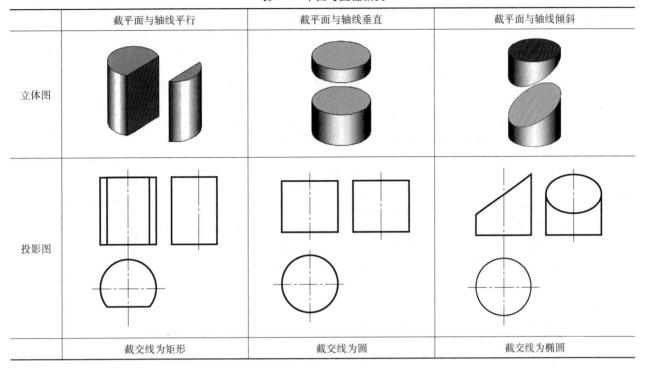		
投影图			
	截交线为矩形	截交线为圆	截交线为椭圆

【例 3-10】　如图 3-16 所示，求正垂面 P 截切圆柱所得的截交线的投影。

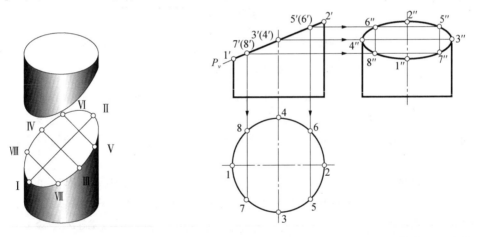

图 3-16　平面截切圆柱

【解】　正垂面 P 倾斜于圆柱轴线，截交线的形状为椭圆。平面 P 垂直于 V 面，所以截交线的 V 面投影和平面 P 的 V 面投影重合，积聚为一段直线。由于圆柱面的水平投影具有积聚性，所以截交线的水平投影也有积聚性，与圆柱面 H 面投影的圆周重合。截交线的侧面投影仍是一个椭圆，需作图求出。作图过程如下：

（1）求特殊点。要确定椭圆的形状，需找出椭圆的长轴和短轴。椭圆短轴为 Ⅰ Ⅱ，长轴为 Ⅲ Ⅳ，其 V 面投影分别为 1'2'、3'（4'）。Ⅰ、Ⅱ、Ⅲ、Ⅳ 分别为椭圆投影的最低、最高、最前、最后点，由 V 面投影 1'、2'、3'、4' 可直接求出 H 面投影 1、2、3、4 和 W 面投影 1"、2"、3"、4"；

（2）求一般点。为作图方便，在 V 面投影上对称性地取 5'（6'）、7'（8'）点，H 面投影 5、6、7、8 一定在圆柱面的积聚投影上，由 H、V 面投影再求出其 W 面投影 5"、6"、7"、8"。取点的多少一般可根据作图准确程度的要求而定；

（3）依次光滑连接 1"8"4"6"2"5"3"7"1" 即得截交线的侧面投影，将不到位的轮廓线延长到 3" 和 4"，完成作图。

【例 3-11】 如图 3-17（a）所示，已知截切后圆柱的 V 面投影和 W 面投影，补画其 H 面投影。

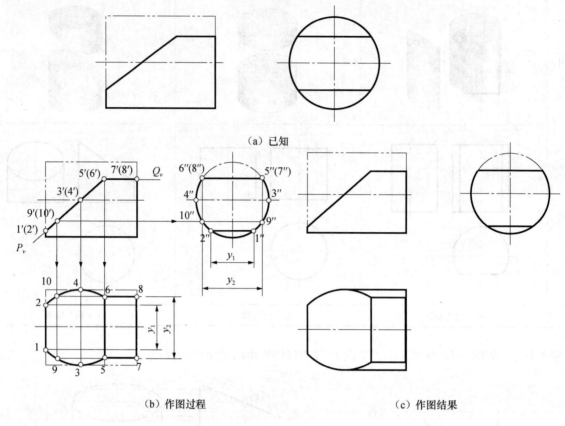

（a）已知

（b）作图过程　　　　　　　　　　　（c）作图结果

图 3-17　圆柱截切

【解】 该立体可以看作是一个轴线垂直于 W 面的圆柱，被正垂面 P 和水平面 Q 截切所得。正垂面 P 倾斜于圆柱轴线，截交线的形状为椭圆的一部分。水平面 Q 平行于圆柱轴线，截交线为矩形。由于截平面的正面投影有积聚性，圆柱面的侧面投影具有积聚性，所以截交线的正面、侧面投影都有积聚性。作图过程如下：

（1）作出圆柱的 H 面投影，求正垂面 P 截切的特殊点。在 V 面投影中，标出平面 P 截切圆柱的特殊点 $1'$（$2'$）、$3'$（$4'$）、$5'$（$6'$），根据积聚性找出它们的侧面投影 $1''$、$2''$、$3''$、$4''$、$5''$、$6''$；根据投影规律求出 1、2、3、4、5、6。

（2）求一般点。为使作图更加准确，又不失一般性，在 $1'$（$2'$）与 $3'$（$4'$）之间取一对一般点 $9'$（$10'$），为作图方便，本例取的 $9'$（$10'$）与 $5'$（$6'$）对应的 W 面投影对称，并求出它们的 H 面投影 9、10。

（3）求水平面 Q 与圆柱的截交线。截交线为矩形，该矩形两个顶点的 V 面投影应为 $5'$（$6'$），另外两个顶点的 V 面投影应为 $7'$（$8'$），根据圆柱面 W 面投影的积聚性求出 7、8。

（4）顺次连接 1、9、3、5 和 2、10、4、6 成两段椭圆弧，5、7 和 6、8 连成直线；注意两截平面的交线 5、6 不能遗漏，它们的 H 面投影都是可见的，连成粗实线。

（5）整理圆柱的转向轮廓线，3、4 左边的最前、最后素线已经被截切，H 面投影不应再画出。

【例 3-12】 如图 3-18 所示，已知顶部开有长方槽圆柱体的 V 面投影和 H 面投影，补画其 W 面投影。

【解】 该立体是圆柱被左右对称的两个侧平面和一个水平面所截切，侧平面平行于圆柱轴线，截得两个矩形，水平面垂直与圆柱轴线，截交线为圆的一部分。

设两个侧平面截得的四条素线分别为 AA_1、BB_1、CC_1、DD_1，我们补画出圆柱的 W 面投影，而圆柱的 H 面投影具有积聚性，根据投影规律，求出各点的 W 面投影，判别可见性，连线，整理轮廓，作图结果

54

见图 3-18（b）。

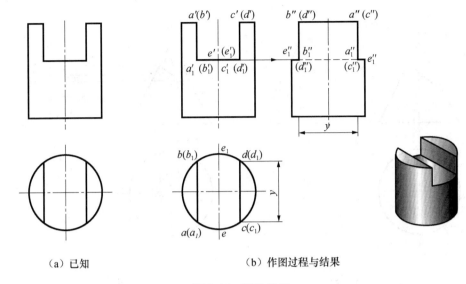

（a）已知　　　　　　　（b）作图过程与结果

图 3-18　圆柱截切

五、平面截切圆锥

平面截切圆锥时，根据截平面与圆锥相对位置的不同，截交线有五种不同的情况，见表 3-2。

表 3-2　平面与圆锥相交

	截平面垂直 于轴线	截平面倾斜 于轴线	截平面平行 于一条素线	截平面平行于轴线 （平行于二条素线）	截平面 通过锥顶
立体图					
投影图					
	截交线为圆	截交线为椭圆	截交线为抛物线	截交线为双曲线	截交线为两素线

【例 3-13】　如图 3-19（a）所示，已知圆锥被平面截切后的主视图，求画俯视图并画出左视图。

【解】　由表 3-2 可知截交线的形状是椭圆，正面投影是与轴线相交的线段，水平投影和侧面投影仍是椭圆。

作图过程如下：

（a）求特殊点。椭圆长轴两端点 A、B 是截平面与圆锥面最左、最右素线的交点，E、F 是最前、最后素线的交点，三面投影可直接求得。短轴 CD 的正面投影 c' (d') 在 $a'b'$ 的中点，其余两投影可用纬圆法求出。

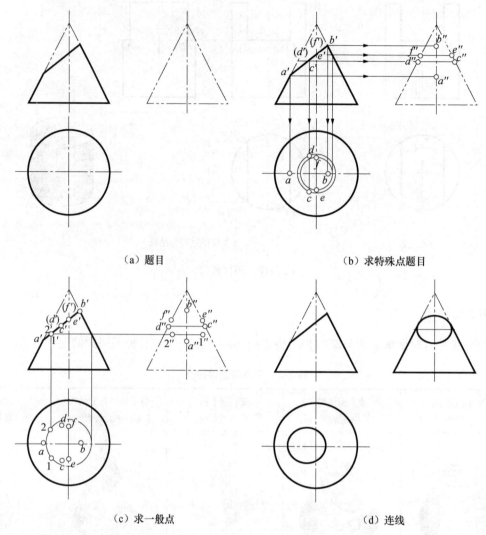

（a）题目   （b）求特殊点题目

（c）求一般点   （d）连线

图 3-19　平面截切圆锥

（b）求一般点。在截交线上取点 Ⅰ、Ⅱ，其正面投影为 $1'$ $(2')$，用纬圆法或素线法求出另两投影。

（c）依次光滑连接即得截交线水平投影和侧面投影。

【例 3-14】 如图 3-20 所示，求圆锥被平面 PQR 截切后的 H 面投影和 W 面投影。

【解】 由图 3-20 可看出，正垂面 P 过圆锥锥顶，截交线应为两条素线的一部分，截平面 Q 为垂直与圆柱轴线的水平面，截交线为水平圆的一部分，截平面 R 为正垂面，其截交线应为椭圆的一部分。作图过程如下：

（1）补画圆锥的 W 面投影，求平面 Q 的截交线。平面 Q 截切该圆锥得一水平纬圆，其水平投影为圆，根据投影规律很容易作出来。由于圆锥被三个平面所截切，平面 Q 的截交线的 H 面投影只是图中 4、6 和 5、7 之间的一部分，W 面投影积聚为一条线。

（2）求平面 P 的截交线。P 面截切圆锥得到两条素线，这两条素线的一个端点为圆锥顶点 S，另外两个端点的 V 面投影是 $6'$、$7'$，由 $6'$、$7'$ 作垂线，与 H 面投影中 Q 面所截水平圆的交点即 6、7，然后求出 $6''$、$7''$。

（3）求平面 R 的截交线。平面 R 截切圆锥后得到椭圆的一部分，这一段椭圆弧的 V 面投影积聚为一条线，其两个端点的 V 面投影就是 $4'$ 和 $5'$，同时这两个点也在 Q 面水平圆上，据此求出 4、5 和 $4''$、$5''$。求出该椭圆的最低点的 H 面投影 1 和 W 面投影 $1''$，再用纬圆法或素线法求出一对一般点 Ⅱ、Ⅲ 的各个投影（图中采用纬圆法）。

（4）依次光滑连接 4、2、1、3、5 和 4″、2″、1″、3″、5″，注意不要忘了连接截平面之间的交线 45、4″5″ 和 67、6″7″，其中 67 要连成虚线。平面 Q 截切到了圆锥的最前、最后素线，因此 W 面投影中，Q 面的积聚线要画到最前、最后素线。

（5）整理轮廓线后，作图结果见图 3-20（c）。

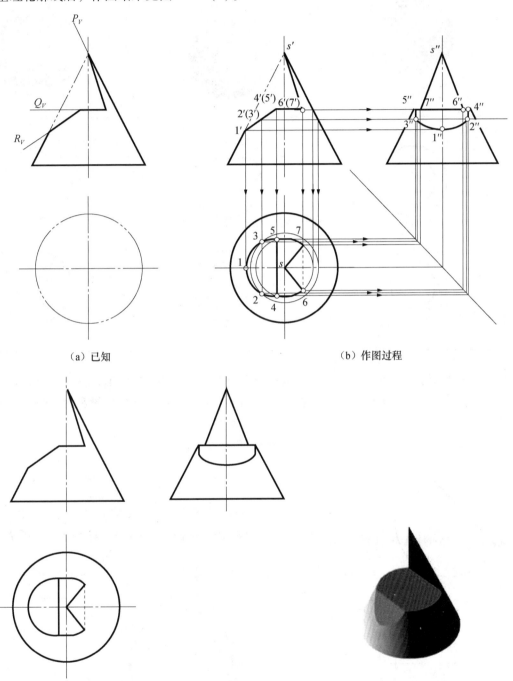

（a）已知

（b）作图过程

（c）作图结果

图 3-20　平面截切圆锥

六、平面截切圆球

平面与球面相交，不管截平面的位置如何，其截交线均为圆。而截交线的投影可分为三种情况，见

表 3-3。

表 3-3 平面与球相交

截平面位置	与 V 面平行	与 H 面平行	与 V 面垂直
立体图			
投影图			

（1）当截平面平行于投影面时，截交线在该投影面上的投影反映圆的实形，其余投影积聚为直线。

（2）当截平面垂直于投影面时，截交线在该投影面上具有积聚性，其他两投影为椭圆。

（3）截平面为一般位置时，截交线的三个投影都是椭圆。

【例 3-15】 如图 3-21 所示，求正垂面截切圆球所得截交线的投影。

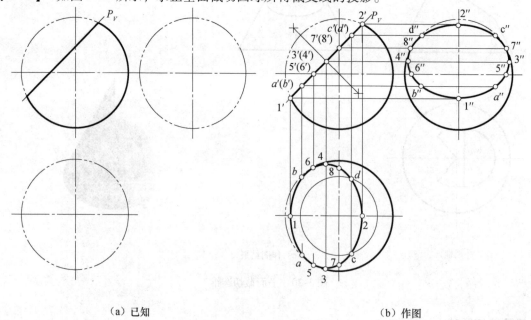

（a）已知　　　　　　　　　　　　　　（b）作图

图 3-21 平面截切圆球

【解】 正垂面 P 截切圆球所得截交线为圆，因为截平面垂直于 V 面，所以截交线的 V 面投影积聚为直线，H 面投影和 W 面投影均为椭圆。作图过程如下：

（1）求特殊点。椭圆短轴的端点为Ⅰ、Ⅱ，并且Ⅰ、Ⅱ分别为最低点、最高点，均在球的轮廓线上。根据 V 面投影 $1'$、$2'$ 可定出 H、W 面投影 1、2 和 $1''$、$2''$。取 $1'2'$ 的中点 $3'(4')$（作 $1'2'$ 线段的垂直平分线，求出中点），用纬圆法求出 3、4 和 $3''4''$，3、4 和 $3''4''$ 分别为 H、W 面投影椭圆的长轴，Ⅲ点和Ⅳ点是截交线上的最前、最后点。另外，P 平面与球面水平投影转向轮廓线相交于 $5'(6')$ 点，可直接求出 H 面投影 5、6，并由此求出其 W 面投影 $5''$、$6''$。P 平面与球面侧面投影转向轮廓线相交于 $7'(8')$，可直接求出 W 面投影 $7''$、$8''$，并由此求出其 H 面投影 7、8。

（2）求一般点。可在截交线的 V 面投影 $1'2'$ 上插入适当数量的一般点（如图中 $ABCD$ 点），用纬圆法求出其他两投影（在此不再详细作图，读者可自行试作）。

（3）光滑连接各点的 H 面投影和 W 面投影，即得截交线的投影。

（4）整理轮廓线，完成作图。注意轮廓的完整性。

【例 3-16】 如图 3-22（a）所示，求半球被截切后所得截交线的投影。

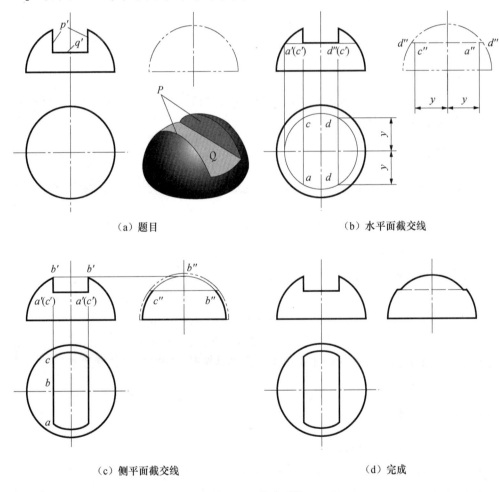

（a）题目　　　　　　　　　　　　　（b）水平面截交线

（c）侧平面截交线　　　　　　　　　　（d）完成

图 3-22　半球开槽

【解】 分析：通槽由一水平面 Q 和两侧平面 P 对称地截切半球而形成的，它们与球面的交线都是圆弧，截平面 P 和 Q 交线为正垂线。

（1）求水平面 Q 与球面的交线。交线的水平投影为圆弧，侧面投影为直线，如图 3-22（b）所示。

（2）求侧平面 P 与球面的交线。交线的侧面投影为圆弧，水平投影为直线，如图 3-22（c）所示。

（3）补全半圆球轮廓线的侧面投影，并作出两截平面的交线侧面投影，交线的侧面投影为虚线，如

59

图 3-22（c）所示。而图 3-22（d）为完成后的视图。

第五节　两曲面立体相交

两相交的立体叫相贯体，相贯体表面的交线称为相关线。

一、两曲面体相贯线的性质

1. 封闭性
两曲面体的相贯线一般是封闭的空间曲线，特殊情况下为平面曲线或直线段。

2. 共有性
相贯线是两曲面体表面的共有线，相贯线上每一点都是相交两曲面体表面的共有点。

根据相贯线的性质可知，求相贯线实质上就是求两曲面体表面的共有点（在曲面体表面上取点），将这些点光滑地连接起来即得相贯线。

二、求相贯线常用的方法

1. 利用积聚性求相贯线（也称表面取点法）。

2. 辅助平面法（三面共点原理）。

至于用哪种方法求相贯线，要看两相贯体的几何性质、相对位置及投影特点而定。但不论采用哪种方法，均应按以下作图步骤求出相贯线。

三、求相贯线的步骤

1. 分析两曲面体的形状、相对位置及相贯线的空间形状，然后分析相贯线的投影有无积聚性。

2. 作特殊点。

（1）相贯线上的对称点。相贯线具有对称面时。

（2）转向点。曲面体转向轮廓线上的点。

（3）极限点。如最高、最低、最前、最后、最左、最右点。

求出相贯线上的这些特殊点，目的是便于确定相贯线的范围和变化趋势。

3. 作一般点。为比较准确地作图，需要在特殊点之间插入若干一般点。

4. 判别可见性。相贯线上的点只有同时位于两个曲面体的可见表面上时，其投影才是可见的。

5. 光滑连接。只有相邻两素线上的点才能相连，连接要光滑，同时注意轮廓线要到位。

6. 补全相贯体的投影。

四、两曲面立体相贯线求法举例

1. 表面取点法——利用积聚性求相贯线

当两个立体相贯，如果其中有一个是轴线垂直于投影面的圆柱，则相贯线在该投影面上的投影就积聚在圆柱面的积聚性投影上。由此我们可利用已知点的两个投影求第三投影的方法求出相贯线的投影。

【例 3-17】　如图 3-23 所示，求轴线垂直相交的两圆柱的相贯线（利用积聚性求作）。

【解】　小圆柱与大圆柱的轴线正交，相贯线是前、后、左、右对称的一条封闭的空间曲线。根据两圆柱轴线的位置，大圆柱面的侧面投影及小圆柱面的水平投影具有积聚性，因此，相贯线的水平投影和小圆柱面的水平投影重合，是一个圆。相贯线的侧面投影和大圆柱的侧面投影重合，是一段圆弧。通过以上分析，我们知道要求的只是相贯线的正面投影。作图过程如下：

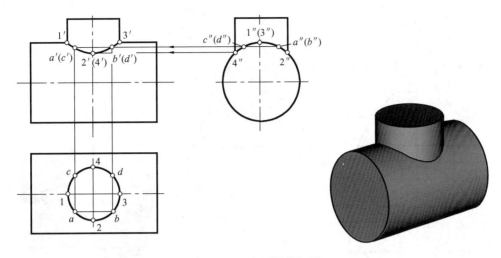

图 3-23　正交两圆柱相贯

（1）求特殊点

由于已知相贯线的水平投影和侧面投影，故可直接求出相贯线上的特殊点。由 W 面投影和 H 面投影可看出，相贯线的最高点为Ⅰ、Ⅲ，Ⅰ、Ⅲ同时也是最左、最右点；最低点为Ⅱ、Ⅳ，Ⅱ、Ⅳ也是最前、最后点。由 $1''$、$3''$、$2''$、$4''$ 可直接求出 H 面投影 1、3、2、4；再求出 V 面投影 $1'$、$3'$、$2'$、$4'$。

（2）求一般点

由于相贯线水平投影为已知，所以可直接取 a、b、c、d 四点，求出它们的侧面投影 a''（b''）、c''（d''），再由水平、侧面投影求出正面投影 a'（c'）、b'（d'）。

（3）判别可见性，依次光滑连接各点

相贯线前后对称，后半部分与前半部分重合，只画前半部相贯线的投影即可，依次光滑连接 $1'$、a'、$2'$、b'、$3'$ 各点，即为所求。

2. 辅助平面法

辅助平面法就是用辅助平面同时截切相贯的两曲面体，在两曲面体表面得到两条截交线，这两条截交线的交点即为相贯线上的点。这些点既在两形体表面上，又在辅助平面上。因此，辅助平面法就是利用三面共点的原理，用若干个辅助平面求出相贯线上的一系列共有点。

为了作图简便，选择辅助平面时，应使所选择的辅助平面与两曲面体的截交线投影最简单，如直线或圆，通常选特殊位置平面作为辅助平面，如图 3-24 所示。同时，辅助平面应位于两曲面体相交的区域内，否则得不到共有点。

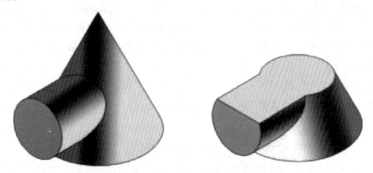

图 3-24　辅助面为水平面时求相贯线

【例 3-18】　用辅助平面法求图 3-25 中圆柱与圆锥相贯后的 H 面投影和 V 面投影。

【解】　相贯线的空间形状：圆柱与圆锥轴线正交，且为全贯，因此相贯线为闭合的空间曲线，且前后、左右对称。

相贯线的投影：圆柱轴线垂直于侧立投影面，圆柱的侧面投影积聚为圆，相贯线的侧面投影与圆重

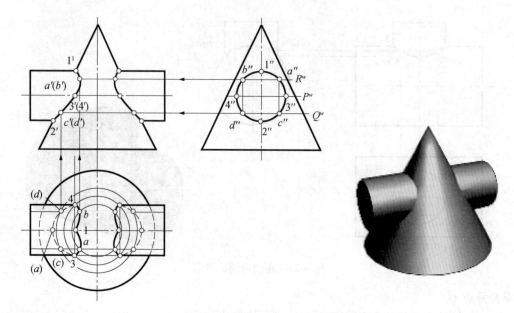

图 3-25　圆柱与圆锥相贯

合，圆锥的三个投影都无积聚性，所以需求相贯线的正面投影及水平投影。作图过程如下：

（1）求特殊点

由相贯线的 W 面投影可直接找出相贯线上的最高点 I、最低点 II，同时 I、II 点是圆柱正面投影转向轮廓线上的点，也是圆锥最左轮廓线上的点。I、II 两点的正面投影 1′、2′也可直接求出，然后求出水平投影 1、2。

由相贯线的 W 面投影可直接确定相贯线上的最前、最后点 III、IV 的 W 面投影 3″、4″，同时 III、IV 点也是圆柱水平转向轮廓线上的点。作辅助水平面 P，它与圆柱交于两水平轮廓素线，与圆锥交于一水平纬圆，两者的交点即为 III、IV 两点。3、4 为其水平投影，根据 3、4 及 3″、4″求出 3′（4′）。

（2）求一般点

在点 I 和点 III、IV 之间适当位置，作辅助水平面 R，平面 R 与圆锥面交于一水平纬圆，与圆柱面交于两条素线，这两条截交线的交点 A、B 即为相贯线上的点。为作图方便，我们再作一辅助平面 Q 为平面 R 的对称面，平面 Q 与圆锥面交于另一水平纬圆，与圆柱面交于两条素线（与平面 R 与圆柱面相交的两条素线完全相同，所以不需另外作图），这两条截交线的交点 C、D 两点，即为相贯线上的一般点。

（3）判别可见性，光滑连接

圆柱面与圆锥面具有公共对称面，相贯线正面投影前后对称，故前后曲线重合，用实线画出。圆锥面的水平投影可见，圆柱面上半部水平投影可见，按可见性原则可知，属于圆柱面上半部的相贯线可见，而 3、2、4 不可见，画成虚线。

（4）补全相贯体的投影

将圆柱面的水平转向轮廓线延长至 3、4 点，另外圆锥面有部分底圆被圆柱面遮挡，因此其 H 面投影也应画成虚线。

【例 3-19】　用辅助平面法求图 3-26 中圆柱与半球的相贯线。

【解】　该图为圆柱与半球相贯，相贯线为前后对称的空间曲线，该曲线的 W 面投影具有积聚性，积聚为圆。

（1）求特殊点。

极限点为最高点、最右点 I，最低点、最左点 II，最前点 V 和最后点 VI。转向点也是这四个点。由 1′、2′和 1″、2″很容易根据投影规律求出 1、2。5′、6′和 5、6 的求法可用辅助平面法。用过圆柱最前、最后素线的水平面截切圆柱，得最前、最后素线，截切圆球得一个水平圆，在 H 投影中，该水平圆仍然为

62

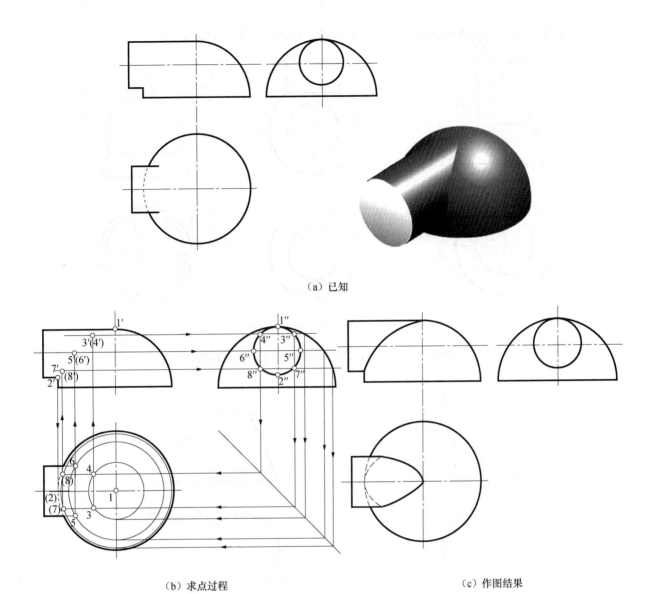

（a）已知

（b）求点过程　　　　（c）作图结果

图 3-26　圆柱与半球相贯

圆，该圆与圆柱最前、最后素线的交点即为 5、6，然后对应 V 面投影作出 5′、6′。

（2）求一般点。

为作图方便，在 W 面投影中，对称取两对点 3″、4″和 7″、8″，用辅助平面法求出这些点的另外两面投影。如 3、4 和 3′、4′的求法：过 3″、4″作一个辅助水平面，切圆柱得到两条素线，切半球得到一个水平圆，在 H 面投影中，该圆与这两条素线的交点即为 3、4，根据投影规律由点 3、4 和点 3″、4″作出点 3′、4′。

（3）判别可见性并连线。

V 面投影，连接 1′、3′、5′、7′、2′为光滑粗实线，该相贯线前后对称，因此 1′、4′、6′、8′、2′应连成虚线，虚线与实线重合，就不再画出。H 面投影中，将 6、4、1、3、5 连成粗实线，8、2、7 对圆球虽然可见，但对圆柱不可见，因此应将 6、8、2、7、5 连成虚线。

（4）整理轮廓线。

曲面立体的转向轮廓线应画到相贯点为止，因此，圆柱最前、最后素线的 H 面投影应该画到点 5、6 为止。

五、相贯线的特殊情况

两曲面体相交，其相贯线一般为空间曲线，但在特殊情况下，也可能是平面曲线或直线。

1. 如图 3-27 所示，当两个回转体具有公共轴线时，相贯线为垂直于轴线的圆。

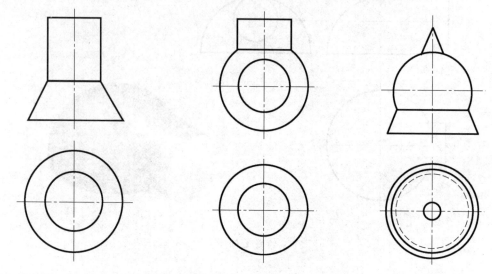

图 3-27　两回转体具有公共轴线

2. 如图 3-28 所示，两圆柱轴线平行、两圆锥共锥顶时，相贯线为直线，

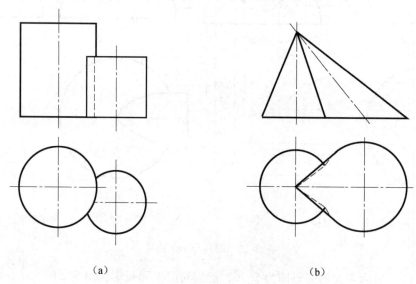

（a）　　　　　　　　　　　　　（b）

图 3-28　相贯线为直线

3. 如图 3-29 所示，当两圆柱轴线正交或圆柱与圆锥轴线正交，并公切于一圆球时，相贯线为椭圆，该椭圆的正面投影为一直线段。

六、圆柱、圆锥相贯线的变化规律

相贯线的形状与相贯两立体的形状、相对位置、两立体的尺寸有关。下面分别以圆柱与圆柱相贯、圆柱与圆锥相贯为例，说明尺寸变化和相对位置变化对相贯线的影响。

1. 两圆柱轴线正交

如表 3-4 所示，当小圆柱穿过大圆柱时，在非积聚性投影上，其相贯线的弯曲趋势总是向大圆柱里弯曲，表中当 $d_1 < d_2$ 时，相贯线为左右两条封闭的空间曲线。随着小圆柱直径的不断增大，相贯线的弯曲程度越来越大，当两圆柱直径相等，即 $d_1 = d_2$ 时，相贯线从两条空间曲线变成两条平面曲线——椭圆，其正面投影为两条相交直线，水平投影和侧面投影均积聚为圆；当 $d_1 > d_2$ 时，相贯线成为上下两条封闭的空间曲线。

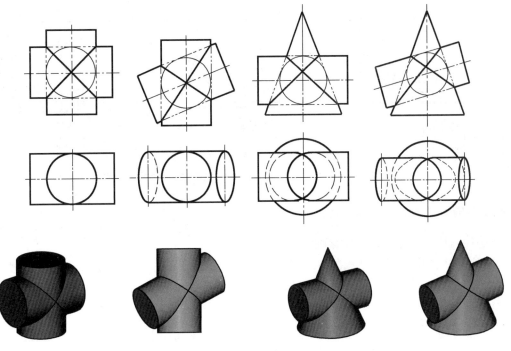

图 3-29　公切于同一个球面的圆柱、圆锥的相贯线

表 3-4　相交两圆柱相贯线变化情况

	$d_1 < d_2$	$d_1 = d_2$	$d_1 > d_2$
立体图			
投影图			

2. 圆柱与圆锥轴线正交

当圆锥的大小且轴线的相对位置不变，而圆柱的直径变化时，相贯线的变化情况见表 3-5。当小圆柱穿过大圆锥时，在非积聚性投影上，相贯线的弯曲趋势总是向大圆锥里弯曲，相贯线为左右两条封闭的空间曲线。随着小圆柱直径的增大，相贯线的弯曲程度越来越小，当圆柱与圆锥直径相等，即圆柱与圆锥公切于球面时，相贯线从两条空间曲线变成平面曲线——椭圆，其正面投影为两相交直线，水平投影和侧面投影为椭圆和圆。当圆柱直径继续增大，圆锥穿过圆柱时，相贯线为上下两条封闭的空间曲线。

表 3-5　圆柱与圆锥相交时相贯线的三种情况

	圆柱穿过圆锥	圆柱与圆锥公切于一球	圆锥穿过圆柱
立体图			

	圆柱穿过圆锥	圆柱与圆锥公切于一球	圆锥穿过圆柱
投影图	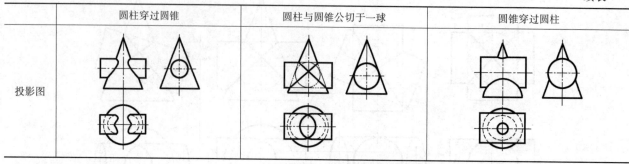		

七、相贯线的简化画法

1. 两非等径圆柱正交相贯线的简化画法

两直径相差较大的圆柱正交时，在与两圆柱轴线所确定的平面平行的投影面上相贯线投影可以采用圆弧代替。作图时，以较大圆柱的半径为圆弧半径，其圆心在小圆柱轴线上，相贯线弯向较小的立体，如图 3-30 所示。

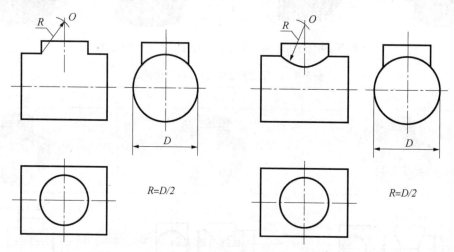

图 3-30　两非等径圆柱正交相贯线的简化画法

2. 当小圆柱的直径与大圆柱相差很大时，在与两圆柱轴线所确定的平面平行的投影面上的相贯线投影可以采用直线代替，如图 3-31 所示。

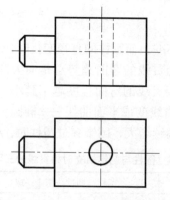

图 3-31　两直径相差很大的圆柱正交相贯线的简化画法

第四章 组合体的视图与尺寸标注

本章是在学习了空间几何元素（点、直线、平面、基本形体）投影的基础上，研究组合体的构形和分析方法，讨论组合体视图的画法、阅读组合体视图的方法以及尺寸的标注。

工程上常见的形体，按照其几何形状来分析，都可以看成是由若干个基本形体（棱柱、棱锥、圆柱、圆锥、圆球和圆环）按一定的方式构成的，我们把由若干个基本形体叠加而成的形体，或由一个大的基本形体切割去一个或若干个小的基本形体而成的形体，或者既有叠加又有切割的形体称为组合体。如图4-1所示。

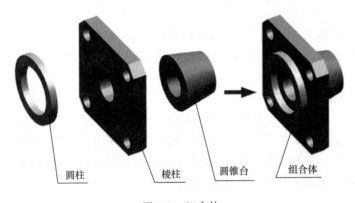

圆柱　　　　　棱柱　　　圆锥台　　组合体

图 4-1　组合体

从几何学的角度出发，任何一个机器零件都可以抽象为组合体，因此，学好这部分内容，可以为绘制和阅读机械图样打下重要基础。

第一节　三视图的形成及其特性

一、三视图的形成

在绘制机械图样时，将物体置于多面投影体系中，向投影面作正投影所得到的图形称为视图，如图4-2（a）所示。在视图中，物体的可见轮廓用粗实线表示，不可见轮廓用虚线表示。

将物体向三投影面体系进行投影，可得到物体的三视图，其中在正立投影面 V 上的投影称为主视图，在水平投影面 H 上的投影称为俯视图，在侧立投影面 W 上的投影称为左视图。如图4-2（b）所示。

二、三视图的投影特性

1. 三视图的配置关系

三个视图之间的配置关系为：以主视图为基准，俯视图放置在主视图的正下方，左视图放置在主视图的正右方。按此关系配置时，三视图上不需注写视图名称。

2. 物体的方位与三视图的对应关系

任何物体都有上下、左右、前后六个方位。从图4-3（a）中可以看出，主视图中的上、下、左、右对应物体的上、下、左、右，俯视图中的"上"、"下"、左、右对应物体的后、前、左、右，左视图中的上、下、"左"、"右"对应物体的上、下、"后"、"前"。

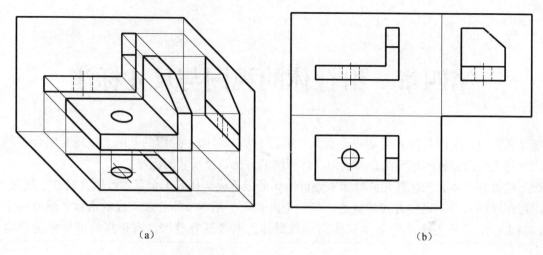

（a） （b）

图 4-2 三视图的形成

从以上分析可知，主、俯视图中的左、右，对应物体的左、右，主、左视图中的上、下，就是物体的上、下，需要特别注意的是，俯视图中的"上"、"下"和左视图中的"左"、"右"，对应物体的"后"和"前"。

3. 物体的度量与三视图的对应关系

任何物体都有长、宽、高三个方向的尺寸。一般地，将 X 方向定义为物体的"长"，Y 方向定义为物体的"宽"，Z 方向定义为物体的"高"。从图 4-3（b）中可以看出，主视图和俯视图同时反映了物体的长度，故两个视图长要对正；主视图与左视图同时反映了物体的高度，所以两个视图高要平齐；俯视图与左视图同时反映了物体的宽度，故两个视图宽要相等。即：

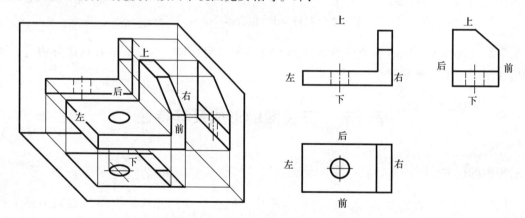

图 4-3 物体的度量与三视图的对应关系

（1）主、俯视图长对正。

（2）主、左视图高平齐。

（3）俯、左视图宽相等。

此规律即为"三等规律"，它是画图和看图时必须遵循的最基本的投影规律，无论是机件的整体还是局部都必须遵循这个规律。

综上所述，我们可以得到三视图和物体之间的对应关系如下：

（1）主视图反映了物体长和高两个方向的形状特征，上、下、左、右四个方位。

（2）俯视图反映了物体长和宽两个方向的形状特征，左、右、前、后四个方位。

（3）左视图反映了物体宽和高两个方向的形状特征，上、下、前、后四个方位。

第二节　画组合体的视图

在画组合体的投影图时，应首先进行形体分析，确定组合体的组成部分，并分析它们之间的组合形式和相对位置，然后再画投影图。

一、组合体的组合形式

从工程制造成型过程和读图与画图分析思考方便的角度出发，常把组合体看做由以下三种方式形成。

1. 叠加

叠加是将若干个基本形体如同搭积木一样叠合在一起形成组合体，例如图4-4（a）中的组合体是由圆筒1、三棱柱2和长方体3叠加而成。

2. 切割

切割是从一个基本形体中切去若干个基本形体而形成组合体，例如图4-4（b）中的组合体是由长方体1切去三棱柱2和梯形柱3而成。

3. 综合

综合是由若干个基本形体经叠加和切割而形成组合体，例如图4-4（c）所示的组合体则是叠加和切割两种形式的综合。这种组合体比较常见，一般比较复杂。

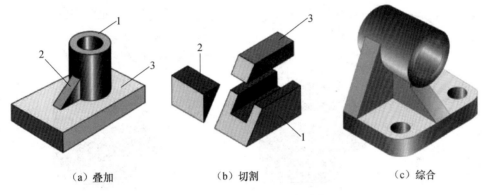

（a）叠加　　　　　　　（b）切割　　　　　　　（c）综合

图4-4　组合体的三种组合形式

二、组合体相邻表面的位置关系

形成组合体的各基本形体之间相邻表面的结合方式有三种：平齐（共面）、相切、相交，在画投影图时，应注意这三种结合方式，正确处理两相邻表面的结合部位。

平齐（共面）是指两基本形体的表面位于同一平面上，两表面没有转折和间隔，所以两表面间不可画线，如图4-5所示。

当两形体相邻表面相切时，由于相切是两表面的光滑过渡，因此，不应在光滑过渡处画分界线，如图4-6（a）所示。

两基本形体的表面相交，在相交处必然产生交线，它是两基本形体表面的分界线，必须用画法几何求交线的方法作出交线的投影，如图4-6（b）所示。

三、视图的数量

组合体的投影数量，可根据组合体的复杂程度以及表达要清晰、完整的要求来选择确定，可采用一个视图、两个视图和三个视图，甚至采用更多的视图。图4-7所示的几个不同形体，其形体特征由主视图和俯视图就能完全确定，所以不需再画出左视图。

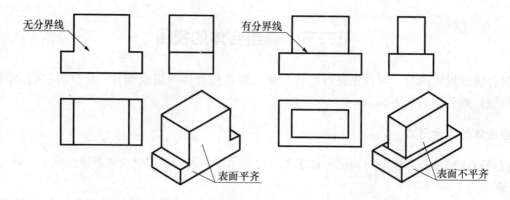

（a）表面平齐　　　　　　　　　　　　　（b）表面不平齐

图 4-5　表面平齐和不平齐的画法

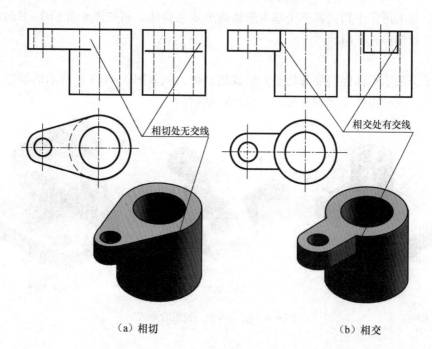

（a）相切　　　　　　　　　　　　　（b）相交

图 4-6　两基本体相切和相交

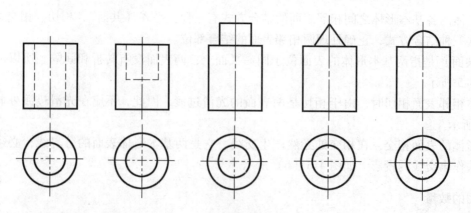

图 4-7　简单形体的两视图

图 4-8 所示的几种不同形体，它们的主视图、俯视图虽然完全相同，但还不能唯一判断出该形体的特征，必须再画出它们的左视图才便于阅读。

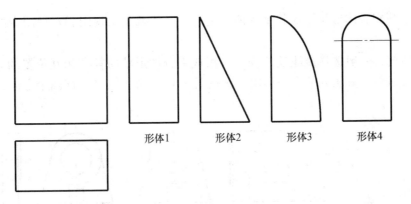

图 4-8 简单形体的三视图

四、确定主视图方向

画组合体视图时，一般应使其处于自然安放的位置，选择能反映组合体各组成部分形状和相对位置较为明显的方向作为主视图的投射方向，然后将由前后左右四个方向投影所得的视图进行比较，尽量选择反映组合体形状特征的视图作为主视图。为了使投影能反映实形，便于作图，应使物体主要平面和投影面平行，同时考虑组合体的自然安放位置，并要兼顾其他两个视图表达的清晰性，尽量避免画虚线。

五、组合体三视图的画法

画组合体的视图应做到：投影关系正确，线型粗细分明，尺寸标注齐全，布置均匀合理，图面清洁整齐，字体端正无误。

1. 形体分析法

假想将复杂的组合体分解成若干个较简单的基本立体，分析各基本立体的形状、组合方式和相对位置，然后有步骤地进行画图和读图。这种把复杂立体分解为若干个基本立体的分析方法称为形体分析法。形体分析法是组合体画图、读图和标注尺寸的主要方法。

现以图 4-9 所示的轴承座为例，说明组合体的画图方法和步骤。

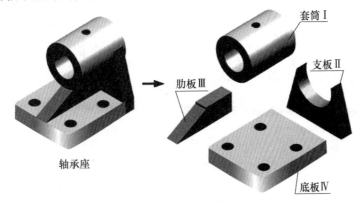

图 4-9 轴承座

（1）进行形体分析

轴承座可分解为套筒Ⅰ、支板Ⅱ、肋板Ⅲ和底板Ⅳ共四个基本立体，如图 4-9 所示。Ⅰ为空心圆柱，Ⅱ、Ⅲ、Ⅳ均为棱柱。底板Ⅳ、肋板Ⅲ、支板Ⅱ之间的组合方式为叠加，其中支板Ⅱ的两侧面和套筒Ⅰ外表面相切，肋板Ⅲ和套筒Ⅰ相交。轴承座前后对称。

（2）选择主视图

在三个视图中，主视图是最重要的视图。确定主视图时，要着重解决摆放位置和投影方向的问题。一般要把组合体摆正，使组合体的主要平面或重要轴线与投影面平行或垂直，以便使投影反映实形或者积聚性。选择既能反映组合体形状特征和基本位置关系，又能减少俯视图和左视图中的虚线方向作为主视图的投影方向。

主视图的投射方向，一般选择最能反映物体各组成部分的形状特征和相互位置的方向。另外，还应考虑到使其他投影虚线较少和图幅的合理利用。比较图 4-10 中 A、B、C、D 四个方向，以 A 向作为主视图的投射方向为好。

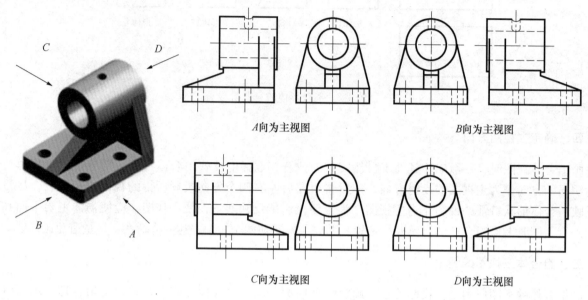

图 4-10 选择正面投影

主视图（以 A 向为投射方向）确定之后，另外两个视图也就相应地确定了。俯视图主要反映底板的形状和上面四个小圆孔的位置，左视图主要反映支板与套筒相切的情况。

（3）画图步骤

（a）选比例、定图幅。根据物体实际大小和复杂程度，选定作图比例和图幅大小。比例尽可能选用 1:1，图幅则根据绘图面积选择标准图幅。

（b）布局，如图 4-11（a）所示。

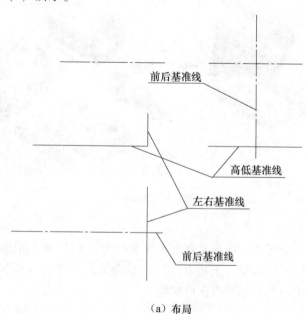

（a）布局

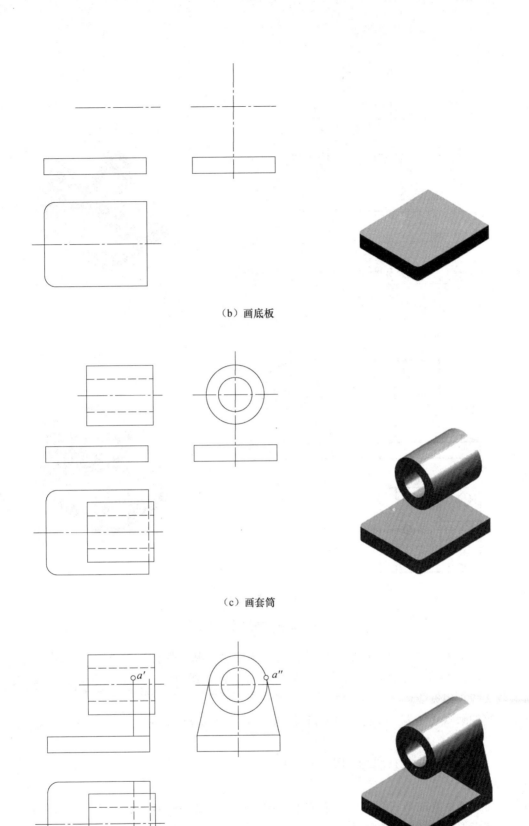

（b）画底板

（c）画套筒

（d）画支板

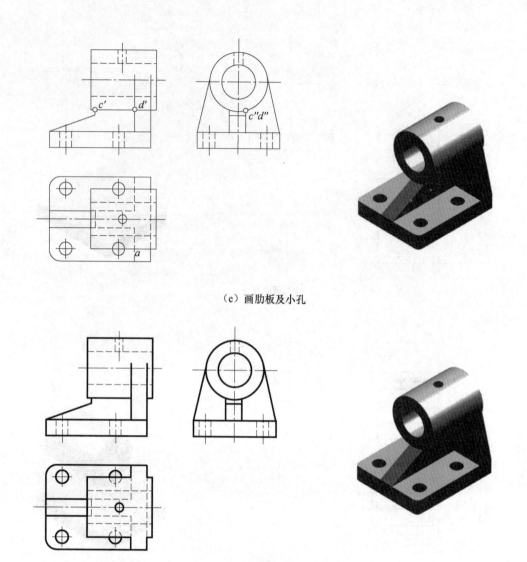

（e）画肋板及小孔

（f）加深图线，完成作图

图4-11 形体分析法的画图步骤

（c）画底稿。画底稿时，应根据形体分析法逐个画出每个基本形体，对于每个形体，应从反映形体实形的视图画起，各视图对应画。画图过程中应考虑各形体的组合方式和相对位置，注意图线的变化，同时要画出截交线、相贯线。

轴承座底稿的画图顺序为：画底板→画套筒→画支板→画肋板及小孔。如图4-11（b）、（c）、（d）、（e）所示。

（d）校核、按线型加深三视图。如图4-11（f）所示。

2. 线面分析法

上面我们讨论的是叠加型的组合体，它的形体关系明确，容易识别，适合用形体分析法作图。对于切割型的组合体来说，在切割的过程中，会形成很多的面和交线，形体不完整。在作三视图时，必须在形体分析法的基础上，对某些线、面进行线、面投影分析，这样才能画出正确的图形。作图时，一般先画出组合体被切割前的基本形体的投影，然后再画出切割后形成的各个表面，先画出有积聚性的线、面的投影，接着再按照投影规律画出没有积聚性的投影。

现以图4-12所示的组合体为例，说明运用线面分析法画组合体投影图的步骤。

（1）进行形体的线、面分析

图4-12所示的组合体是一个切割体，它是由一个四棱柱的左边和上边各切去一个小的四棱柱而形成

的，P 面为正垂面，Q 面为侧垂面，S 为水平面。

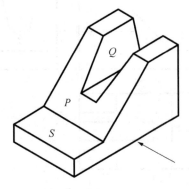

图 4-12　切割型组合体

（2）确定主视图

选择箭头所示的方向作为主视图的投射方向。

（3）画图步骤

（a）选比例，定图幅。

按照 1:1 的比例画图。

（b）布置三视图，画基准线。

以组合体的底面、后面和右面作为基准线，如图 4-13（a）所示。

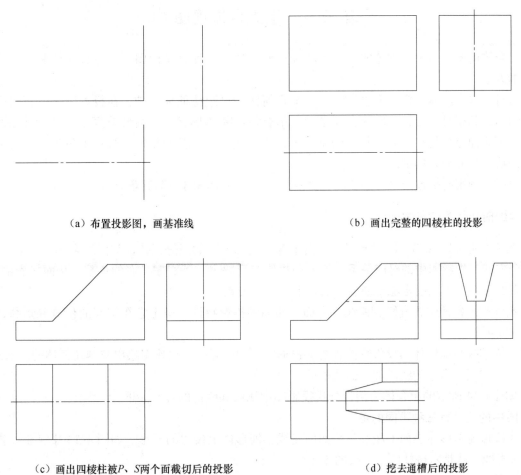

（a）布置投影图，画基准线　　　　　　　　　（b）画出完整的四棱柱的投影

（c）画出四棱柱被P、S两个面截切后的投影　　　（d）挖去通槽后的投影

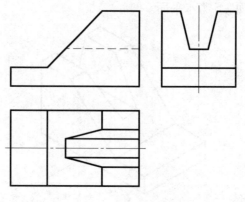

（e）加深图线，完成作图

图 4-13　线面分析法的画图步骤

（c）画底稿。

先画出被切割前的四棱柱的三视图，然后从其左端切掉一个四棱柱（先画主视图），接下来在其上方切割一个梯形（先画左视图），最后用线面分析法画出组合体的另外两个视图，如图 4-13（b）、（c）、（d）所示。

（d）检查，加深图线。最后结果如图 4-13（e）所示。

第三节　读组合体视图

根据组合体的视图想象出物体的空间形状和结构，这一过程就是读图。形体分析法和线面分析法是读图的基本方法。

在读图时，常以形体分析法为主，即以基本几何体的投影特征为基础，在投影图上分析组合体各个组成部分的形状和相对位置，然后综合起来确定组合体的整体形状。当图形较复杂时，也常用线面分析法帮助读图。线面分析是在形体分析法的基础上，运用线、面的投影规律，分析形体上线、面的空间关系和形状，从而把握形体的细部。

此外，还可利用所标注的尺寸来读图，必要时也可借助轴测图（第五章介绍）来完成。

一、读图时应具备的基本知识

（1）熟练掌握投影规律，即"长对正、高平齐、宽相等"的三等规律，掌握组合体上、下、左、右、前、后各个方向在投影图中的对应关系，如 V 面投影能反映上、下、左、右的关系，H 面投影能反映前、后、左、右的关系，W 面投影能反映前、后、上、下的关系。

（2）熟练掌握各种位置直线、曲线、平面、曲面的投影特性，确定它在空间的位置和形状，进而确定物体的空间形状。

（3）熟练掌握基本形体的投影特性，能够根据它们的投影图，快速想象出基本几何体的形状。

（4）熟练掌握视图中的线段和封闭线框的空间含义。

下面以图 4-14 所示的组合体为例，分析投影图中线段和线框的含义如下。

1. 视图中的线段有三种不同的意义

（1）线段可能是形体表面上相邻两个面的交线，即形体上棱边的投影。如图 4-14 中，正面投影中标注①的四条直线，就是六棱柱侧面交线的投影。

（2）线段可能是形体上某个侧面的积聚性的投影。如图 4-14 中标注②的线段和圆，就是六棱柱的顶面、底面、侧面和圆柱面的积聚性投影。

（3）线段可能是曲面的投影轮廓线。如图 4-14 中，正面投影中标注③的左右两条线段，就是圆柱的

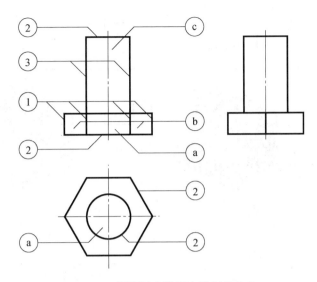

图 4-14 投影图中线段和线框的含义

正面投影轮廓线。

2. 视图中的线框有四种不同的意义

（1）线框可能是某一侧面的实形性的投影。如图 4-14 中，标注ⓐ的线框，是圆柱上、下底面的 H 面实形性的投影和六棱柱上平行 V 面的侧面实形投影。

（2）线框可能是某一侧面的类似性的投影。如图 4-14 中，标注ⓑ的线框，是六棱柱上垂直于 H 面但倾斜于 V 面的侧面的类似性的投影。

（3）线框可能是某一曲面的投影。如图 4-14 中，标注ⓒ的线框是圆柱面的 V 面投影。

（4）线框也可能是形体上一个孔洞的投影。

3. 掌握将各视图结合起来分析的方法

（1）一般情况下，一个视图不能完全确定物体的空间形状。因此，读图时必须将各视图联系起来看，根据投影规律进行分析比较。如图 4-15 所示，四组投影图中的主视图都一样，而俯视图不一样，反映的物体形状也不同。

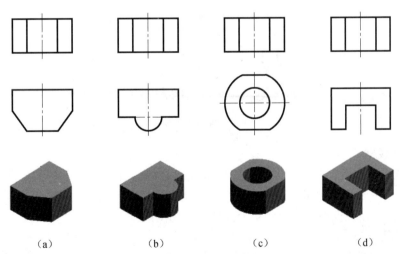

（a）　　　　　（b）　　　　　（c）　　　　　（d）

图 4-15 一个视图投影不能确定物体的形状

（2）有时两个视图也不能完全确定物体的空间形状。如图 4-16 所示，主视图和俯视图都一样，只有结合左视图一起看，才能确定物体的确切形状。

由以上分析可知，读图时不能只看一个或两个视图，必须以主视图为中心，将几个视图联系起来看，才能正确地想象出该物体的形状。

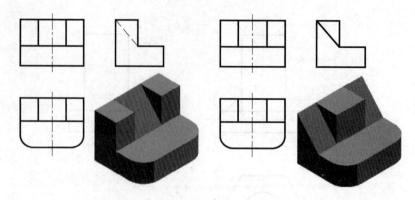

图 4-16　两个视图不能确定物体的形状

二、形体分析法读图

形体分析法是阅读组合体视图的主要方法。阅读时，要从反映物体形状特征的视图（一般为主视图）入手，联系其他视图，逐步分析各个组成部分（基本形体）的空间形状和相对位置，从而得到组合体的总体形状。在实际读图时，初步想象出组合体之后，应按照投影特性验证各个组成部分和各结合表面在各视图中的投影，验证是否与给出的各个视图一致，如果出现不一致的情况，应按照视图修正想象的组合体，然后再进行验证，直到各个视图与想象的组合体的投影完全符合为止。

下面以图 4-17 所示的组合体三视图为例，具体说明运用形体分析法读图的方法和步骤。

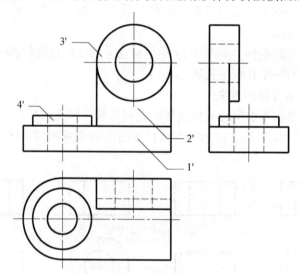

图 4-17　主视图分为四个线框

（1）看视图，分线框

先将三个视图联系起来看，根据投影关系找出构成组合体的各个组成部分的形状特征和相对位置比较明显的视图（因为这样的视图线框层次比较分明），然后将找出的视图分成若干个封闭的线框（有相切关系时，线框不封闭），在该例中，主视图被分成四个封闭的线框。

（2）对投影，想形体

根据主视图中所分的线框，对照其他两个视图，利用各形体的投影特点，就可以确定它的空间形状以及各形体之间的相对位置。形体Ⅰ是底板，为"U"形体，形体Ⅱ为简单体，形体Ⅲ、Ⅳ是空心圆柱，形体Ⅱ、Ⅲ和Ⅳ都叠加在形体Ⅰ之上，形体Ⅱ和形体Ⅲ的表面相切。如图 4-18（a）、（b）、（c）、（d）所示。

（3）综合起来想整体

每个组成部分的形状以及它们之间的相对位置确定之后，就可以综合起来想象出组合体的整体形状，如图 4-18（e）所示。

78

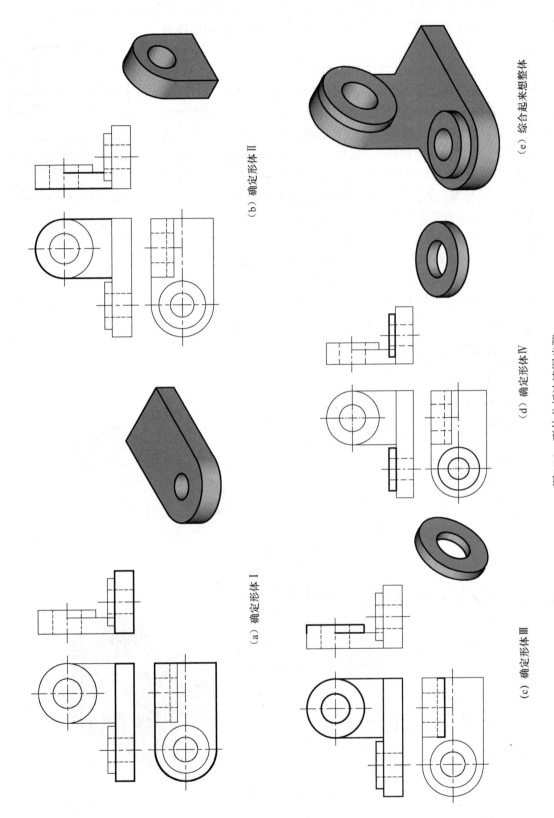

（a）确定形体 I

（b）确定形体 II

（c）确定形体 III

（d）确定形体 IV

（e）综合起来想整体

图4-18　形体分析法读图步骤

经常通过读图解决已知两个视图补画第三个视图的问题，下面以图4-19为例具体说明此类问题的解法。

【例4-1】 已知物体的主视图和俯视图如图4-19所示，请想出整体形状，补画左视图。

【解】 从已知视图中可以看出，该形体为叠加型组合体，运用形体分析法进行解题，具体步骤如下：

（1）联系视图，把主视图分成几个封闭的线框

因为主视图和俯视图有对称中心线，所以可以判别该形体是左右对称的。从主视图和俯视图中各线框的相邻关系可看出，该形体是叠加型的组合体。把主视图的封闭线框分成四个：线框1'是倒置的凹字形，线框2'是上方带圆弧的矩形（包括中间的图线），线框3'和线框4'是梯形。它们分别是形体Ⅰ、Ⅱ、Ⅲ、Ⅳ的正面投影，并且，线框3'和4'完全一致，线框3和4完全一致，即形体Ⅲ、Ⅳ完全一样，所以只要分析形体Ⅲ即可。

（2）对照投影，确定各基本形体的形状及它们之间的相对位置

倒置的凹字形线框1'表示长方体的底板，底板下方有一矩形通槽，底板前方的左右两侧各有一个圆角和圆柱孔，底板位于整个组合体的正下方。由此，不难画出其左视图，如图4-20（a）所示。

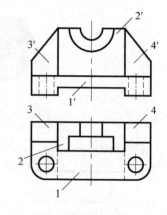

图4-19　根据两个视图，补画第三个视图

线框2'表示一长方体，它的上部有两个半径不相等的半圆柱槽，两个圆柱共轴线。长方体位于底板的正上方，它们的后表面是平齐的，其左视图如图4-20（b）所示。

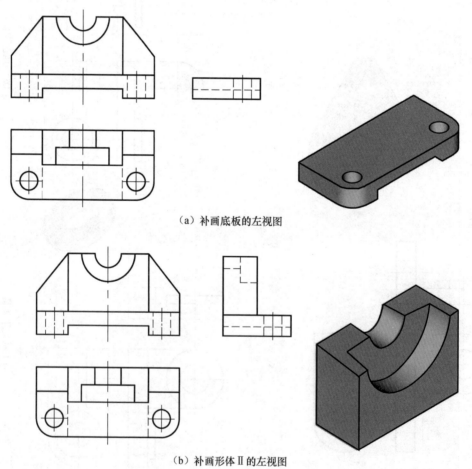

（a）补画底板的左视图

（b）补画形体Ⅱ的左视图

80

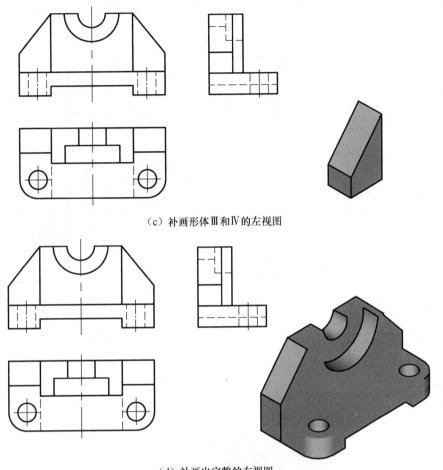

（c）补画形体Ⅲ和Ⅳ的左视图

（d）补画出完整的左视图

图4-20　根据两视图补画第三个视图的方法和步骤

　　线框3′表示梯形块，梯形块位于底板Ⅰ的上方和长方体Ⅱ的左侧，它们的后表面平齐，梯形块Ⅲ的左表面与底板Ⅰ的左表面平齐，不难画出其左视图。如图4-20（c）所示。由于形体是左右对称的，所以在图4-20（c）中也画出了形体Ⅳ的左视图。由于形体Ⅲ和Ⅳ左右对称，所以在图4-20（c）的左视图中只能看到形体Ⅲ的投影。

　　（3）综合起来想整体

　　根据四个基本形体的形状与位置，不难想象出该组合体的整体形状如图4-20（d）所示。按照组合体的整体形状来检查所画的左视图，正确处理相邻表面之间的位置关系，并按规定线型加深，得到的最后结果如图4-20（d）所示。

三、线面分析法读图

　　当组合体中有较复杂的形体时，仅用形体分析法可能难以确定其形状，可借助于线面分析法来读图。

　　我们知道，组合体视图是由若干的线段和线框组成的，分析三视图中相互对应的线段和线框的含义，可进一步认识组成该组合体的基本形体和整个形体的形状，这种方法称为线面分析法。

　　运用线面分析法读图的关键在于弄清视图中的图线和线框的含义，因此，必须熟练掌握在视图中线段和线框所代表的含义，这对读图很有帮助。

　　下面以图4-21所示的压块为例，说明用线面分析法读图的步骤。

　　（1）先对压块作形体分析。由图4-21（a）可看出，由于压块三个视图的主要轮廓线都是矩形，因此它在被切割前是一四棱柱。

　　（2）进行线面分析：

　　①分析俯视图中的线框P，在主视图中与它对应的投影是一斜线，在左视图中与之对应的投影为一梯

形线框，根据投影面垂直面"一直线两类似形"的投影特性，可知这是一个正垂面，即用正垂面切去四棱柱的左上角。

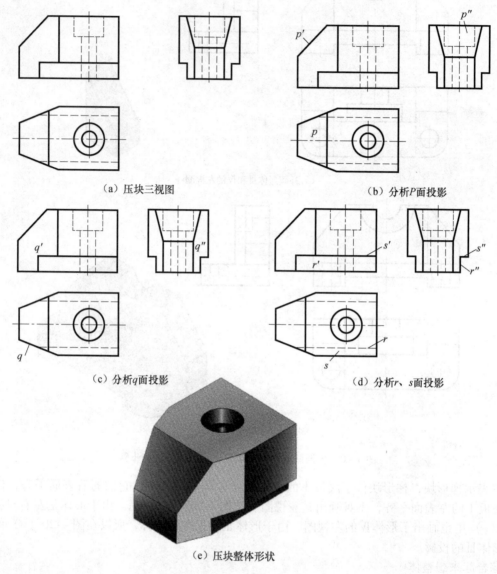

（a）压块三视图 　　　　　　　　　　（b）分析P面投影

（c）分析q面投影 　　　　　　　　　　（d）分析r、s面投影

（e）压块整体形状

图4-21　线面分析法读图

②分析主视图中的线框 Q，在俯视图与它对应的投影为一斜线，左视图上与它对应的投影为七边形，根据平面的投影特性确定 Q 面为一铅垂面，即四棱柱被两个铅垂面在左端前、后各对称地截去了两个角。

③分析主视图中的线框 r，其余两投影均积聚成直线，根据投影面平行面"一实形两直线"的投影特性，说明它是一个正平面。分析俯视图上的 s 线框，对应其他两投影均为直线，说明是一水平面。由此可知，左视图上前、后两个缺口是被正平面和水平面截切而成的。

压块前后对称，其余的表面读者可自行分析。

（3）综合起来想整体。压块是由一个四棱柱被正垂面 P 截去了左上角，被两个铅垂面 Q 在左端前、后各对称地截去了两个角，被互相垂直的两个平面在前后切去了两个小四棱柱，在压块中部由上至下钻了一个阶梯孔。

第四节　组合体的尺寸标注

组合体的三视图，虽然已清楚地表达出组合体的形状特征和各组成部分的相对位置关系，但不能反

82

映组合体各组成部分的大小。因此，组合体的尺寸标注成为确定组合体的真实大小及各组成部分相对位置的重要依据。本节主要是在平面图形尺寸标注的基础上，进一步学习组合体的尺寸标注。

组合体的尺寸标注的基本要求为：

（1）正确——所标注的尺寸应严格遵守国家标准中有关尺寸标注的规定，注写的尺寸数字要准确。

（2）完整——所标注的尺寸必须齐全，能够完全确定立体的形状和大小，不重复，也不遗漏。

（3）清晰——每个尺寸在图形中的布置应该适当、清楚，便于看图。

一、基本形体的尺寸标注

1. 基本形体的尺寸标注

组合体的尺寸标注是按照形体分析进行的，柱、锥、球、环等基本形体的尺寸是组合体尺寸的重要组成部分，因此，要标注组合体的尺寸，必须首先掌握基本形体的尺寸标注。

在常见基本形体的尺寸标注及其数量中，有时标注的形式有可能改变，但是尺寸的数量却不能增减。如图 4-22 所示，在正六棱柱的俯视图中，六边形的对边尺寸和对角尺寸只需要标注一个，通常标注对边尺寸，而以参考尺寸的形式（将尺寸数字写在小括号内）标注对角尺寸；回转体尺寸标注在非圆视图上时，可不画其余视图就能确定其形状和大小。图 4-22 中给出的是一些常见基本形体的尺寸标注。

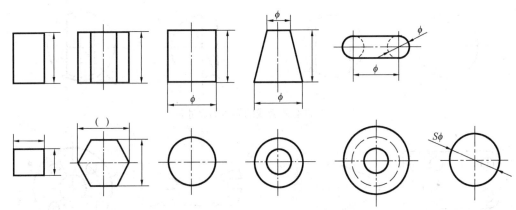

图 4-22　常见基本形体的尺寸标注

2. 具有切口的基本体和相贯体的尺寸标注

在标注具有切口的基本体和相贯体的尺寸时，应首先注出基本体的尺寸，然后再注出确定截平面位置的尺寸和相贯两基本形体相对位置的尺寸，而截交线和相贯线本身不允许标注尺寸，如图 4-23 和图 4-24 所示。

3. 常见薄板的尺寸标注

图 4-24 列举了几种薄板的尺寸标注，这些薄板是机件中的底板、竖板和法兰的常见形式。从图中可以看出，这些薄板为顶面和底面具有相同形状的柱体，只是按照平面图形的尺寸注法注写出顶面和底面的尺寸，再注写出板的厚度就可以了。图中略去了反映薄板厚度的主视图。图 4-24（a）中所示底板的四个圆角，整个形体的长度尺寸和宽度尺寸、圆角半径，以及确定小孔位置的尺寸都要注出。当圆角与小孔同心时，应注意上述尺寸之间不要发生矛盾。图 4-24（b）中板的前后对称圆弧位于同一直径的圆上，应标注直径"φ"，长度方向的总体尺寸由小孔中心距与两个圆弧半径之和得到，不允许直接标注。图 4-24（c）中的底板是由直径为"φ"的圆柱体切割得到的，应注写出直径"φ"，左右两端分别被两个正平面和一个半圆柱面开了两个槽，使圆柱的左右两端产生了截交线，而截交线不能标注尺寸，因此不应该标注总长尺寸。在图 4-24（d）中，底板上四个小孔的圆心位于同一个直径的圆上，应标注出其直径"φ"。

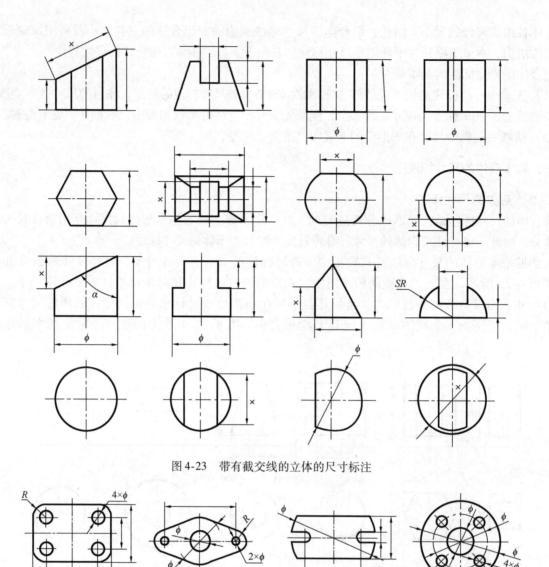

图 4-23　带有截交线的立体的尺寸标注

（a）　　　　　　（b）　　　　　　（c）　　　　　　（d）

图 4-24　常见薄板的尺寸标注

二、组合体的尺寸标注

按照形体分析法，组合体可以分解成若干的基本形体。一般的，组合体的尺寸分三类：

（1）定形尺寸。确定基本形体形状大小的尺寸称为定形尺寸；

（2）定位尺寸。确定基本形体之间相对位置的尺寸称为定位尺寸；

（3）总体尺寸。确定组合体总长、总宽、总高的尺寸称为总体尺寸。

标注组合体尺寸时，一般应标注定形尺寸、定位尺寸和总体尺寸。

标注定位尺寸时，必须首先确定尺寸标注的起点，即基准。组合体长、宽、高三个方向均需标注尺寸，因此三个方向均需要设立主要尺寸基准。常见的尺寸基准主要有：主要的对称面、重要的端面、底面及主要的回转体的轴线等，如图 4-25 所示。

必须注意，对于组合体应标注三类尺寸，但对于具体的某个尺寸，它有时不仅仅起一个作用，还可能同时起多个作用。

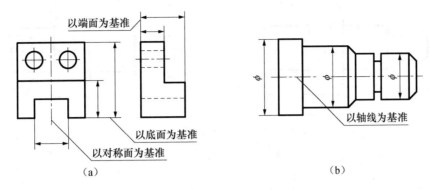

图 4-25　常见的尺寸基准

三、尺寸配置的要求

1. 尺寸尽可能标注在表示形体特征最明显的视图上，如图 4-26 所示。

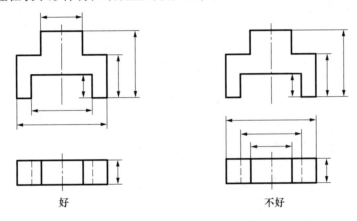

好　　　　　　　　　　　不好

图 4-26　尺寸尽可能标注在表示形体特征最明显的视图上

2. 同一形体的尺寸应尽量集中标注，并尽可能地标注在该形体的两个视图之间，以便于读图和想象出物体的空间形状，如图 4-27 中的长度尺寸所示。

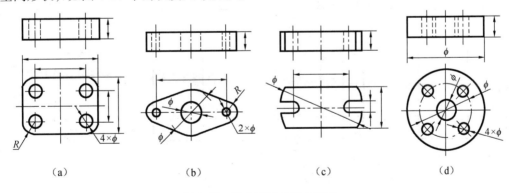

（a）　　　　　　（b）　　　　　　（c）　　　　　　（d）

图 4-27　尺寸应尽量集中标注

3. 同一方向的尺寸，在标注时应排列整齐，尽量配置在少数几条线上，如图 4-28 所示。

排列尺寸时，应将大尺寸排列在小尺寸之外，尽量避免尺寸线和其他尺寸界线相交，以保证图面清晰，如图 4-29 所示。

4. 尺寸尽量不要标注在虚线上。

5. 回转体的尺寸一般应标注在投影为非圆的视图上，其中圆柱面的半径尺寸则应标注在反映圆的视图上，如图 4-30 所示。

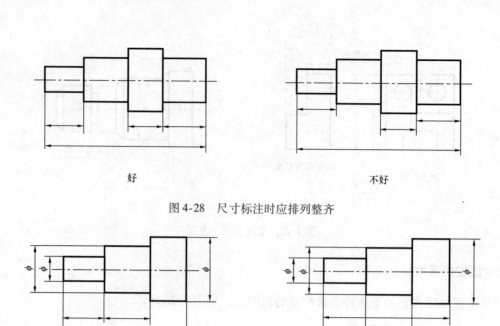

好   不好

图 4-28 尺寸标注时应排列整齐

好   不好

图 4-29 尺寸标注时应排列整齐

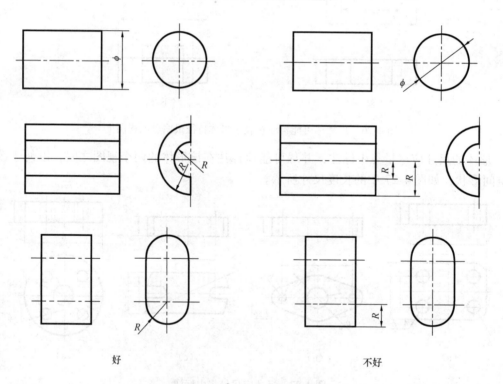

好   不好

图 4-30 尺寸标注时应排列整齐

6. 为了便于读图，应尽量将尺寸配置在图形外面，只有当图形内有足够的空白处或必要时才可以标注在视图内。

四、标注组合体尺寸的步骤及示例

标注组合体的尺寸时，应首先对组合体进行形体分析，然后确定三个方向的尺寸基准，再标注定形尺寸和定位尺寸，最后调整总体尺寸并进行检查。

下面以图4-31所示的轴承座为例，说明标注组合体尺寸的步骤。

（1）形体分析。轴承座可以分析成四个简单形体：底板、空心圆柱、支撑板、肋板，如图4-31（a）所示。

（2）确定三个方向的尺寸基准。如图4-31（b）所示，轴承座的底板是安装面，可作为高度方向的主要尺寸基准；轴承座的左右对称面可作为长度方向的主要尺寸基准；底板和支撑板的后端面可作为宽度方向的主要尺寸基准。

（3）标注定位尺寸。由于组合体左右对称，底板上的两个圆柱孔长度的定位尺寸为96，宽度方向的定位尺寸为36，空心圆柱轴线的高度方向的定位尺寸为60，空心圆柱宽度方向的定位尺寸为8，如图4-31（c）所示。

（4）标注定形尺寸。首先标注底板的定形尺寸，如图4-31（d）所示。其次标注空心圆柱的定形尺寸，如图4-31（e）所示。再标注支撑板的定形尺寸，最后标注肋板的定形尺寸，如图4-31（f）所示。完成组合体的尺寸标注，如图4-31（g）所示。

（5）调整总体尺寸，如图4-31（g）所示。总长为120，总宽由48和8确定，总高由60和$\phi 48/2$确定。

（6）检查。按照定位尺寸、定形尺寸和总体尺寸的顺序进行校核，注意尺寸的完整和清晰。

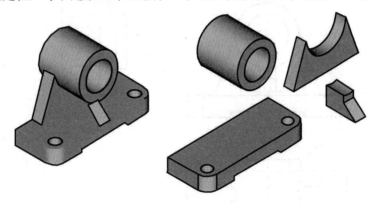

（a）形体分析

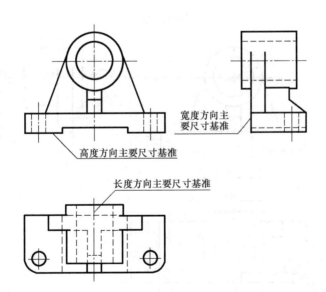

（b）三个方向的尺寸基准

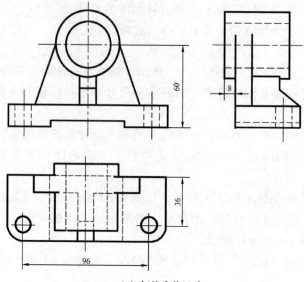

（c）标注定位尺寸

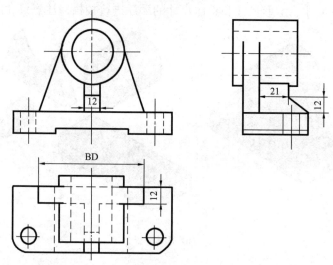

（d）标注底板的定形尺寸

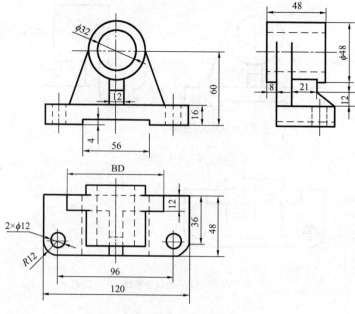

（f）标注支撑板和肋板的定形尺寸

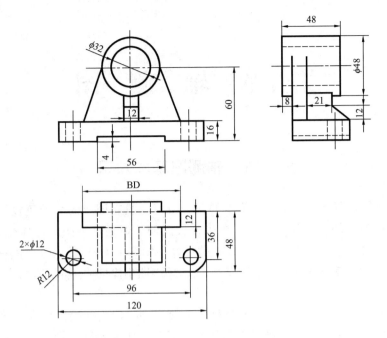

（e）标注空心圆柱的定形尺寸

图 4-31 轴承座的尺寸标注

第五章 轴 测 图

第一节 轴测图基本知识

前面所讲述的组合体视图是立体在相互垂直的两个或三个投影面上的多面正投影图。多面正投影图能够完整、准确地表示物体的形状和大小，作图也比较简便，但是这种图的立体感较差，不容易看懂，而且仅凭一个投影图无法表达长、宽、高三个方向的尺寸。图 5-1（a）是组合体的三面投影图，如果把它画成图 5-1（b）的形式，就容易看懂。图 5-1（b）这种图是用轴测投影的方法画出来的，称为轴测投影图（简称轴测图）。

轴测图是形体在平行投影的条件下形成的一种单面投影图，但由于投影方向不平行于任一坐标轴和坐标面，所以能在一个投影图中同时反映出物体的长、宽、高和不平行于投影方向的平面，因而轴测图具有较强的立体感。但轴测图绘制较为繁琐，不能直接反映物体的真实形状和大小，所以多数情况下只能作为一种辅助图样，作为对正投影图的补充。

一、轴测投影的形成

轴测投影是将空间物体连同确定其空间位置的直角坐标系，沿不平行于任一坐标面的方向 S，用平行投影法投射到一个平面 P 上所得到的图形，如图 5-2 所示。

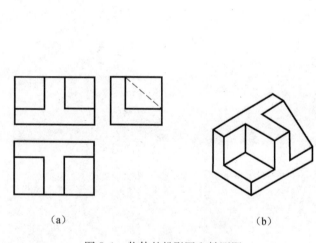

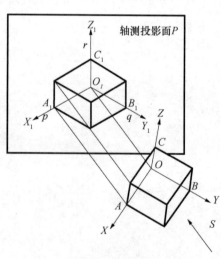

图 5-1 物体的投影图和轴测图

图 5-2 轴测图的形成

二、轴测投影中的轴间角和轴向伸缩系数

在轴测投影中，投影面称为轴测投影面，如图 5-2 中的平面 P；三个坐标轴 OX、OY、OZ 的轴测投影 O_1X_1、O_1Y_1、O_1Z_1 称为轴测轴，画图时，规定把 O_1Z_1 轴画成竖直方向；轴测轴上某段长度与它在空间直角坐标轴上的实长之比分别称为 X、Y、Z 轴的轴向伸缩系数，又称为轴向变形系数，分别用 p_1、q_1、r_1 表示，即：$p_1 = \dfrac{O_1X_1}{OX}$，$q_1 = \dfrac{O_1Y_1}{OY}$，$r_1 = \dfrac{O_1Z_1}{OZ}$。

为了便于作图，轴向伸缩系数常采用简化的数值，简化后的系数称为简化伸缩系数，简称伸缩系数，

90

分别用 p、q、r 表示。

轴测轴之间的夹角，即 $\angle X_1 O_1 Z_1$、$\angle X_1 O_1 Y_1$、$\angle Y_1 O_1 Z_1$ 称为轴间角。轴间角和轴向伸缩系数是绘制轴测投影时必备的要素，不同类型的轴测投影有不同的轴间角和轴向伸缩系数。

三、轴测图的分类

根据投影方向与轴测投影面的相对位置，可将轴测图分为两大类：

1. 正轴测图

当投射方向垂直于轴测投影面时，得到的投影图称为正轴测图。

在正轴测图中：三个轴向伸缩系数相等的称为正等轴测图（$p = q = r$）；两个轴向伸缩系数相等的称为正二轴测图（$p = q \neq r$ 或 $p = r \neq q$ 或 $p \neq q = r$）；三个轴向伸缩系数均不相等的称为正三轴测图（$p \neq q \neq r$）。

2. 斜轴测图

当投射方向倾斜于轴测投影面时，得到的投影图称为斜轴测图。

在斜轴测图中：三个轴向伸缩系数相等的，称为斜等轴测图（$p = q = r$）；两个轴向伸缩系数相等的，称为斜二轴测图（$p = q \neq r$ 或 $p = r \neq q$ 或 $p \neq q = r$）；三个轴向伸缩系数均不相等的，称为斜三轴测图（$p \neq q \neq r$）。

工程中用的较多的是正等轴测图和轴测投影面平行于坐标平面 XOZ 的一种斜二轴测图，本书仅介绍这两种轴测图。

四、轴测投影的特性

由于轴测投影为平行投影，所以它具有平行投影的投影特性，即：

1. 平行性

互相平行的直线其轴测投影仍平行。因此，形体上平行于三个坐标轴的线段，在轴测投影上分别平行于相应的轴测轴。

2. 度量性

形体上与坐标轴平行的直线尺寸，在轴测图中均可沿轴测轴的方向测量。因此，形体上平行于坐标轴的线段的轴测投影与线段实长之比，等于相应的轴向变形系数。

3. 变形性

形体上与坐标轴不平行的直线，具有不同的伸缩系数，不能在轴测图上直接量取，而要先定出直线两端点的位置，再画出该直线的轴测投影。

4. 定比性

直线上的点分割比例在轴测投影中比值不变。

在轴测图中，用粗实线画出物体的可见轮廓，为了使画出的图形明显，通常不画出物体的不可见轮廓，必要时用虚线画出。

第二节　正等轴测图

一、正等轴测图的轴间角和轴向伸缩系数

当投射方向与轴测投影面垂直，而且物体的三个坐标轴与轴测投影面的三个夹角均相等时所得到的投影，称为正等轴测图。此时，轴间角均为 $120°$，如图 5-3（b）所示，轴向伸缩系数 $p_1 = q_1 = r_1 \approx 0.82$。为作图简便，常取 $p = q = r = 1$。采用简化伸缩系数作图时，画出的图形长度沿各轴向分别放大了约 1.22 倍，画出的是原物体的相似形，但作图时，沿各轴向的所有尺寸都用真实长度量取，简捷方便，所以通常都以简化伸缩系数画正等轴测图。

图 5-3 为正四棱柱的正等测投影，其中图 5-3（a）为四棱柱的投影图，图 5-3（b）为先画出的正等轴测图的轴测轴，图 5-3（c）为按轴向伸缩系数 0.82 画出的对应四棱柱的正等轴测图，图 5-3（d）为按简化轴向伸缩系数 1 画出的四棱柱的正等轴测图，由图可见，按简化的轴向伸缩系数来画，实际上是把物体放大了。

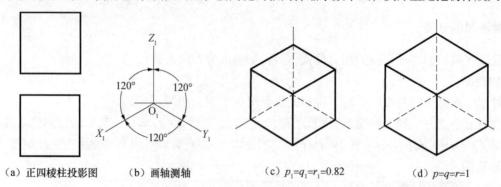

（a）正四棱柱投影图　　（b）画轴测轴　　　（c）$p_1=q_1=r_1=0.82$　　（d）$p=q=r=1$

图 5-3　正等轴测图

二、平行于坐标面的圆的正等轴测图

在平行投影中，当圆所在的平面平行于投影面时，其投影仍是圆，当圆所在平面倾斜于投影面时，其投影是椭圆。

许多形体上的圆和圆弧，多数平行于某一基本投影面，与轴测投影面却不平行，所以这些圆或圆弧的正等轴测图都是椭圆。圆或圆弧的正等轴测图，常用四心法（四段圆弧连接的近似椭圆）画出。图 5-4 所示的是水平圆的正等轴测图的近似画法，可用同样的方法作出正平圆和侧平圆的正等轴测图，如图 5-5 所示。

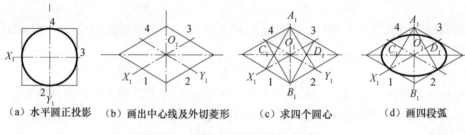

（a）水平圆正投影　　（b）画出中心线及外切菱形　　（c）求四个圆心　　（d）画四段弧

图 5-4　水平圆的正等轴测图近似画法

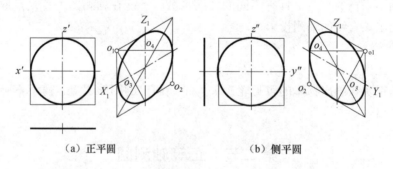

（a）正平圆　　　　　　　　　（b）侧平圆

图 5-5　正平圆和侧平圆的正等测投影

圆的轴测图还可用八点法绘出，即作出圆的外切正方形，找出圆上平分的八个点，依次求出这八个点的轴测投影，光滑连接八个点成椭圆。这种方法适用于任一类型的轴测投影作图。只要作出了该圆的外切正方形的轴测图，即可按照此方法作出圆的轴测图。

掌握了圆的画法，就不难画出曲面体的正等轴测图。如图 5-6（a）、图 5-6（b）中的圆柱和圆锥，只需画出上顶面和下底面的圆的正等轴测图，沿 Z 向作出高度，然后作顶面椭圆和底面椭圆的切线即可作出圆柱的正等轴测图。作图过程见图 5-6。

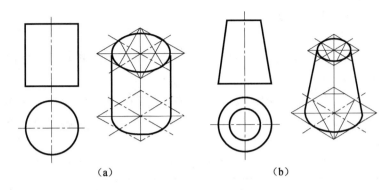

图 5-6 圆柱和圆锥正等轴测图的画法

【例 5-1】 如图 5-7（a）所示，已知切割圆柱的主、俯视图，作出其正等轴测图。

【解】 作图步骤如下：

（1）选坐标系，原点选定为顶圆的圆心，XOY 坐标面与上顶圆重合，如图 5-7（a）所示。

（2）画出顶圆的轴测投影椭圆，将该椭圆沿 $Z1$ 轴向下平移 H，即得底圆的轴测投影；将半个椭圆沿 $Z1$ 轴向下平移 $H/2$，即得切口的轴测投影，如图 5-7（b）、图 5-7（c）所示。

（3）作椭圆的公切线、截交线，擦去不可见部分，加深后即完成作图，如图 5-7（d）所示。

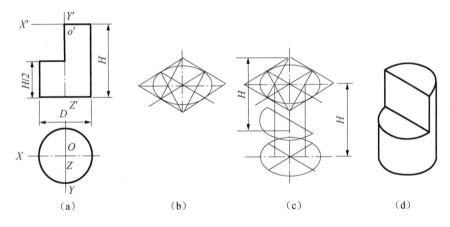

图 5-7 切割圆柱的正等轴测图画法

球的正等测是圆。当轴向伸缩系数为 0.82 时，圆的直径等于球的直径，如图 5-8（b）所示。当轴向伸缩系数为 1 时，圆的直径等于球直径的 1.22 倍，如图 5-8（c）所示。为增强立体感，往往在轴测图上加润饰或用细实线加画三个不同方向的椭圆，如图 5-8（b）、图 5-8（c）所示。

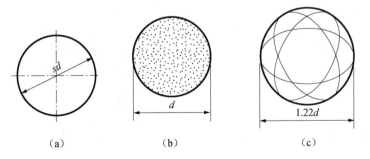

图 5-8 球的正等轴测图的画法

三、底板圆角的正等轴测图近似画法

平行于坐标面的圆角是圆的一部分，如图 5-9（a）所示。特别是常见的四分之一圆周的圆角其正等

测恰好是上述近似椭圆的四段圆弧中的一段。

作图步骤如下：

（1）画出平板的轴测图，并根据圆角的半径 R，在平板上底面相应的棱线上作出切点 1、2、3、4，如图 5-9（b）所示。

（2）过切点 1、2 分别作相应棱线的垂线，得交点 O_1。同样，过切点 3、4 作相应棱线的垂线，得交点 O_2。以 O_1 为圆心，$O_1 1$ 为半径作圆弧 $\overset{\frown}{12}$；以 O_2 为圆心，$O_2 3$ 为半径作圆弧 $\overset{\frown}{34}$，即得平板上底面圆角的轴测图，如图 5-9（c）所示。

（3）将圆心 O_1、O_2 下移平板的厚度 h，再用与上底面圆弧相同的半径分别画两圆弧，即得平板下底面圆角的轴测图。在平板右端作上、下小圆弧的公切线，擦去作图线，描深，如图 5-9（d）所示。

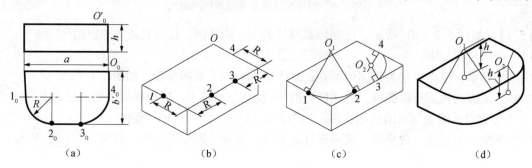

图 5-9　圆角的正等测画法

四、画法举例

用简化系数画出物体的正等测，作图很方便。因此，一般情况下常采用正等测来绘制物体的轴测图。尤其是当物体具有平行于两个或三个坐标面的圆时，由于正等测椭圆作法较为方便，因此在绘制其轴测图时，更适宜选用正等测。

绘制物体轴测图的基本方法有直接作图法、切割法、坐标法、叠加法、综合法等，其中综合法既使用坐标法，又使用切割法来作轴测图。

通常可按下列步骤作出物体的正等轴测图：

（1）对物体进行形体分析，确定坐标轴；

（2）作轴测轴，按坐标关系画出物体上点和线，从而连成正等轴测图。若物体上有平行于坐标面的圆时，则用图 5-4 所示的方法作出近似椭圆。

应注意：在确定坐标轴和具体作图时，要考虑作图方便，有利于按坐标关系定位和度量，并尽可能减少作图线。

下面举例说明几种正等轴测图的画法。

【例 5-2】 已知正六棱柱的两面投影，用坐标法绘制其正等轴测图。

【解】 如图 5-10 所示，正六棱柱的前后、左右对称，将坐标原点 O_0 定在上底面六边形的中心，以六边形的中心线为 X_0 轴和 Y_0 轴。这样便于直接作出上底面六边形各顶点的坐标，从上底面开始作图。

作图步骤如下：

（1）定出坐标原点及坐标轴，如图 5-10（a）所示。

（2）画出轴测轴 OX、OY，由于 a_0、d_0 在 X_0 轴上，可直接量取并在轴测轴上作出 a、d。根据顶点 b_0 的坐标值 X_b 和 Y_b，定出其轴测投影 b，如图 5-10（b）所示。

（3）作出 b 点与 X、Y 轴对应的对称点 f、c，连接 a、b、c、d、e、f 即为六棱柱上底面六边形的轴测图。由顶点 a、b、c、d、e、f 向下画出高度为 h 的可见轮廓线，得下底面各点，如图 5-10（c）所示。

（4）连接下底面各点，擦去作图线，描深，完成六棱柱正等测图，如图 5-10（d）所示。

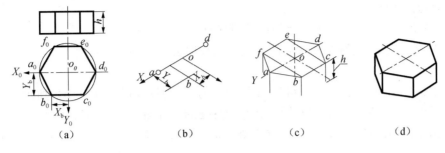

图 5-10　正六棱柱的正等轴测图画法

由作图可知，因轴测图只要求画可见轮廓线，不可见轮廓线一般不要求画出，故常将原标注的原点取在顶面上，直接画出可见轮廓，使作图简化。

【例 5-3】　如图 5-11（a）所示，已知形体的正投影图，用切割法求作它的正等轴测图。

【解】　切割法画轴测投影的方法主要是依据形体的组成关系，先画出基本形体的轴测投影，然后在轴测投影中把应去掉的部分切去，从而得到整个形体的轴测投影图。

作图步骤如图 5-11 所示：

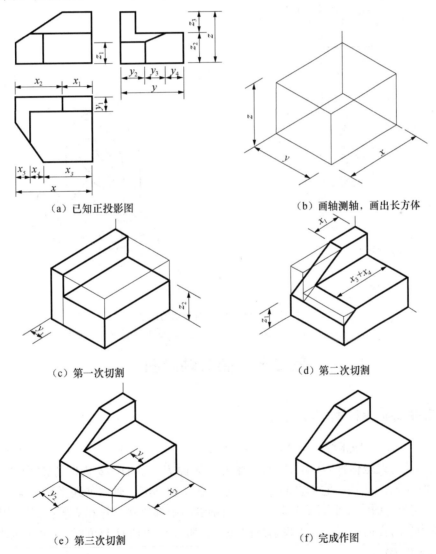

图 5-11　形体的正等轴测图画法

组合体一般由若干基本立体组成。画组合体的轴测图，一般采用叠加法，只要分别画出各基本立体

95

的轴测图，并注意它们之间的相对位置即可。

【例5-4】 画图5-12（a）所示组合体的正等轴测图

【解】 图5-12（a）为组合体的正投影图，适合用叠加法。

作图步骤如下：

（1）画轴测轴，分别画出底板、立板和三角形肋板的正等测，如图5-12（b）所示；

（2）画出立板半圆柱和圆柱孔、底板圆角和小圆柱孔的正等测，如图5-12（c）所示；

（3）擦去作图线，加深可见轮廓线，完成全图，如图5-12（d）所示。

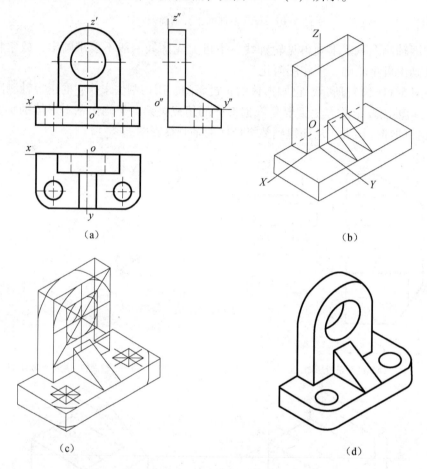

图5-12　组合体正等轴测图的画法

第三节　斜二轴测图

一、斜二轴测图的轴间角和轴向伸缩系数

如图5-13（a）所示，为便于绘制物体的斜轴测图，可使物体上两个主要方向的坐标轴平行于轴测投影面。为便于说明问题，设坐标轴 OX 和 OZ 位于轴测投影面 P 上，且 OZ 仍保持铅垂位置，这样坐标轴 OX、OZ 就是轴测轴 O_1X_1、O_1Z_1，它们之间的轴间角 $X_1O_1Z_1$ 为90°，轴向伸缩系数 $p_1 = r_1 = 1$。物体上平行于坐标面 XOZ 的直线、曲线和平面图形在这样的斜轴测图中都反映实长和实形；而轴测轴 O_1Y_1 的方向和轴向伸缩系数则由投射方向确定，由于投射方向随意，所以轴测轴 O_1Y_1 的方向和轴向伸缩系数之间没有固定关系，可以任意选定。

同理，如果设坐标轴 OX 和 OZ 平行于轴测投影面，如图5-13（b）所示，则轴间角 $X_1O_1Z_1$ 为90°，轴向伸缩系数 $p_1 = r_1 = 1$，轴测轴 O_1Y_1 的方向和轴向伸缩系数也可任意选定。当取 $q_1 \neq 1$，即为一种斜二轴测图。

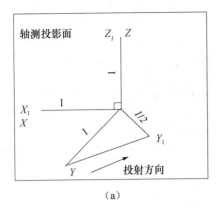

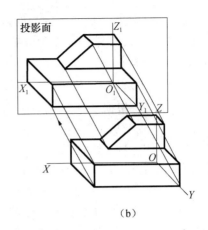

(a)   (b)

图 5-13   斜二轴测图的形成

将轴测轴 O_1Z_1 画成竖直，O_1X_1 画成水平，如图 5-14 所示，轴向伸缩系数 $p_1 = r_1 = 1$；O_1Y_1 可画成与水平成 45°角，根据情况方向可选向右下、右上、左下、左上，q_1 取 0.5。这样画出的正面斜轴测图称为正面斜二测图。如图 5-14 所示投影方向分别为右下和左下的情况。

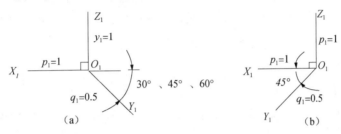

图 5-14   斜二测图的轴间角和轴向伸缩系数

二、平行于坐标面的圆的斜二轴测图

图 5-15 （a）作出了正方体表面上的三个内切圆的斜二轴测图；平行于坐标面 $X_1O_1Z_1$ 的圆的斜二测仍是大小相同的圆，平行于 $X_1O_1Y_1$ 和 $Y_1O_1Z_1$ 的圆的斜二测是椭圆。

作平行于 $X_1O_1Y_1$ 和 $Y_1O_1Z_1$ 的圆的斜二轴测图时，可用八点法作椭圆：先画出圆心和两条平行于坐标轴的直径的斜二轴测图，这就是斜二轴测图椭圆的一对共轭直径，由这对共轭直径按八点法作出斜二轴测图椭圆。

图 5-15 （b）、图 5-15 （c）中表达了八点法作椭圆的过程，这种方法适用于任一类型的轴测投影作图。

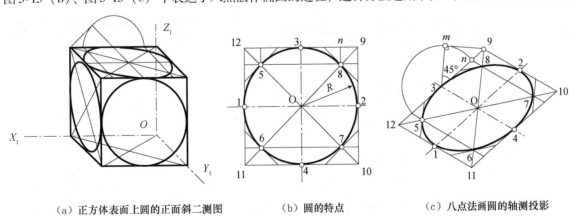

（a）正方体表面上圆的正面斜二测图   （b）圆的特点   （c）八点法画圆的轴测投影

图 5-15   正方体表面上圆的正面斜二测图与八点法作圆的轴测图

作图时，先作出圆的外切正方形的轴测投影，然后再画圆。为了作出椭圆，我们先了解依据椭圆的共轭直径用八点法绘制椭圆的原理。图 5-15 （b）分析了圆上的八个点及其外切正方形平面的特点，

图 5-15（c）是该平面连同圆的某一轴测投影，可以看出，圆 O 的一对相互垂直的直径 12 和 34，在轴测投影中不再相互垂直，这一对直径称为椭圆的共轭直径。5、6、7、8 是位于外切正方形对角线上的点，只要在平行四边形对角线上确定 5、6、7、8，则可通过连接 1、6、4、7、2、8、3、5 八个点，较准确地画出椭圆。图 5-15（b）中，$\Delta O39$ 是一等腰直角三角形，$O3 = 39 = O8$，而 $O9 = \sqrt{2}\,R$，作 $8n \parallel 34$，则 $3n:39 = O8:O9 = 1:\sqrt{2}$。根据平行投影的定比性，在投影图中只要按比例求出点 5、6、7、8 即可。

在作平行于 XOY 或 YOZ 的圆的斜二轴测图椭圆时，也可以由四段圆弧相切拼成近似椭圆，但画法比较麻烦，在这里不多作介绍。当有平行于 XOY 或 YOZ 的圆时，最好避免选用斜二轴测图，采用正等轴测图为宜。

当物体上只有平行于坐标面 XOZ 的圆时，采用斜二轴测图最方便。斜二轴测图的画法与正等轴测图的画法类似，只是轴间角和轴向伸缩系数不同。

图 5-16 所示是一机件的正投影图。由图可知，该机件由圆筒及支板两部分组成，它们的前后端面均有平行于 XOZ 坐标面的圆及圆弧。因此，采用斜二轴测图比较方便。

画斜二轴测图时，首先确定各端面圆的圆心位置。作图步骤如下：

（1）在正投影图中选定坐标原点和坐标轴，如图 5-16（a）所示；
（2）画轴测图的坐标轴，作主要轴线，确定各圆心 I、II、III、IV、V 的轴测投影位置，如图 5-16（b）所示；
（3）按正投影图上不同半径由前往后分别作各端面的圆或圆弧，如图 5-16（c）所示；
（4）作各圆或圆弧的公切线，擦去多余作图线，加深可见轮廓线，完成全图，如图 5-16（d）所示。

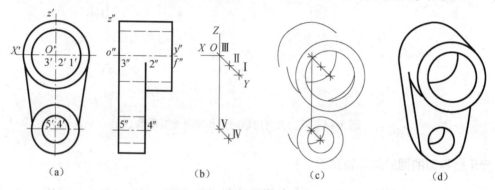

（a）　　　　　　　（b）　　　　　　　（c）　　　　　　　（d）

图 5-16　斜二轴测图的画法

三、画法举例

【例 5-5】　作图 5-17 所示组合体的斜二轴测图。

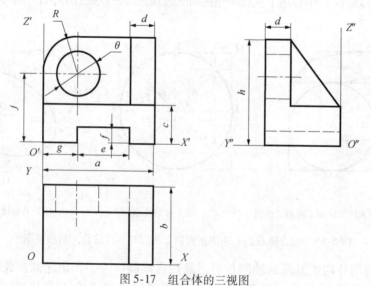

图 5-17　组合体的三视图

【解】 该组合体由一块底板、一块竖板和一块三角肋板叠加组成。为了作图方便，可采用叠加法，先画底板，再画竖板，最后画支撑三角肋。取底板左前方的角点为原点，确定如图中所附加的坐标轴。

作图过程和步骤如下：

（1）按三视图中确定的轴向作轴测轴，由三视图中的尺寸 a、b、c 和 e、f、g 画出底板和底部的通槽；

（2）擦去轴测轴，由尺寸 h 和 R、j 在底板的后上方画出竖板，由尺寸 ϕ 画出竖板上的圆通孔；

（3）擦去多余图线，由尺寸 l 作出三角肋板；

（4）整理加深，得组合体的斜二轴测图（如图 5-18 所示）。

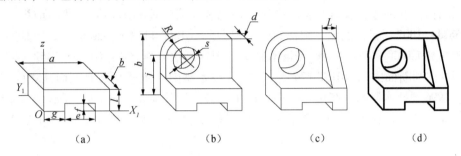

（a）　　　　　（b）　　　　　（c）　　　　　（d）

图 5-18　组合体的斜二轴测图

第六章　机件的常用表达方法

在实际工程中，由于使用场合和要求的不同，机件结构形状也各不相同。国家标准《技术制图　简化表示法　第一部分：图样画法》（GB 16675.1—1996）规定："在绘制技术图样时，应首先考虑看图方便。根据物体的结构特点，选用适当的表示方法。在完整、清晰地表示物体形状的前提下，力求制图简便。"GB/T 4458.1—2002《机械制图　图样画法　视图》、GB/T 4458.6—2002《机械制图　图样画法　剖视图和断面图》和 GB/T 17451—2005《技术制图　图样画法　视图》、GB/T 17452—1998《技术制图　图样画法　剖视图和断面图》、GB/T 17453—2005《技术制图　图样画法　剖面区域的表示法》，以及 GB/T 16675.1—1996《技术制图　简化表示法　第 1 部分：图样画法》等国家标准规定了各种画法——视图、剖视图、断面图、局部放大图、简化画法和其他规定画法等，本章将介绍机件的各种常用表达方法。

第一节　视　　图

视图主要用来表达机件的外部结构形状，通常有基本视图、向视图、局部视图和斜视图。

一、基本视图和向视图

1. 基本视图

机件在基本投影面上的投影称为基本视图，即将机件置于一正六面体内（如图 6-1 所示，正六面体的六面构成六个基本投影面），向六个面投影所得的视图称为基本视图。六个视图分别是由前向后、由上向下、由左向右投影所得的主视图、俯视图和左视图，以及由右向左、由下向上、由后向前投影所得的右视图、仰视图和后视图。各基本投影面的展开方式如图 6-2（a）所示，展开后各视图的配置如图 6-2（b）所示。基本视图具有"长对正、高平齐、宽相等"的投影规律，即主视图、俯视图和仰视图长对正（后视图同样反映零件的长度尺寸，但不与上述三视图对正），主视图、左右视图和后视图高平齐，左、右视图与俯、仰视图宽相等。

按规定配置的基本视图一般不用标注名称。

在表达机件的图样时，不必六个基本视图都画，在明确表达清楚机件的前提下，应使视图（包括后面所讲的剖视图和断面图）的数量为最少。

2. 向视图

可自由配置的视图称为向视图。若一个机件的基本视图不按基本视图的规定配置，或不能画在同一张图纸上，则可画成向视图。这时，应在视图上方标注大写拉丁字母"×"，称为×向视图，在相应的视图附近用箭头指明投射方向，并注写相同的字母，如图 6-3 所示。

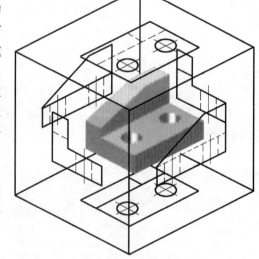

图 6-1　基本视图的六面投影

二、局部视图

将机件的某一部分向基本投影面投影，所得到的视图称为局部视图。画局部视图的主要目的是为了减少作图工作量。图 6-4 所示机件，当画出其主、左视图后，仍有没有表达清楚的内部。如果画出俯视图，则已经表达清楚的部分也需要画出，因此，可以只画出表达该部分的局部俯视图。

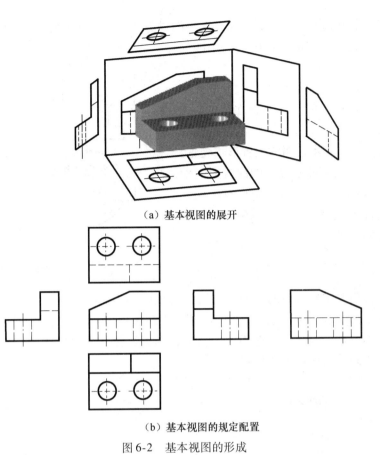

（a）基本视图的展开

（b）基本视图的规定配置

图 6-2　基本视图的形成

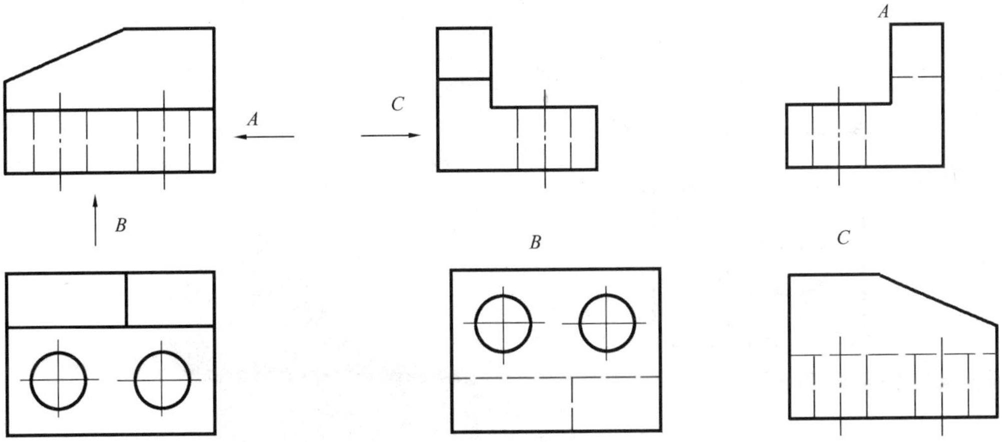

图 6-3　向视图

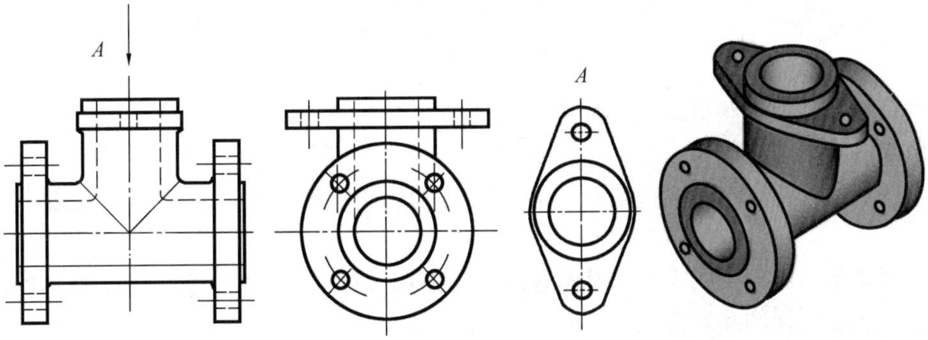

图 6-4　局部视图的画法

局部视图的断裂边界用波浪线画出，如图 6-5 中的局部视图 A。当所表达的局部结构是完整的，且外轮廓又是封闭的，波浪线可以省略，如图 6-5 中的局部视图 B。

画局部视图时，一般应在局部视图上方标上视图的名称"×"（"×"为大写拉丁字母），在相应的视图附近用箭头指明投影方向，并注上同样的字母，如图 6-4 所示。局部视图可按基本视图的配置形式配置，如图 6-5 中局部视图 A，也可按向视图的配置形式配置，如图 6-5 中局部视图 B。当局部视图按投影关系配置，中间又无其他图形隔开时，可省略标注，如图 6-5 中的 A 就可以省略标注。

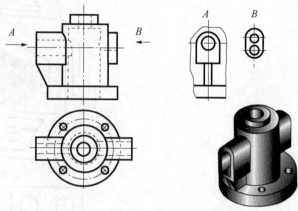

图 6-5　局部视图的画法及其标注

三、斜视图

机件向不平行于任何基本投影面的平面投射所得的视图称为斜视图。斜视图主要用于表达机件上倾斜部分的实形。如图 6-6 所示的连接弯板，其倾斜部分在基本视图上不能反映实形，表达得不够清楚，画图又较困难，读图也不方便。为此，可选用一个新的投影面，使它与机件的倾斜部分表面平行，然后将倾斜部分向新投影面投影，这样便可反映实形。

斜视图可以按基本视图的形式配置并标注，必要时也可配置在其他适当位置，在不引起误解时，允许将视图旋转配置，表示该视图名称的大写拉丁字母应靠近旋转符号的箭头端，也允许将旋转角度标注在字母之后，如图 6-6 所示。

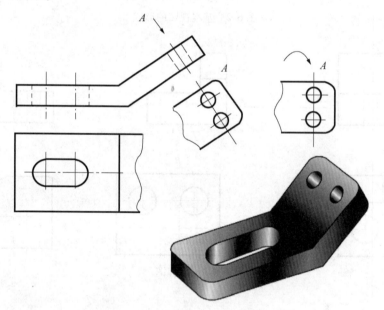

图 6-6　斜视图及其标注

因为斜视图只是为了表达倾斜结构的局部形状，所以画出了它的实形后，就可以用双折线或波浪线断开，不画其他部分的视图，成为一个局部的斜视图，如图 6-6 所示。此外还应注意：若画双折线，双折线的两端应超出图形的轮廓线；若画波浪线，波浪线应画到轮廓线为止，且只能画在表示物体实体的图形上。

一般情况，斜视图和局部视图需要和基本视图配合使用表达一个机件，如图 6-7 所示的两种表达形式就是应用了基本视图、斜视图和局部视图。

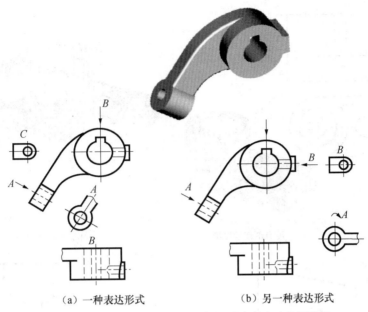

（a）一种表达形式　　　　　　　　（b）另一种表达形式

图6-7　用主视图和斜视图、局部视图清晰表达的压紧杆

四、旋转视图

假设将机件的倾斜部分旋转到与某一选定的基本投影面平行后，向该投影面投影所得到的视图，称为旋转视图。

当机件上的倾斜部分有明显的回转轴线时，如图6-8所示的摇臂，为了在左视图中表示出下臂的实长，可假想把倾斜的下臂绕回转轴线旋转到与W面平行后，再连同上臂一起画出它的左视图，即得到旋转视图。旋转视图不必标注。

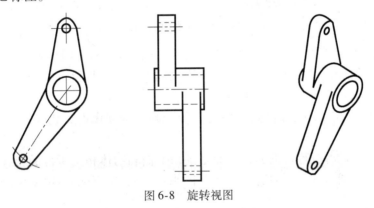

图6-8　旋转视图

第二节　剖视图

剖视图主要用来表达机件的内部结构形状。剖视图分全剖视图、半剖视图和局部剖视图三种。获得剖视图的剖切面和剖切方法有：单一剖切面（平面或柱面）剖切、几个相交的剖切平面剖切、几个平行的剖切平面剖切、组合的剖切平面剖切。

一、剖视图的概念和画剖视图的方法与步骤

1. 剖视图的概念

机件上不可见的结构形状规定用虚线表示，不可见的结构形状愈复杂，虚线就愈多，这对读图和标注尺寸都不方便。为此，对机件不可见的内部结构形状经常采用剖视图来表达，如图6-9所示。

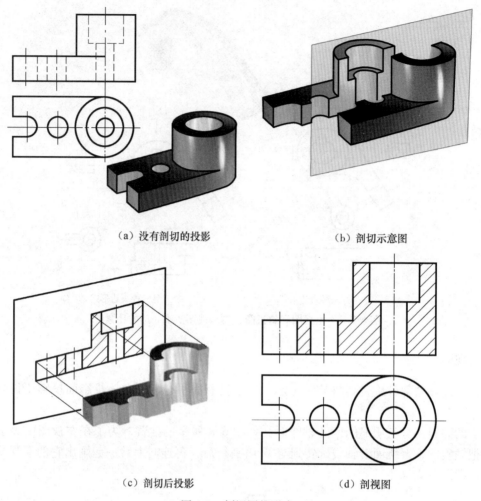

（a）没有剖切的投影　　　　　　　　（b）剖切示意图

（c）剖切后投影　　　　　　　　（d）剖视图

图 6-9　剖视图的形成

图 6-9（a）是机件的两视图，主视图上有多条虚线。图 6-9（b）、图 6-9（c）表示进行剖切的过程，假想用剖切平面把机件切开，移去观察者与剖切平面之间的部分，将留下的部分向投影面投影，这样得到的图形称为剖视图，简称剖视，见图 6-9（d）。

因为剖切是假想的，实际上机件仍是完整的，所以画其他视图时，仍应按完整的机件画出，如图 6-9（d）中的俯视图。

剖切平面与机件接触的部分称为剖面，剖面是剖切平面和物体相交所得的交线围成的图形。为了区别剖到和未剖到的部分，要求在剖到的实体部分画上剖面符号，国家标准 GB 4457.5—84 规定了各种材料剖面符号的画法，见表 6-1。

表 6-1　剖面符号

材料名称	剖面符号	材料名称	剖面符号
金属材料，通用剖画线 （已有规定剖面符号者除外）		木质胶合板（不分层数）	
线圈绕组元件		基础周围的泥土	
转子、电枢、变压器和 电抗器等的叠钢片		混凝土	
非金属材料 （已有规定剖面符号者除外）		钢筋混凝土	

材料名称		剖面符号	材料名称	剖面符号
型砂、填砂、粉末冶金、砂轮、硬质合金刀片等			砖	
玻璃及供观察用的其他透明材料			格网（筛网、过滤网等）	
木材	纵剖面		液体	
	横剖面			

在同一张图样中，同一机件的所有剖视图的剖面符号应该相同。例如金属材料的剖面符号，都画成与水平线成45°（可向左倾斜，也可向右倾斜）且间隔均匀的细实线。

2. 剖切平面位置的选择

画剖视图的目的在于清楚地表达机件的内部结构，因此，应尽量使剖切平面通过内部结构比较复杂的部位（如孔、沟槽）的对称平面或轴线。另外，为便于看图，剖切平面应取平行于投影面的位置，这样可在剖视图中反映出剖切到部分的实形，如图6-10所示。

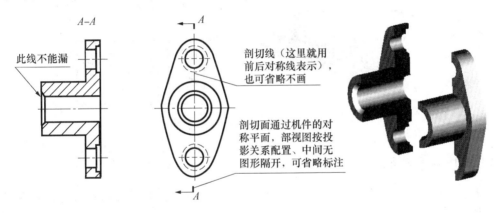

图 6-10　剖视图的注意事项

3. 虚线的省略问题

剖切平面后方的可见轮廓线都应画出，不能遗漏。不可见部分的轮廓线画虚线，在不影响对机件形状完整表达的前提下，不再画出，如图6-11就省略了虚线。

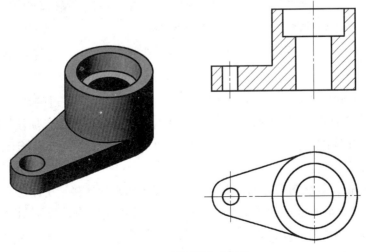

图 6-11　剖视图省略标注

105

4. 标注问题

剖视图标注的目的在于表明剖切平面的位置和数量，以及投影的方向。一般用两条粗短线表示剖切平面的位置，用箭头表示投影方向，用大写拉丁字母表示剖切面的名称，如图6-10所示。

如满足以下三个条件，剖视图可不加标注：

（1）剖切平面是单一的，而且平行于基本投影面；

（2）剖视图配置在相应的基本视图位置；

（3）剖切平面与机件的对称面重合。

图6-11即为省略标注的例子，图6-10也可以省略标注。

凡满足以下两个条件的剖视，在标注时可以省略箭头：

（1）部切平面平行于基本投影面；

（2）剖视图配置在基本视图位置，而中间又没有其他图形间隔。

图6-12即为剖视图省略标注箭头的示例。

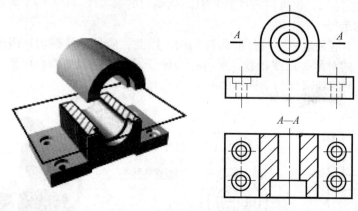

图6-12　剖视图省略标注箭头

二、剖视图的种类及其画法

根据机件被剖切范围的大小，剖视图可分为全剖视图、半剖视图和局部剖视图，如图6-13所示。

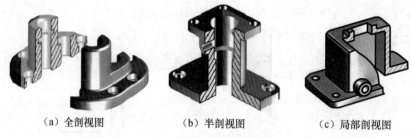

（a）全剖视图　　　　（b）半剖视图　　　　（c）局部剖视图

图6-13　剖视图的种类

1. 全剖视图

用剖切平面完全地剖开机件后所得到的剖视图称为全剖视图。前边讲过的几个例子都是全剖视图。

图6-14的主视图为全剖视，因它满足前述不加标注的三个条件，所以未加任何标注。

全剖视图用于表达内形复杂又无对称平面的机件。为了便于标注尺寸，对于外形简单且具有对称平面的机件也常采用全剖视图。

图6-15画出了一个拨叉，从图中可见，拨叉的左右端用水平板连接，中间还有起加强连接作用的肋。国标规定：对于机件的肋、轮辐及薄壁等，如按纵向剖切，这些结构通常按不剖绘制，即不画剖面符号，而用粗实线将它与相邻连接部分分开；如果横向剖切，则按剖视图绘制。在图6-15的拨叉的全剖视图中的肋，就是按上述规定画出的。

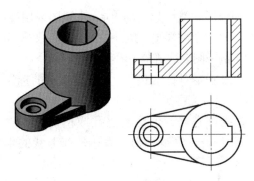

图 6-14　全剖视图

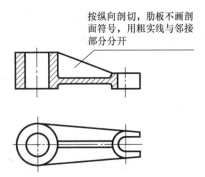

按纵向剖切，肋板不画剖
面符号，用粗实线与邻接
部分分开

图 6-15　剖视图中肋的规定画法

2. 半剖视图

当机件具有对称平面，向垂直于对称平面的投影面上投影时，以对称中心线（细点画线）为界，一半画成视图用以表达外部结构形状，另一半画成剖视图用以表达内部结构形状，这样组合的图形称为半剖视图，如图 6-16（c）所示。

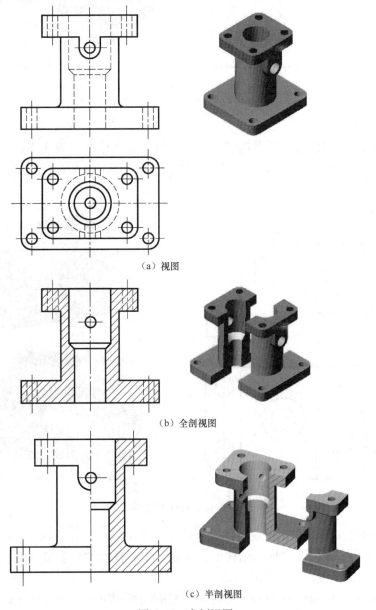

（a）视图

（b）全剖视图

（c）半剖视图

图 6-16　半剖视图

半剖视的特点是用剖视和视图的一半分别表达机件的内形和外形。图6-16（a）所示主视图采用视图法，虚线较多无法将内部复杂结构表达清楚，图6-16（b）所示主视图采用全剖视图，机件外形的耳板表达不出来，而图6-16（c）所示采用的半剖视图中视图表达清楚了外部结构，剖视图表达清楚了内部结构。

半剖视图主要适用范围：内、外形都较复杂的对称机件（或基本对称的机件）。半剖视图的标注方法和全剖视图相同。

在另半个视图中，在半个剖视图中已表达清楚的内形虚线可省略，但应画出孔或槽的中心线，如图6-17所示。但是，如果机件的某些内部形状在半剖视图中没有表达清楚，则在表达外部形状的半个视图中，应该用虚线画出，如图6-16（c）所示。

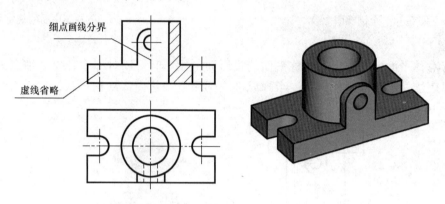

图6-17　半剖视图

3. 局部剖视图

当机件尚有部分的内部结构形状未表达清楚，但又没有必要作全剖视或不适合作半剖视图时，可用剖切平面局部地剖开机件，所得的剖视图称为局部剖视图，如图6-18所示。局部剖切后，机件断裂处的轮廓线用波浪线表示。

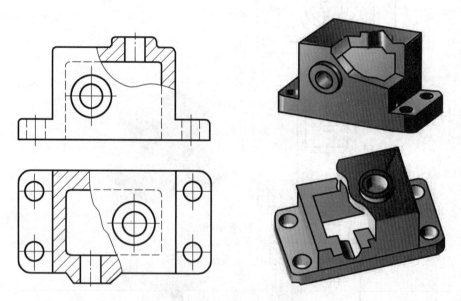

图6-18　局部剖视图

图6-19所示机件虽然对称，但由于机件的分界处有轮廓线，因此不宜采用半剖视而采用了局部剖视。局部剖视的范围可大可小，视机件的具体结构形状而定。实心杆上的孔、槽等结构，也常采用局部剖视图，如图6-20所示。局部剖视图应注意的问题：

（1）机件局部剖切后，不剖部分与剖切部分的分界线用波浪线表示。波浪线只应画在实体断裂部分，而不应把通孔和空槽处连起来（因为通孔和空槽处不存在断裂），也不应超出视图的轮廓，如图6-21（a）所示。

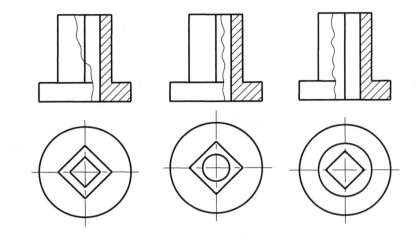

图 6-19　不宜采用半剖的局部剖视图

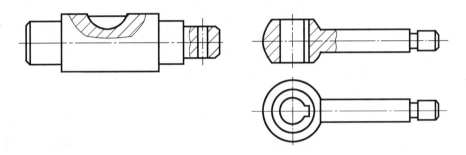

图 6-20　常用局部剖视图

（2）波浪线不应与视图上的其他图线重合或画在它们的延长线位置上（或用轮廓线代替），如图 6-21（b）所示。

（3）当被剖结构为回转体时，允许将结构的回转轴线作为局部剖视图与视图的分界线。如图 6-21（c）所示。

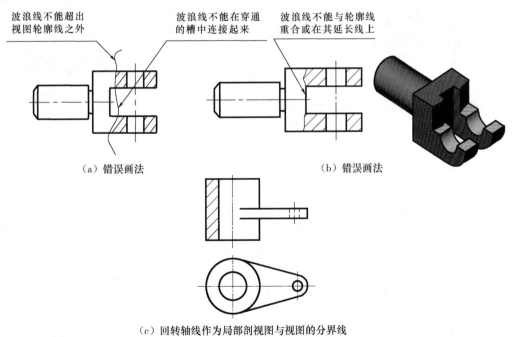

图 6-21　局部剖视图中波浪线的注意事项

三、剖切面的种类及方法

1. 单一剖切面

单一剖切面用得最多的是投影面的平行面，前面所举图例中的剖视图都是用这种平面剖切得到的。

单一剖切面还可以用垂直于基本投影面的平面，当机件上有倾斜部分的内部结构需要表达时，可和画斜视图一样，选择一个垂直于基本投影面且与所需表达部分平行的投影面，然后再用一个平行于这个投影面的剖切平面剖开机件，向该投影面投影，这样得到的剖视图称为斜剖视图，简称斜剖，如图6-22所示。

斜剖视图主要用于表达倾斜部分的结构，机件上与基本投影面平行的部分，在斜剖视图中不反映实形，一般应避免画出，常将它舍去画成局部视图。

画斜剖视时应注意以下几点：

（1）斜剖视最好配置在与基本视图的相应部分保持直接投影关系的地方，标出剖切位置和字母，并用箭头表示投影方向，在该斜视图上方用相同的字母标明剖视图的名称，如图6-22（b）所示。

（2）为使视图布局合理，可将斜剖视图保持原来的倾斜程度，平移到图纸上适当的地方，如图6-22（d）所示；为了画图方便，在不引起误解时，还可把图形旋转到水平位置，表示该剖视图名称的大写字母应靠近旋转符号的箭头端，如图6-22（c）所示。

（3）在画剖视图的剖面符号时，当某一剖视图的主要轮廓与水平线成45°角时，将该剖视图的剖面线与水平线画成60°或30°，其余图形中的剖面线仍与水平线成45°，但二者的倾斜趋势相同。

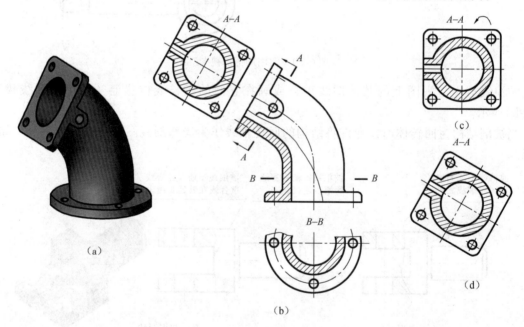

图6-22　斜剖视

2. 几个相交的剖切平面

当机件的内部结构形状用一个剖切平面不能表达完全，且这个机件在整体上又具有回转轴时，用两个相交的剖切平面（交线垂直于某一基本投影面）剖开机件的方法称为旋转剖。采用旋转剖画剖视图时，先假想按剖切位置剖开机件，然后将被剖开的结构及有关部分旋转到与选定的投影面平行后，再进行投射，使剖视图既反映实形又便于画图，如图6-23所示。

旋转剖注意事项：

（1）旋转剖必须标注，标注时，在剖切平面的起讫、转折处画上剖切符号，标上同一字母（转折处如果空间不够，标注时可省略字母），并在起讫处画出箭头表示投影方向，在剖视图的上方中间位置用同一字母写出其名称"×—×"，如图 6-23 所示。

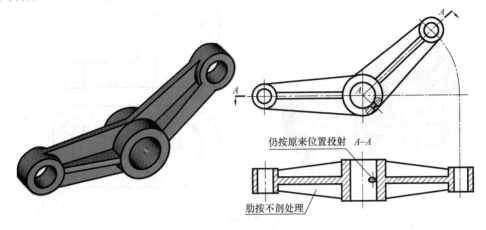

（a）将摇杆倾斜部分旋转至水平面后再作剖切

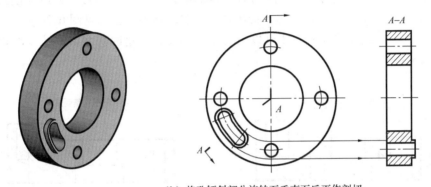

（b）将孔倾斜部分旋转至垂直面后再作剖切

图 6-23　旋转剖视图

（2）在剖切平面后的其他结构，一般仍按原来位置投射，如图 6-23（a）中剖切平面后油孔的投影。

（3）当剖切后产生不完整要素时，应将该部分按不剖画出，如图 6-24 所示的不完整要素的投影。

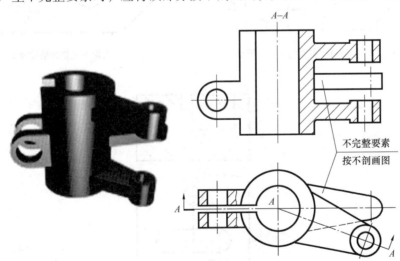

图 6-24　产生不完整要素的旋转剖视图

3. 几个平行的剖切平面

当机件上有较多的内部结构形状，而它们的轴线不在同一平面内时，可用几个互相平行的剖切平面剖切，这种剖切方法称为阶梯剖。图 6-25 所示机件用了两个平行的剖切平面剖切后画出的"A—A"剖视图。

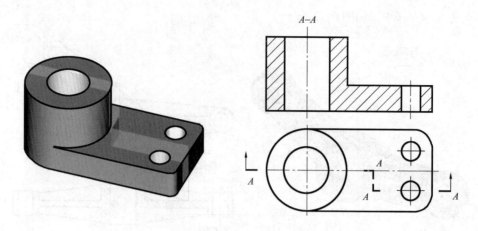

图 6-25　阶梯剖切的画法

　　采用阶梯剖画剖视图时，各剖切平面剖切后所得的剖视图是一个图形，不应在剖视图中画出各剖切平面的界线，见图 6-26（a）；在图形内也不应出现不完整的结构要素，见图 6-26（b）。仅当两个要素在图形上具有公共对称中心线或轴线时，才可以出现不完整要素，这时应各画一半，并以对称中心线或轴线为界，见图 6-26（c）。

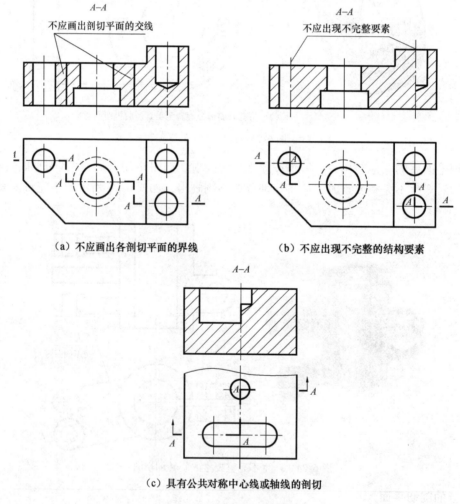

（a）不应画出各剖切平面的界线　　　　（b）不应出现不完整的结构要素

（c）具有公共对称中心线或轴线的剖切

图 6-26　阶梯剖注意事项

　　阶梯剖的标注与旋转剖的标注要求相同。在转折处的剖切符号不应与视图中的轮廓线重合或相交，当转折处的地方很小时，可省略字母。

112

4. 复合剖

相交剖切平面与平行剖切平面的组合称为组合剖切平面。用组合剖切平面剖开机件的剖切方法称为复合剖,如图 6-27 所示。

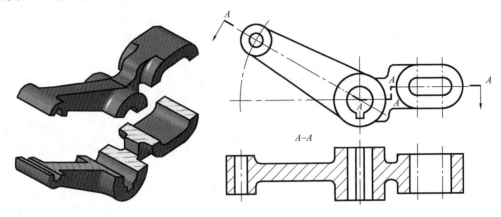

图 6-27　复合剖

复合剖形成的剖视图必须标注,其方法与旋转剖、阶梯剖类似。

第三节　断 面 图

断面图主要用来表达机件某部分断面的结构形状。

一、断面的概念

假想用剖切面将机件的某处切断,仅画出剖切面与机件接触部分的图形,称为断面图,简称断面。通常在断面图上画出剖面符号。断面图常用来表示机件上某一局部的断面形状,如机件上的肋、轮辐以及轴上的键槽和孔等。如图 6-28(a)所示轴,只画了一个主视图,并画出了键槽处的断面形状,就把整个轴的结构形状表达清楚了,比用多个视图或剖视图显得更为简便、明了。

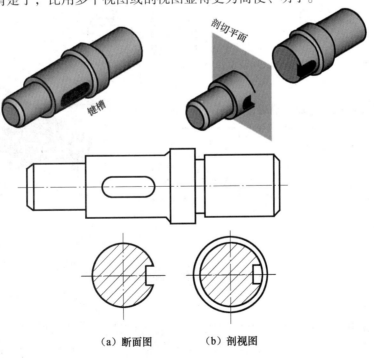

（a）断面图　　　　（b）剖视图

图 6-28　断面图的概念

113

断面与剖视的区别在于：断面只画出剖切平面和机件相交部分的断面形状，如图 6-28（a）所示，而剖视图则须把断面和断面后可见的轮廓线都画出来，如图 6-28（b）所示。

二、断面的种类

按其在图纸上配置的位置不同，断面分为移出断面和重合断面。

1. 移出断面

画在视图轮廓线以外的断面称为移出断面。图 6-29 中均为移出断面。

移出断面的轮廓线用粗实线绘制，图形位置应尽量配置在剖切位置符号或剖切平面迹线的延长线上（剖切平面迹线是剖切平面与投影面的交线），如图 6-28（a）、图 6-29（a）所示，也允许放在图上任意位置，如图 6-29（c）、图 6-29（d）。当断面图形对称时，也可将断面画在视图的中断处，如图 6-29（b）所示。

一般情况下，画断面时只画出剖切的断面形状，但当剖切平面通过机件上回转面形成的孔或凹坑的轴线时，这些结构按剖视画出，如图 6-29（a）、图 6-29（e）所示。当剖切平面通过非圆孔但会导致出现完全分离的两个断面时，这种结构也应按剖视画出，在不致引起误解时，允许将图形旋转，如图 6-29（f）所示。为了表达切断面的真实形状，剖切平面应垂直于所需表达机件结构的主要轮廓线或轴线，如图 6-29（g）所示。由两个或多个相交的剖切平面剖切得出的移出断面，在中间必须断开，画图时还应注意中间部分均应小于剖切迹线的长度，如图 6-29（g）所示。

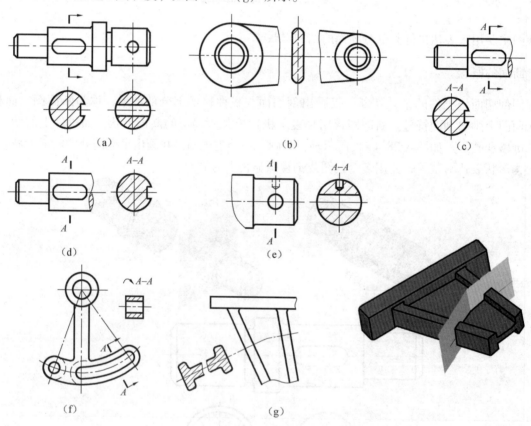

图 6-29　移出断面图

移出断面的标注：

（1）移出断面一般用剖切符号表示剖切位置，用箭头表示投影方向，并注上字母，在断面图的上方应用同样的字母标出相应的名称"×—×"（×——大写拉丁字母），如图 6-29（c）中的 $A-A$ 断面图所示；

114

（2）配置在剖切符号延长线上不对称的移出断面，可以省略断面图名称（字母）的标注，如图6-29（a）中断面图所示；

（3）按投影关系配置的不对称移出断面及不配置在剖切符号延长线上的对称移出断面图均可省略前头，图6-29（d）、（e）中的 $A-A$ 断面图所示；

（4）配置在剖切平面迹线延长线上的对称移出断面图和配置在视图中断处的移出断面图，均不必标注。如图6-29（a）、（b）所示。

2. 重合断面

画在视图轮廓线内部的断面称为重合断面，如图6-30所示。

重合断面的轮廓线用细实线绘制，剖面线应与断面图形的对称线或主要轮廓线成45°角。当视图的轮廓线与重合断面的图形线相交或重合时，视图的轮廓线仍要完整画出，不可中断。

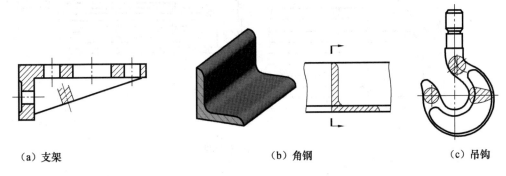

（a）支架　　　　　　　　　　（b）角钢　　　　　　　　（c）吊钩

图6-30　重合断面画法

重合断面的标注：

配置在剖切符号上的不对称重合断面图，必须用剖切符号表示剖切位置，用箭头表示投影方向，但可以省略断面图名称（字母）的标注，如图6-30（b）所示。对称的重合断面图只需在相应的视图中用点画线画出剖切位置，其余内容不必标注，如图6-30（a）、（c）所示。

第四节　局部放大图、简化画法和其他规定画法

对机件上的某些结构，国家标准GB/T 4458.1—2002规定了局部放大图、简化画法和一些规定画法，现分别介绍如下：

一、局部放大图

为了清楚地表示机件上某些细小结构，将机件的部分结构用大于原图形所采用的比例画出的图形，称为局部放大图。

局部放大图可画成视图（图6-31（a）Ⅰ处）、剖视图（图6-31（b））、断面图（图6-31（a）Ⅱ处），其表达方式与放大部位的原表达方式无关。局部放大图应尽量配置在被放大部位附近。

画局部放大图时，除螺纹牙型、齿轮、链轮的齿形外，其余按图6-31所示用细实线圈出被放大的部位。

当同一机件上有几个被放大部分时，必须用大写罗马数字依次标明被放大的部位，并在局部放大图的上方标出相应的罗马数字和所采用的比例，如图6-31（a）所示。

当机件上只有一处被放大部位时，只需在局部放大图上方注明所采用的比例，如图6-31（b）所示。

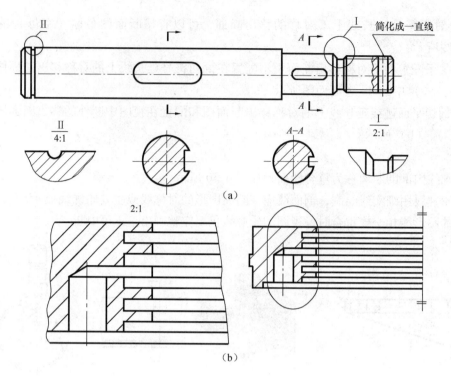

(a)

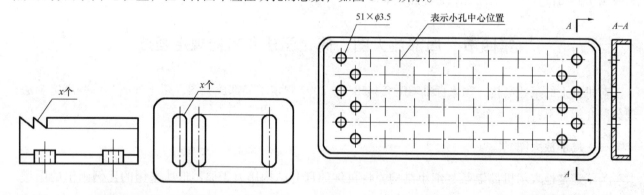

(b)

图 6-31　局部放大图

二、简化画法和规定画法

（1）当机件具有若干相同结构（齿、槽等），并按一定规律分布时，只需要画出几个完整的结构，其余用细实线连接，在零件图中则必须注明该结构的总数，如图 6-32 所示。

（2）若干直径相同且成规律分布的孔（圆孔、螺孔、沉孔等），可以仅画出一个或几个。其余只需用点画线表示其中心位置，在零件图中应注明孔的总数，如图 6-33 所示。

图 6-32　成规律分布的若干相同结构的简化画法

图 6-33　成规律分布的相同孔的简化画法

（3）对于机件的肋、轮辐及薄壁等，如按纵向剖切，这些结构都不画剖面符号，而用粗实线将它与其邻接的部分分开。当零件回转体上均匀分布的肋、轮辐、孔等结构不处于剖切平面上时，可将这些结构旋转到剖切平面上画出，如图 6-34 所示。

（4）对于较长的机件（如轴、连杆、筒、管、型材等），若沿长度方向的形状一致或按一定规律变化时，为节省图纸和画图方便，可将其断开后缩短绘制，但要标注机件的实际尺寸，折断处用波浪线断开，如图 6-35 所示。

（5）当某一图形对称时，可画略大于一半，如图 6-36（a）所示，在不致引起误解时，对于对称机件的视图也可只画出一半或四分之一，此时必须在对称中心线的两端画出两条与其垂直的平行细实线，如图 6-36（b）所示。

116

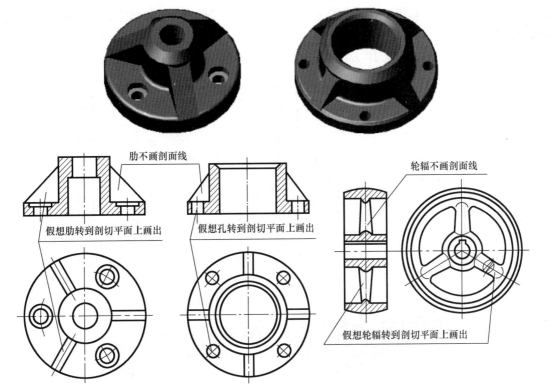

图 6-34　回转体上均匀分布的肋、孔的画法

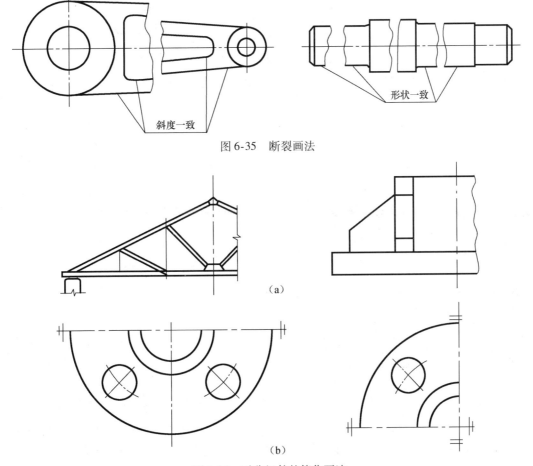

图 6-35　断裂画法

图 6-36　对称机件的简化画法

（6）对于网状物、编织物或机件上的滚花部分，可以在轮廓线附近用粗实线示意画出，并在图上或技术要求中注明这些结构的具体要求，如图 6-37 所示。

（7）当图形不能充分表达平面时，可用平面符号（相交的两细实线）表示，见图 6-38。

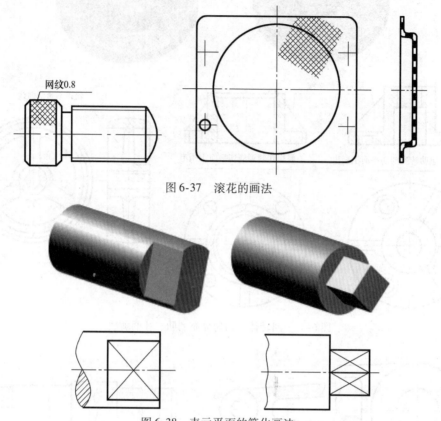

图 6-37　滚花的画法

图 6-38　表示平面的简化画法

（8）机件上的一些较小结构，如在一个图形中已表达清楚时，其他图形可简化或省略，见图 6-39。

（9）机件上斜度不大的结构，如在一个图形中已表达清楚时，其他图形可按小端画出，如图 6-40 所示。

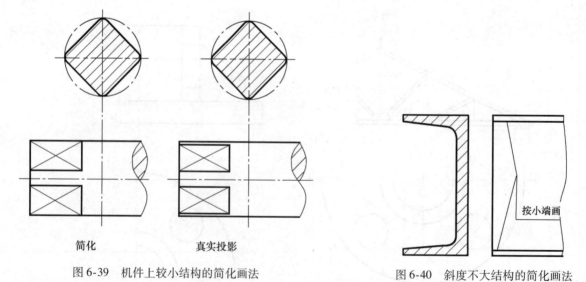

简化　　　　　　　　真实投影

图 6-39　机件上较小结构的简化画法

图 6-40　斜度不大结构的简化画法

（10）零件上对称结构的局部视图，如键槽、方孔等，可按图 6-41 所示的方法表示。

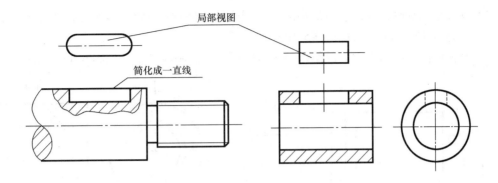

图 6-41　零件上对称结构局部剖视图的简化画法

（11）圆柱形法兰和类似机件上的均匀分布的孔，可按图 6-42 所示的方法绘制，孔的位置按规定从机件外向该法兰端面方向投影所得的位置画出。

（12）在不致引起误解时，移出断面图允许省略剖面符号，但剖切位置和断面图的标注必须遵照原规定，如图 6-43 所示。

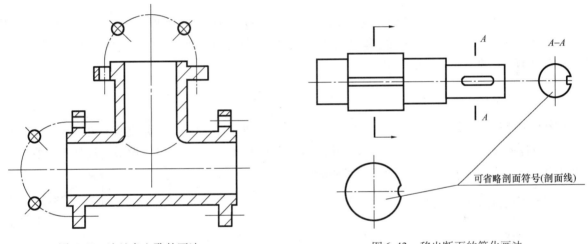

图 6-42　法兰盘上孔的画法

图 6-43　移出断面的简化画法

（13）与投影面倾斜角度小于或等于 30° 的圆或圆弧，其投影可用圆或圆弧代替，如图 6-44 所示。

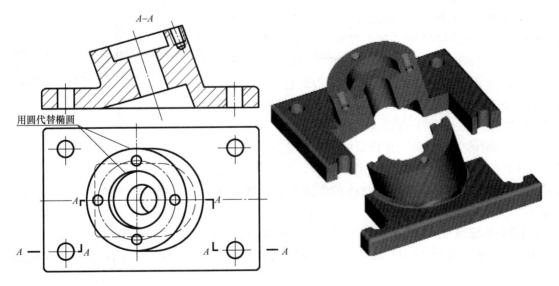

图 6-44　倾斜面上圆的简化画法

（14）在不致引起误解时，零件图中的小圆角、锐边的小倒圆或45°小倒角允许省略不画，但必须注明尺寸或在技术要求中加以说明，如图6-45所示。

（15）在需要表示位于剖切平面前的结构轮廓线时，用双点画线表示，如图6-46所示。

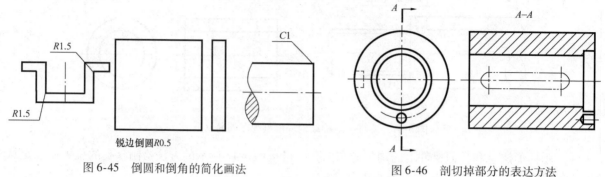

图6-45 倒圆和倒角的简化画法　　　　　　　　图6-46 剖切掉部分的表达方法

第五节　第三角画法简介

在表达机件结构时，第一角和第三角画法等效使用。例如中国、俄罗斯、德国等采用第一角投影法；美国等采用第三角投影法。为了适应国际科学技术交流，现根据GB/T 14692—2008《技术制图　投影法》规定对第三角投影的画法作简单介绍。

一、第三角投影法

如图6-47所示三个互相垂直的投影面：V、H、W，将W面左侧的空间分成四个角，其编号如图6-47所示，将机件放在第三分角（V面的后方，H面的下方和W面的左方）向各投影面进行正投影，从而得到相应的正投影图，这种画法称为第三角投影法。

二、第三角投影法的特点

1. 把物体放在第三分角内，使投影面处于观察者与物体之间，并假想投影面是透明的，从而得到物体的投影图。在V、H、W三个投影面上的投影图，分别称为前视图（也称正视图）、顶视图、右视图，如图6-48所示。实际上：前视图——即是第一角投影的主视图，顶视图——即是第一角投影的俯视图，只是投影所处的位置假想的不一样。

2. 展开时，V面不动，将H面、W面分别绕它们与V面的交线向上、向右转90°，使这三面展成同一个平面，得到物体的三视图，三视图的配置如图6-48（b）所示。

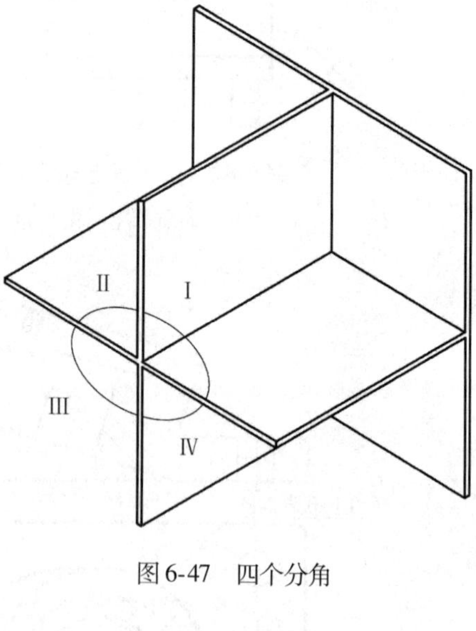

3. 三视图之间的关系：第三角投影的三视图之间，同样符合"长对正，高平齐，宽相等"的投影规律。但应注意方向：在顶视图和右视图中，靠近前视图的一边是物体前面的投影（即要清楚三个视图各边的前、后、左、右、上、下的关系）。

图6-47　四个分角

4. 第三角投影法也有六个基本视图采用第三角画法时，与第一角画法相类似，可以形成六个基本视图，六个基本视图的配置如图6-49（a)所示。在同一张图纸内按图6-49（b）配置视图时，一律不注视图名称。

采用第三角画法时，必须在图样中画出第三角画法的识别符号，如图6-50所示。

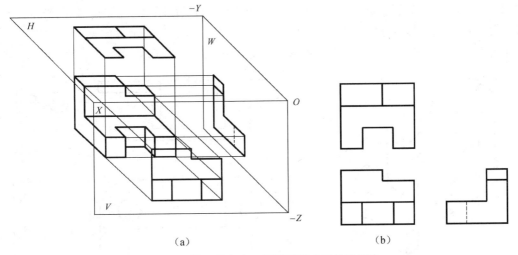

（a）   （b）

图 6-48　第三分角中三视图的形成和投影规律

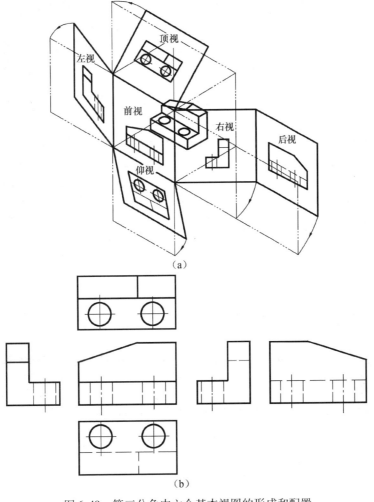

图 6-49　第三分角中六个基本视图的形成和配置

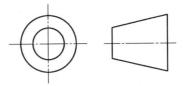

图 6-50　第三角画法的识别符号

121

【例6-1】 用第三角画法画如图6-51（a）所示的轴承架的三视图（主视图、俯视图和右视图）。

【解】 分析：首先用形体分析法将轴承架的立体图读懂，将箭头所示方向选为主视图的方向。画图时确定主视图后，按投影规律画出右视图和俯视图，如图6-51（b）所示。

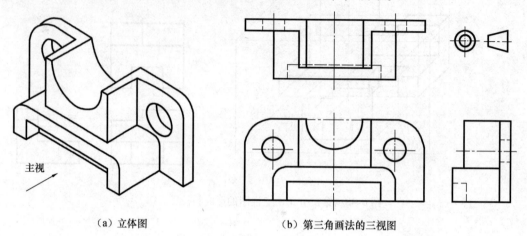

（a）立体图　　　　　　　　（b）第三角画法的三视图

图6-51　轴承架及其三视图

第七章 标准件、齿轮和弹簧

在机器或仪器中，有些大量使用的机件，如螺栓、螺母、螺柱、螺钉、键、销、轴承等，它们的结构和尺寸均已标准化、系列化，这样的机件称为标准件；还有些机件，如齿轮、弹簧等，它们的部分参数已标准化、系列化。图7-1为齿轮油泵的零件分解图，它是柴油机润滑系统的一个部件。从图7-1中可以看出，齿轮油泵是由泵体、主动轴、主动齿轮、从动轴、从动齿轮、泵盖和传动齿轮等19种零件装配而成的，其中包含螺钉、螺栓、螺母、键和齿轮等标准件和常用件。本章将分别介绍这些机件的结构、规定画法和标记。

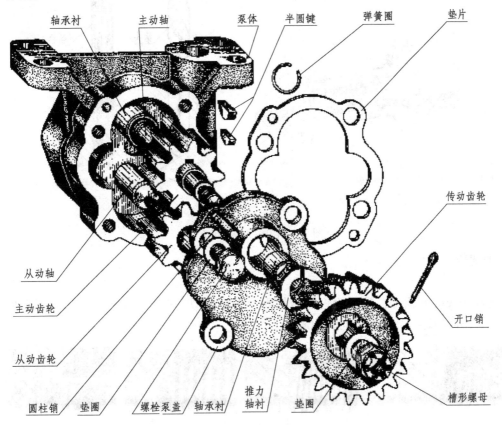

图7-1 齿轮油泵的装配分解图

第一节 螺 纹

一、螺纹的基本知识

1. 螺纹的形成

螺纹是一平面图形（如三角形、梯形、锯齿形等）在圆柱或圆锥表面上沿着螺旋线运动所形成的具有相同轴向断面的连续凸起和沟槽。螺纹在螺钉、螺柱、螺栓、螺母和丝杠上起连接或传动作用。在圆柱（或圆锥）外表面上所形成的螺纹称外螺纹，在圆柱（或圆锥）内表面上所形成的螺纹称内螺纹。

螺纹的加工方法很多，图7-2所示为常见加工外螺纹的方法，图7-3所示为常见加工内螺纹的方法。

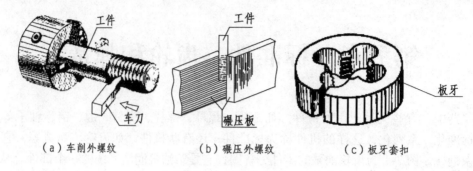

（a）车削外螺纹　　　（b）碾压外螺纹　　　（c）板牙套扣

图7-2　外螺纹的加工方法

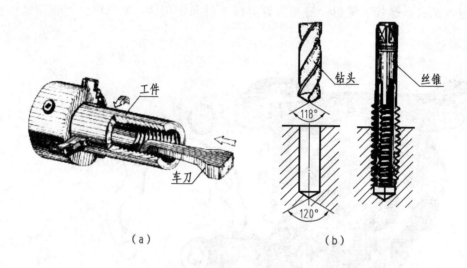

（a）　　　　　　　　　（b）

图7-3　内螺纹的加工方法

2. 螺纹的要素

（1）牙型

在通过螺纹轴线的断面上，螺纹的轮廓形状称为螺纹牙型。它有三角形、梯形、锯齿形和矩形等，如图7-4所示，不同的螺纹牙型有不同的用途。

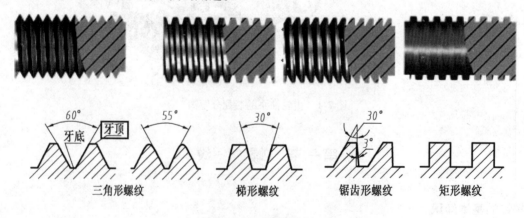

三角形螺纹　　　梯形螺纹　　　锯齿形螺纹　　　矩形螺纹

图7-4　常见的螺纹牙型

（2）公称直径

公称直径是代表螺纹尺寸的直径，一般指螺纹的大径。螺纹的直径有3个：大径（d、D）、小径（d_1、D_1）和中径（d_2、D_2），如图7-5所示。

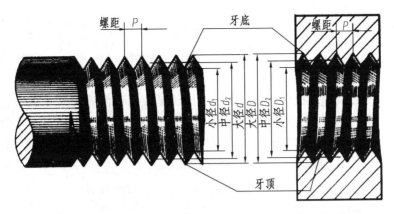

图 7-5　螺纹的直径

螺纹的大径是指与外螺纹牙顶或内螺纹牙底相重合的假想的圆柱面的直径，即螺纹的最大直径。螺纹的小径是指与外螺纹牙底或内螺纹牙顶相重合的假想圆柱面的直径，即螺纹的最小直径，而螺纹中径近似或等于螺纹的平均直径。

（3）线数 n

如图 7-6 所示，螺纹有单线和多线之分。沿一条螺旋线形成的螺纹为单线螺纹；沿轴向等距分布的两条或两条以上的螺旋线所形成的螺纹为多线螺纹。

（4）螺距 P 和导程 P_h

螺纹相邻两牙在中径线上对应两点间的轴向距离称为螺距 P。同一条螺旋线上的相邻两牙在中径线上对应两点间的轴向距离，称为导程 P_h。单线螺纹的导程等于螺距，即 $P_h = P$，如图 7-6（a）所示；多线螺纹的导程等于线数乘螺距，即 $P_h = nP$，图 7-6（b）所示为双线螺纹，其导程等于螺距的两倍，即 $P_h = 2P$。

图 7-6　螺纹的线数、螺距和导程

（5）螺纹的旋向

螺纹的旋向分右旋和左旋，其判断方法如图 7-7 所示，常用右旋螺纹。

内、外螺纹连接时，螺纹的上述五项要素必须一致。改变其中的任何一项，就会得到不同规格和不同尺寸的螺纹。为了便于设计制造，国家标准对有些螺纹（如普通螺纹、梯形螺纹等）的牙型、直径和螺距都作了规定，凡是这三项都符合标准的，称为标准螺纹；而牙型符合标准但直径或螺距不符合标准的，称为特殊螺纹，标注时，应在牙型符号前加注"特"字，对于牙型不符合标准的，称为非标准螺纹（如矩形螺纹）。

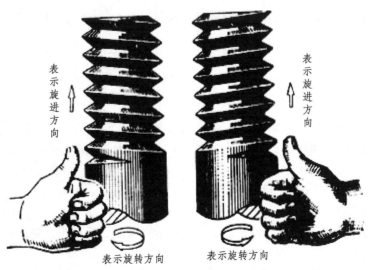

图 7-7　螺纹的旋向

二、螺纹的规定画法

国家标准《机械制图》GB/T 4459.1—1995 规定了在机械图样中螺纹和螺纹紧固件的画法。

1. 外螺纹

螺纹牙顶所在的轮廓线（即大径）画成粗实线，螺纹牙底所在的轮廓线（即小径）画成细实线，在螺杆的倒角或倒圆部分也应画出。小径通常画成大径的 0.85 倍（但大径较大或画细牙螺纹时，小径数值可查阅有关表格），如图 7-8 的主视图所示。在垂直于螺纹轴线的投影面上的视图中，表示牙底的细实线圆只画约 3/4 圈，此时倒角圆省略不画，如图 7-8 的左视图所示。

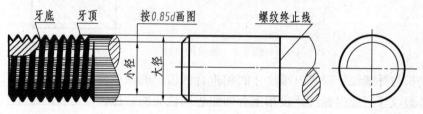

图 7-8　外螺纹的规定画法

2. 内螺纹

在剖视图中，螺纹牙顶所在的轮廓线（即小径）画成粗实线；螺纹牙底所在的轮廓线（即大径）画成细实线，如图 7-9 的主视图所示。在不可见的螺纹中，所有图线均按虚线绘制，如图 7-10 所示。

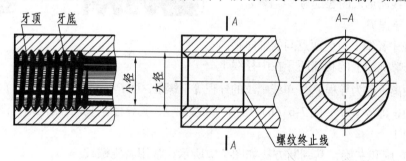

图 7-9　内螺纹的规定画法

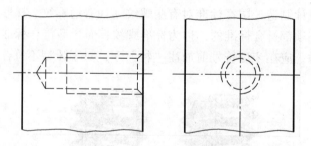

图 7-10　不剖螺纹孔的画法

3. 内螺纹和外螺纹连接

内、外螺纹的连接以剖视图表示时，其旋合部分按外螺纹画出，其余各部分仍按各自的画法表示。当剖切平面通过螺杆轴线时，螺杆按不剖绘制。内、外螺纹的大径线和小径线必须分别位于同一条直线上，如图 7-11 所示。在内、外螺纹连接图中，同一零件在各个剖视图中剖面线的方向和间隔应一致；在同一剖视图中相邻两零件剖面线的方向和间隔应不同。

4. 其他的一些规定画法

绘制不穿通螺纹孔时，一般应将钻孔深度与螺纹部分的深度分别画出，钻头头部形成的锥顶角画成120°，如图 7-12 所示。

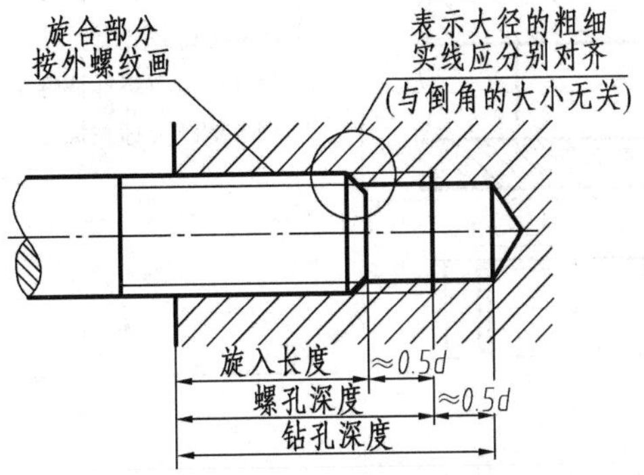

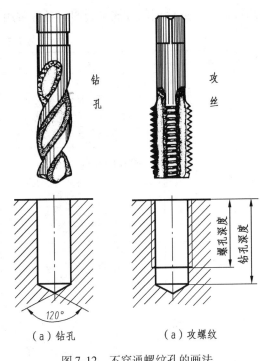

图 7-11　螺纹连接的画法

（a）钻孔　　　　（a）攻螺纹

图 7-12　不穿通螺纹孔的画法

三、螺纹的种类和规定标注

螺纹的种类很多，按用途可分为连接螺纹和传动螺纹。常用标准螺纹的种类、牙型及功用等见表7-1。

表 7-1　常用标准螺纹

螺纹种类		特征代号	外形图	牙型图	用途
连接螺纹	普通螺纹　粗牙	M		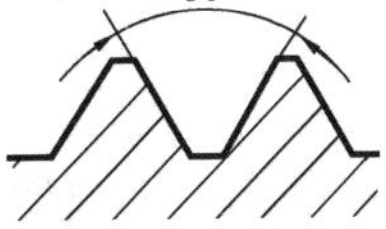 60°	是最常用的连接螺纹
	普通螺纹　细牙				用于细小的精密零件或薄壁零件
	非螺纹密封管螺纹	G		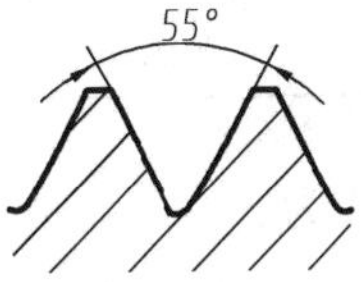 55°	用于水管、油管、气管等一般低压管路的连接
传动螺纹	梯形螺纹	Tr		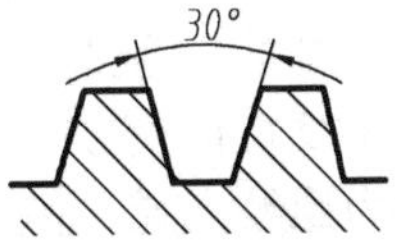 30°	机床的丝杠采用这种螺纹进行传动
	锯齿形螺纹	B		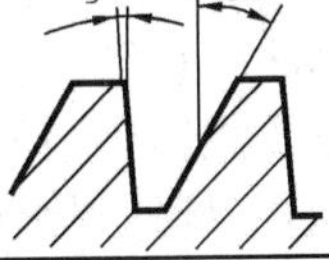 3°　30°	只能传递单方向的力

螺纹按国标的规定画法画出后，图上并未表明牙型、公称直径、螺距、线数和旋向等要素，因此，

需要用标注代号或标记的方式来说明。各种常用螺纹的标注方式及示例见表7-2。

表 7-2　常用螺纹的标注

螺纹种类		标注方式	标注图例	说明
普通螺纹（单线）	粗牙	M12-5g6g 顶径公差带代号 中径公差带代号 螺纹大径	M12-5g6g	1. 螺纹的标记，应注在大径的尺寸线或注在其引出线上 2. 粗牙螺纹省略标注螺距 3. 细牙螺纹要标注螺距
		M12LH-7H-L 旋合长度代号 中径和顶径公差带代号 旋向（左旋）	M12LH-7H-L	
	细牙	M12×1.5-5g6g 螺距	M12×1.5-5g6g	
管螺纹（单线）	非螺纹密封的管螺纹	非螺纹密封的内管螺纹标记： G1/2	G1/2	1. 特征代号右边的数字为尺寸代号，即管子内通径，单位为英寸。管螺纹的直径需查其标准确定。尺寸代号采用小一号的数字书写 2. 在图上从螺纹大径画指引线进行标注
		外螺纹公差等级分 A 级和 B 级两种，需标注等级： G1/2A 内螺纹公差等级只有一种，不标注等级	G1/2A 1/2"	
梯形螺纹	单线	Tr40×7-7e 中径公差带代号	Tr40×7-7e	1. 单线螺纹只注螺距，多线螺纹注导程、螺距 2. 旋合长度分为中等（N）和长（L）两种，中等旋合长度可以不标注
	多线	Tr40×14(P7) LH-7e 旋向 螺距 导程	Tr40×14(P7)LH-7e	

螺纹的标注内容及格式为：

| 特征代号 | 公称直径 | × | 导程（P 螺距） | 旋向 | —— | 公差带代号 | —— | 旋合长度代号 |

单线螺纹的螺距与导程相同，导程（螺距）一项只注螺距，并查标准确定。

（1）螺纹特征代号。螺纹特征代号见表7-1。

（2）公称直径。一般为螺纹大径，但在管螺纹标注中，螺纹特征代号（如 G）后面为尺寸代号，它是管子的内径，单位为英寸，管螺纹的直径要查其标准确定。

（3）旋向。左旋时要标注"LH"，右旋时不标注。

（4）公差带代号。一般要注出中径和顶径两项公差带代号。中径和顶径公差带代号相同时，只注一个，如6g、7H 等。代号中的字母外螺纹用小写，内螺纹用大写。

（5）旋合长度代号。螺纹旋合长度分为短、中、长三组，分别用代号 S，N 和 L 表示，中等旋合长度 N 不标注。

128

第二节　螺纹紧固件

一、常用螺纹紧固件及其标记

常用的螺纹紧固件有螺栓、螺柱、螺钉、螺母和垫圈等，如图7-13所示。其结构型式和尺寸都已标准化，又称为标准件，使用时按规定标记直接外购即可。

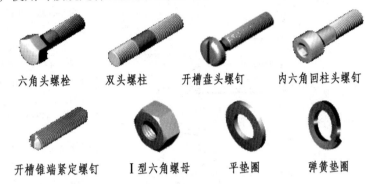

| 六角头螺栓 | 双头螺柱 | 开槽盘头螺钉 | 内六角回柱头螺钉 |

| 开槽锥端紧定螺钉 | Ⅰ型六角螺母 | 平垫圈 | 弹簧垫圈 |

图7-13　常用螺纹紧固件

常用螺纹紧固件的结构型式和标记见表7-3。

表7-3　常用螺纹紧固件的结构型式和标记

名称	简图	规定标记及说明
六角头螺栓	C级 M10 50	螺栓 GB/T5780 M10×50 名称——公称长度 国标代号——螺纹规格
螺柱	A型 b_m　45　M10 B型 b_m　45　M10	两端均为粗牙普通螺纹、$d=10$、$l=45$、性能等级为4.8级、B型、$b_m=1d$的双头螺柱的标记： 螺柱 GB/T 897 M10×45 螺柱 $-b_m=1d$（GB/T 897—1988） 螺柱 $-b_m=1.25d$/（GB/T 898—1988） 螺柱 $-b_m=1.5d$（GB/T 899—1988） 螺柱 $-b_m=2d$（GB/T 900—1988）
开槽圆柱头螺钉	M10 50	螺纹规格 $d=M10$、公称长度 $l=50$、性能等级为4.8级、不经表面处理的开槽圆柱头螺钉的标记： 螺钉 GB/T 65　M10×50
开槽盘头螺钉	M10 50	螺纹规格 $d=M10$、公称长度 $l=50$、性能等级为4.8级、不经表面处理的开槽盘头螺钉的标记： 螺钉　GB/T 67　M10×50 螺钉头部的厚度相对于直径小得多，成盘状，故称为盘头螺钉。
开槽沉头螺钉	M10 50	螺纹规格 $d=M10$、公称长度 $l=50$、性能等级为4.8级、不经表面处理的开槽沉头螺钉的标记： 螺钉　GB/T 68　M10×50

名称	简图	规定标记及说明
十字槽沉头螺钉	50 M10	螺纹规格 d = M10、公称长度 l = 50、性能等级为 4.8 级、不经表面处理的 H 型十字槽沉头螺钉的标记： 螺钉　GB/T819.1　M10×50
开槽锥端紧定螺钉	35 M12	螺纹规格 d = M12、公称长度 l = 35、性能等级为 14H 级、表面氧化的开槽锥端紧定螺钉的标记： 螺钉　GB/T 71　M12×35
开槽长圆柱端紧定螺钉	35 M12	螺纹规格 d = M12、公称长度 l = 35、性能等级为 14H 级、表面氧化的开槽长圆柱端紧定螺钉的标记： 螺钉　GB/T 75　M12×35
I 型六角螺母–A 级和 B 级	M12	螺纹规格 D = M12、性能等级为 8 级、不经表面处理、A 级的 I 型六角螺母的标记： 螺母　GB/T6170　M12
I 型六角开槽螺母–A 级和 B 级	M12	螺纹规格 D = M12、性能等级为 8 级、表面氧化、A 级的 I 型六角开槽螺母的标记： 螺母　GB/T 6178　M12
平垫圈–A 级	$\phi13$	标准系列、规格 12、性能等级为 140HV 级、不经表面处理的平垫圈的标记： 垫圈　GB/T97.112
标准型弹簧垫圈	$\phi13$	规格 12、材料为 65Mn、表面氧化的标准型弹簧垫圈的标记： 垫圈　GB/T 9312

二、单个螺纹紧固件的近似画法

螺纹紧固件通常按螺栓的螺纹规格 d 的一定比例画图，如图 7-14 所示。

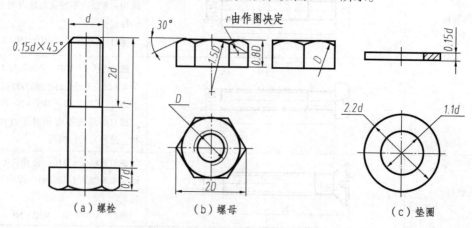

图 7-14　螺纹紧固件的近似画法

螺钉头部的近似画法如图 7-15 所示。

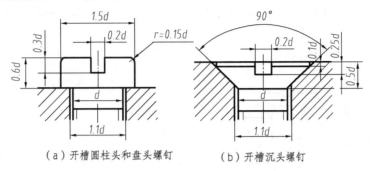

（a）开槽圆柱头和盘头螺钉　　（b）开槽沉头螺钉

图 7-15　螺钉头部的近似画法

三、螺纹紧固件的连接画法

画螺纹紧固件连接图时，应遵守下述基本规定：

（1）两零件接触表面只画一条线，不接触表面应画两条线。

（2）两零件邻接时，不同零件的剖面线方向应相反，或者方向一致但间隔不等。

（3）对于紧固件和实心零件（如螺钉、螺栓、螺母、垫圈、键、销、球及轴等），若剖切平面通过它们的轴线时，这些零件都按不剖绘制，仍画外形；需要时，可采用局部剖视。

根据被连接零件的使用情况不同、受力不同、壁厚不等，螺纹紧固件连接可分为螺钉连接、螺栓连接、螺柱连接等，如图 7-16 所示。

（一）螺钉连接

螺钉有连接螺钉和紧定螺钉两种。

连接螺钉用于连接不经常拆卸并且受力不大的零件，如图 7-17 所示。螺钉根据其头部的形状不同而有多种形式，如图 7-18 所示为两种常见螺钉连接的画法。

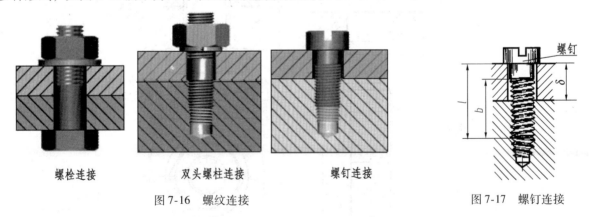

螺栓连接　　　双头螺柱连接　　　螺钉连接

图 7-16　螺纹连接

图 7-17　螺钉连接

画螺钉连接时，应注意以下几个问题：

（1）螺钉的公称长度 L 的确定　　$L_{计} = \delta + b_{m}$

查标准，选取与 $L_{计}$ 接近的标准长度值为螺钉标记中的公称长度 L。

（2）旋入长度 b_{m} 值与被旋入零件的材料有关，被旋入零件的材料为钢时，$b_{m} = d$；为铸铁时，$b_{m} = 1.25d$ 或 $1.5d$；为铝时，$b_{m} = 2d$。

（3）螺钉的螺纹终止线应高出螺纹孔上表面，以保证连接时螺钉能旋入和压紧。

（4）为保证可靠的压紧，螺纹孔应长于螺钉 $0.5d$。

（5）螺钉头上的槽宽可以涂黑，在投影为圆的视图上，规定与水平方向倾斜 45° 画出。

（二）螺栓连接

螺栓用来连接不太厚的、并能钻成通孔的两零件，如图 7-19 所示为螺栓连接的示意图。其通孔的大小，可根据装配精度的不同，查机械设计手册确定。为便于成组（螺栓连接一般为 2 个或多个）装配，被连接件上通孔直径比螺栓直径大，一般可按 1.1d 画出，螺栓连接的画法如图 7-20 所示。

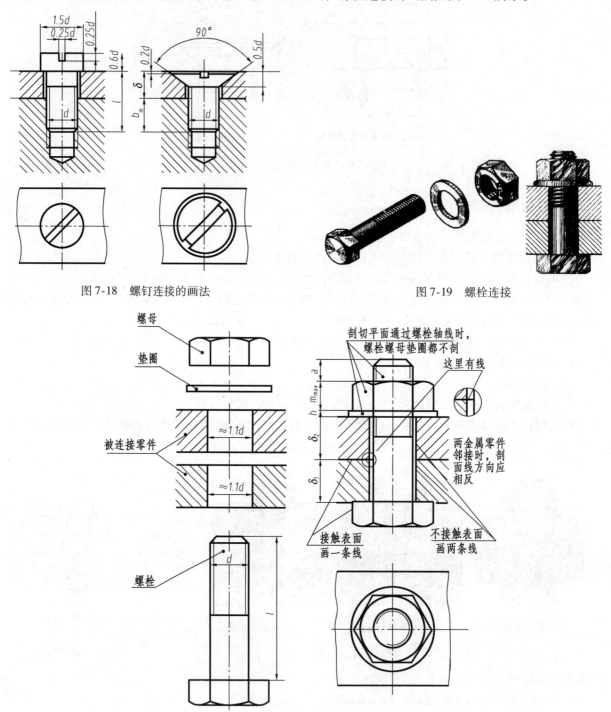

图 7-18　螺钉连接的画法

图 7-19　螺栓连接

图 7-20　螺栓连接的画法

螺栓的公称长度 L 按下式计算：

$$L_{计} = \delta_1 + \delta_2 + 0.15d(垫圈厚) + 0.8d(螺母厚) + 0.3d(伸出端)$$

（三）螺柱连接

当两个被连接的零件中有一个较厚或不适宜用螺栓连接时，常采用螺柱连接，如图 7-21 是螺柱连接的示意图。先在较薄的零件上钻孔（孔径为 1.1d），并在较厚的零件上制出螺孔。双头螺柱的两端都制有螺纹，一端旋入较厚零件的螺孔中，称为旋入端；另一端穿过较薄的零件上的通孔，套上垫圈，再用螺母拧紧，称为紧固端。从图7-22可以看出，双头螺柱连接的上半部与螺栓连接相似，而下半部则与螺钉连接相似。

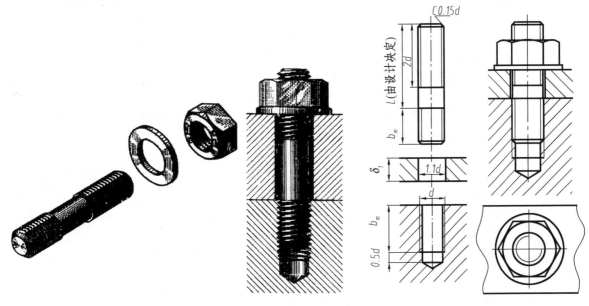

图7-21　双头螺柱连接　　　　　　　　图7-22　螺柱连接的画法

画螺柱连接时，应注意以下几个问题：

（1）螺柱的公称长度 L 的确定

$$L_{计} = \delta_1 + 0.15d(垫圈厚) + 0.8d(螺母厚) + 0.3d(伸出端)$$

查标准，选取与 $L_{计}$ 接近的标准长度值为螺柱标记中的公称长度 L。

（2）螺柱连接旋入端的螺纹应全部旋入机件的螺纹孔内，拧紧在被连接件上，因此，图中的螺纹终止线与旋入机件的螺孔上端面平齐。

第三节　键联结和销连接

一、键联结

键是标准件。键联结是一种可拆联接。它用来联结轴及轴上的传动件（如齿轮、带轮等），以便传动件与轴一起转动传递扭矩和旋转运动，如图7-23所示。

（一）键的种类和标记

常用的键有普通平键、半圆键和钩头楔键，如图7-24所示，设计时可根据其特点合理选用。表7-4列出了常用键的形式和标记。

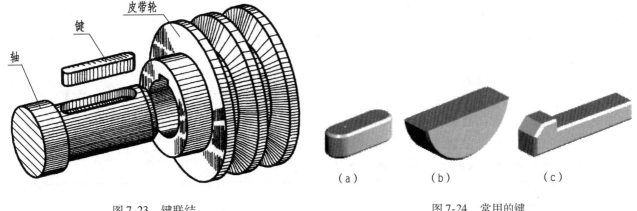

图7-23　键联结　　　　　　　　　　　图7-24　常用的键

表 7-4　常用键的型式和标记

名称	键的型式	规定标记示例
圆头普通平键	A型 其余 $\sqrt{12.5}$　$C\times45°$ 或 r　$R=b/2$	$b=18$mm，$h=11$mm，$l=100$mm 圆头普通平键（A型）的标记： 键 18×100　GB/T 1096—1979
半圆键	其余 $\sqrt{12.5}$　$C\times45°$ 或 r	$b=6$mm，$h=10$mm，$d_1=25$mm 半圆键的标记： 键 6×25　GB/T 1099—1979
钩头楔键	45°　1:100　其余 $\sqrt{12.5}$　$C\times45°$ 或 r	$b=16$mm，$h=10$mm，$l=100$mm 钩头楔键的标记： 键 16×100　GB/T 1565—1979

（二）键联结的画法

1. 键槽的画法和尺寸标注

轴及轮毂上键槽的画法和尺寸注法如图 7-25 所示。轴上键槽常用局部剖视表示，键槽深度和宽度尺寸应注在断面图或为圆的视图上，图中尺寸可按轴的直径从有关标准中查出，键的长度按轮毂长度在标准长度系列中选用。

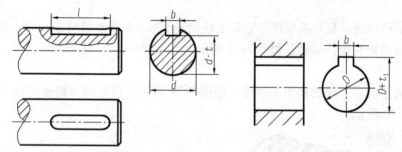

图 7-25　键槽的画法和尺寸注法

2. 键联结的画法

平键联结的画法如图 7-26 所示，当沿着键的纵向剖切时，按不剖绘制；当沿着键的横向剖切时，则要画上剖面线。通常用局部剖视图表示轴上键槽的深度及零件之间的联结关系。这两种键与被联结零件的接触面是侧面，故画一条线，而顶面不接触，留有一定间隙，故画两条线。

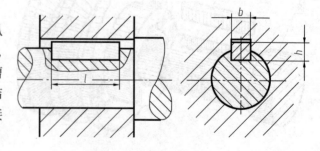

图 7-26　普通平键联结的画法

二、销连接

销通常用于零件间定位、连接和放松。

（一）销的种类和标记

销的种类较多，常用的有圆锥销、圆柱销、开口销等（图 7-27），开口销与槽型螺母配合使用，起防松作用（图 7-28）。销还可作为安全装置中的过载剪断元件。它们的型式和规定标记见表 7-5。

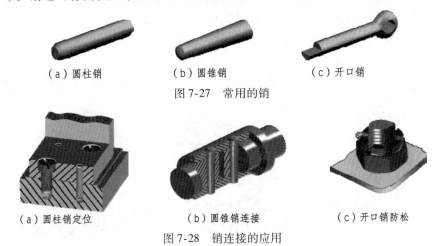

（a）圆柱销　　　　　　（b）圆锥销　　　　　　（c）开口销

图 7-27　常用的销

（a）圆柱销定位　　　　　（b）圆锥销连接　　　　　（c）开口销防松

图 7-28　销连接的应用

表 7-5　常用销的型式和标记

名称	型式	规定标记及示例
圆柱销	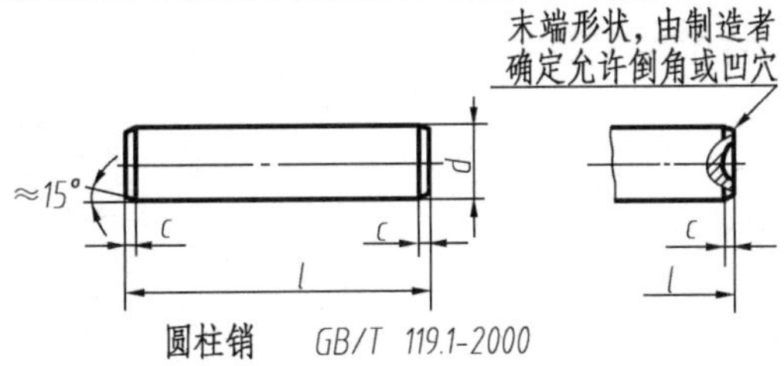 末端形状，由制造者确定允许倒角或凹穴　≈15°　圆柱销　GB/T 119.1-2000	公称直径 $d = 6$、公差为 m6、公称长度 $l = 30$、材料为钢、不经淬火、不经表面处理的圆柱销的标记： 销　GB/T119.1　6m6×30 d 公差 m6：$Ra \leqslant 0.8\mu m$ d 公差 h8：$Ra \leqslant 0.8\mu m$
圆锥销	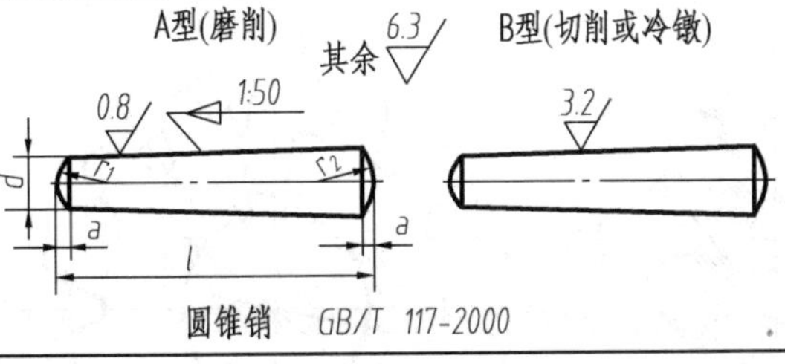 A型(磨削)　其余 6.3　B型(切削或冷镦)　0.8　1:50　3.2　圆锥销　GB/T 117-2000	公称直径 $d = 10$、公称长度 $l = 60$、材料为 35 钢、热处理硬度 28～38HRC、表面氧化处理的 A型圆锥销的标记： 销　GB/T117　10×60 锥度 1:50 有自锁作用，打入后不会自动松脱

（二）销连接及其画法

圆柱销和圆锥销连接的画法如图 7-29、图 7-30 所示。

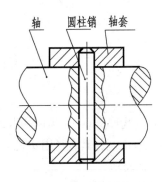

图 7-29　圆柱销连接的画法

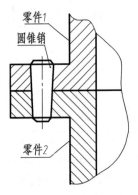

图 7-30　圆锥销连接的画法

135

第四节 齿 轮

一、齿轮的作用及分类

齿轮的主要作用是传递动力，改变运动的速度和方向。根据两轴的相对位置，齿轮可分为以下三类：

圆柱齿轮——用于两平行轴之间的传动，如图7-31（a）所示。

圆锥齿轮——用于两相交轴之间的传动，如图7-31（b）所示。

蜗轮蜗杆——用于两垂直交叉轴之间的传动，如图7-31（c）所示。

圆柱齿轮按其齿形方向可分为：直齿、斜齿和人字齿等，这里主要介绍直齿圆柱齿轮。

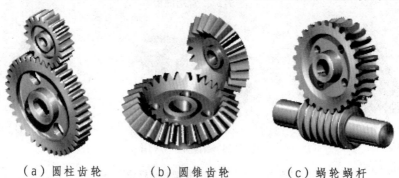

（a）圆柱齿轮 　　　（b）圆锥齿轮 　　　（c）蜗轮蜗杆

图7-31 常见的传动齿轮

二、直齿圆柱齿轮

（一）直齿圆柱齿轮各部分的名称

齿轮各部分的名称及代号如图7-32所示。

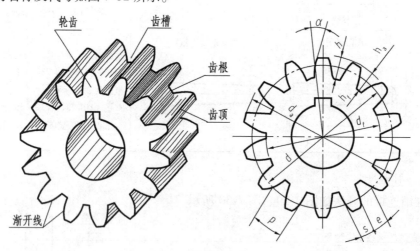

图7-32 齿轮各部分的名称

1. 齿顶圆 d_a。通过轮齿顶部的圆称为齿顶圆，其直径用 d_a 表示。

2. 齿根圆 d_f。通过轮齿根部的圆称为齿根圆，其直径用 d_f 表示。

3. 分度圆 d。标准齿轮的齿槽宽 e（相邻两齿廓在某圆周上的弧长）与齿厚 s（一个齿两侧齿廓在某圆周上的弧长）相等的圆称为分度圆，它是设计、制造齿轮时计算各部分尺寸的基准圆，其直径用 d 表示。

4. 齿距 p。分度圆上相邻两齿廓对应点之间的弧长称为齿距，用 p 表示。

5. 齿高 h。轮齿在齿顶圆和齿根圆之间的径向距离称为齿高，用 h 表示。

齿顶高。齿顶圆与分度圆之间的径向距离称为齿顶高，用 h_a 表示。

齿根高。齿根圆与分度圆之间的径向距离称为齿根高，用 h_f 表示。

全齿高。$h = h_a + h_f$

6. 中心距 a。两啮合齿轮轴线之间的距离称为中心距，用 a 表示。

（二）直齿圆柱齿轮的基本参数

1. 齿数 z。齿轮上轮齿的个数，用 z 表示。

2. 模数 m。模数是齿距与圆周率 π 的比值，即 $m = p/\pi$，单位为 mm。它表示轮齿的大小，为了简化计算，规定模数是计算齿轮各部分尺寸的主要参数，且已标准化，如表 7-6 所示。

表 7-6　渐开线圆柱齿轮的标准模数

第一系列	0.1，0.12，0.15，0.2，0.25，0.3，0.4，0.5，0.6，0.8，1，1.25，1.5，2，2.5，3，4，5，6，8，10，12，16，20，25，32，40，50
第二系列	0.35，0.7，0.9，1.75，2.25，2.75，（3.25），3.5，（3.75），4，5，5.5，（6.5），7，9，（11），14，18，22，28，（30），36，45

注：优先采用第一系列，其次是第二系列，括号内的模数尽量不用。

3. 压力角。两啮合齿轮的齿廓在接触点处的受力方向与运动方向之间的夹角称为压力角。若接触点在分度圆上，则压力角为两齿廓公法线与两分度圆公切线的夹角，用 a 表示。我国标准齿轮分度圆上的压力角为 20°，通常所说的压力角是指分度圆上的压力角。

两标准直齿圆柱齿轮正确啮合传动的条件是模数和压力角都相等。

（三）直齿圆柱齿轮各部分尺寸的计算公式

齿轮的基本参数 Z、m、a 确定之后，齿轮各部分的尺寸可按表 7-7 中的公式计算。

表 7-7　直齿圆柱齿轮各部分尺寸的计算公式

基本参数：模数 m、齿数 z、压力角 20°		
各部分名称	代号	计算公式
分度圆直径	d	$d = mz$
齿顶高	h_a	$h_a = m$
齿根高	h_f	$h_f = 1.25m$
齿顶圆直径	d_a	$d_a = m\,(z + 2)$
齿根圆直径	d_f	$d_f = m\,(z - 2.5)$
齿距	p	$p = \pi m$
分度圆齿厚	s	$s = \dfrac{1}{2}\pi m$
中心距	a	$a = \dfrac{1}{2}\,(d_1 + d_2) = \dfrac{1}{2}m\,(z_1 + z_2)$

（四）直齿圆柱齿轮的画法

1. 单个齿轮的画法

单个齿轮的画法，一般用全剖的非圆视图和端面视图表示（图 7-33）。

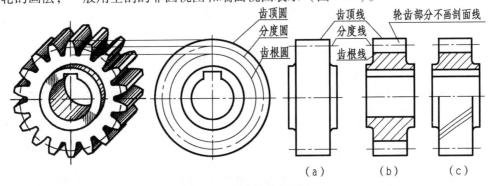

图 7-33　单个齿轮的画法

（1）在视图中，齿顶圆和齿顶线用粗实线表示；分度圆和分度线用点画线表示（分度线应超出轮廓2～3mm）；齿根圆和齿根线画细实线或省略不画。

（2）在剖视图中，齿根线用粗实线表示，轮齿部分不画剖面线。在端视图中齿根圆用细实线表示或省略不画。

（3）齿轮的其他结构，按投影画出。

2. 圆柱齿轮啮合的画法

两个标准齿轮相互啮合时，两个分度圆处于相切的位置，此时分度圆又称为节圆。啮合区的规定画法如下：

（1）在投影为圆的视图（端面视图）中，两齿轮的节圆相切。齿顶圆和齿根圆有两种画法：

画法一：齿顶圆画粗实线，齿根圆画细实线，如图7-34（a）所示。

画法二：啮合区的齿顶圆省略不画，整个齿根圆可都不画，如图7-34（b）所示。

（2）在投影为非圆的剖视图中，两轮节线重合，画点画线。齿根线画粗实线。齿顶线的画法是主动轮的轮齿作为可见画粗实线，从动轮的轮齿被遮住部分画虚线，如图7-34所示。

（3）在投影为非圆的视图中，啮合区的齿顶线和齿根线不必画出，节线画成粗实线，如图7-34(c)、(d)所示。

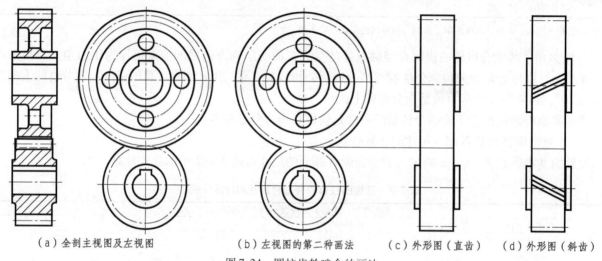

（a）全剖主视图及左视图　　　（b）左视图的第二种画法　　　（c）外形图（直齿）　　　（d）外形图（斜齿）

图7-34　圆柱齿轮啮合的画法

（4）齿轮啮合区投影的画法如图7-35所示。

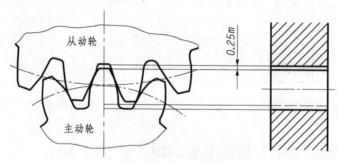

图7-35　齿轮啮合区投影的画法

第五节　滚动轴承

轴承分为滑动轴承和滚动轴承，用于支撑旋转的轴。滚动轴承的摩擦阻力小，结构紧凑、转动灵活、拆装方便，在机械设备中应用广泛。

一、滚动轴承的结构及分类

滚动轴承是支承旋转轴的标准组合件，一般都是由外圈、内圈、滚动体和保持架组成，如图7-36所示。滚动轴承按承受力的方向分为三类：

（1）向心轴承——主要承受径向载荷。

（2）推力轴承——只承受轴向载荷。

（3）向心推力轴承——能同时承受径向和轴向载荷。

（a）深沟球轴承　　　　（b）推力球轴承　　　　（c）圆锥滚子轴承

图 7-36　滚动轴承的构造及种类

二、滚动轴承的代号（GB/T 276—1994）

滚动轴承用代号（字母加数字）表示轴承的结构、种类、尺寸、公差等级、技术性能等特征，它由前置代号、基本代号和后置代号构成，排列顺序为：

前置代号　基本代号　后置代号

1. 基本代号

基本代号表示轴承的基本类型、结构和尺寸，是轴承代号的基础。基本代号由轴承类型代号、尺寸系列代号、内径代号构成，排列方式如下；

轴承类型代号　尺寸系列代号　内径代号

轴承类型代号用数字或字母表示，具体可查阅《滚动轴承代号方法》GB/T 272—1993。

尺寸系列代号由轴承的宽（高）度系列代号和直径系列代号组合而成，用两位数字来表示，它的主要作用是区别内径相同而宽度和外径不同的轴承，具体代号请查阅相关标准。

内径代号表示轴承的公称内径（轴承内圈的孔径），一般也由两位数组成。当内径尺寸在 20～480mm 的范围内时，内径尺寸 = 内径代号×5。

例如：轴承代号 6206

6——类型代号，表示深沟球轴承。

2——尺寸系列代号，原为 02，对此种轴承首位 0 省略。

06——内径代号（内径尺寸 = 6×5 = 30mm）。

2. 前置代号和后置代号

滚动轴承代号中的前置代号和后置代号是轴承在结构形状、尺寸、公差、技术要求等有改变时，在其基本代号的左、右填加的补充代号。需要时可查阅有关国家标准。

滚动轴承的标记内容：名称、代号和国家标准号。

例如：滚动轴承　6206　GB/T 276—1994。

几种常用滚动轴承的类型代号、尺寸系列代号及标准号见表 7-8。

三、滚动轴承的画法

滚动轴承通常可采用三种画法绘制，即通用画法、特征画法和规定画法。常用滚动轴承的画法见表 7-8。

表 7-8　常用滚动轴承的画法

轴承名称、类型及标准号	规定画法 通用画法	类型代号	尺寸系列代号 宽（高）度系列代号	尺寸系列代号 直径系列代号	基本代号
深沟球轴承60000型 GB/T 276—1994		6	17		61700
			37		63700
			18		61800
			19		61900
			(1) 0		6000
			(0) 2		6200
			(0) 3		6300
			(0) 4		6400
圆锥滚子轴承30000型 GB/T 297—1994		3	02		30200
			03		30300
			13		31300
			20		32000
			22		32200
			23		32300
			29		32900
			30		33000
			31		33100
			32		33200
推力球轴承50000型 GB/T 301—1995		5	11		51100
			12		51200
			13		51300
			14		51400
			22		52200
			23		52300
			24		52400

第六节　弹　簧

弹簧的作用主要是减震、复位、夹紧、测力和储能等。

弹簧的种类很多，常用的有螺旋弹簧、涡卷弹簧和板弹簧等，如图 7-37 所示，其中螺旋弹簧应用较广。根据受力情况，螺旋弹簧又分为压缩弹簧、拉伸弹簧和扭转弹簧，这里主要介绍圆柱螺旋压缩弹簧的各部分名称及画法。

| 压缩弹簧 | 拉伸弹簧 | 回转弹簧 | 涡卷弹簧 | 板弹簧 |

图 7-37　常用的弹簧

一、圆柱螺旋压缩弹簧的各部分名称及尺寸关系

弹簧的各部分名称及尺寸关系如图 7-38（a）所示。

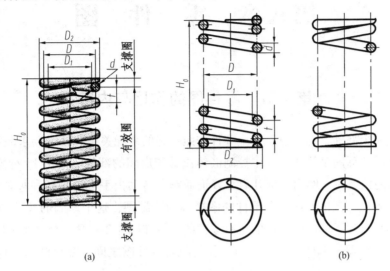

(a)   (b)

图 7-38　圆柱螺旋压缩弹簧各部分名称及画法

（1）簧丝直径 d。制作弹簧的簧丝直径。

（2）弹簧中径 D。弹簧的平均直径，按标准选取。

（3）弹簧内径 D_1。弹簧的最小直径。

（4）展开长度 L。弹簧制造时坯料的长度，$L = n_1 \sqrt{(\pi D)^2 + t^2} \approx \pi D n_1$

二、圆柱螺旋压缩弹簧的规定画法

1. 单个弹簧的画法

（1）在平行于弹簧轴线的投影面上，各圈的轮廓线画成直线，如图 7-38（b）所示。

（2）有效圈在四圈以上的弹簧，中间各圈可省略不画，而用通过中径的点画线连接起来，这时弹簧的长度可适当缩短。弹簧两端的支撑圈不论有多少圈，均可按图 7-38（b）的形式绘制。

（3）无论是左旋还是右旋，弹簧画图时均可画成右旋，但左旋要加注"左"字。

2. 圆柱螺旋压缩弹簧的作图步骤

若已知弹簧的中径 D、簧丝直径 d、节距 t 和圈数，先算出自由高度 H_0，然后按下列步骤作图：

（1）根据 D 和 H_0 画矩形 $ABCD$，如图 7-39（a）所示。

（2）根据簧丝直径 d，画支撑部分的圆和半圆，如图 7-39（b）所示。

（3）根据节距画有效圈部分的圆，如图 7-39（c）所示。

（4）按右旋方向作相应圆的公切线及剖面线，加深，完成作图，如图 7-39（d）所示。

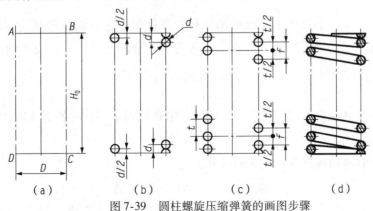

（a）　　　　　　（b）　　　　　　（c）　　　　　　（d）

图 7-39　圆柱螺旋压缩弹簧的画图步骤

第八章 零件图

第一节 零件图的作用与内容

任何一台机器或一个部件，都是由若干个零件按照一定的装配关系和技术要求装配而成的。如图8-1所示球阀的轴测装配图。球阀是管道系统中控制液体流量和启闭的部件，共由13种零件组成。当球阀的阀芯处于图8-1所示的位置时，阀门全部开启，管道通畅。转动扳手带动阀杆和阀芯旋转90°时，阀门全部关闭，管道断流。表达一台机器或一个部件的图样称为装配图，这个球阀的装配图见下一章的图9-1。制造这个球阀时，必须有除了标准件以外的所有零件图，例如图8-2就是这个球阀中序号为4的零件（阀芯）的零件图。显然，机器、部件与零件之间，装配图与零件图之间，都反映了整体与局部的关系，彼此相互依赖，非常密切。

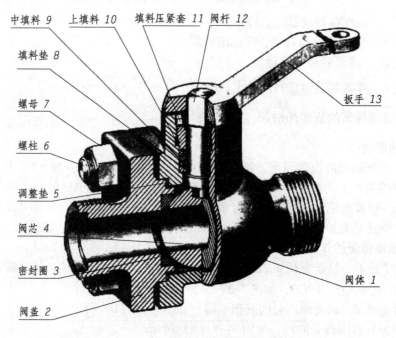

图 8-1 球阀的轴测装配图

表示零件结构形状、尺寸大小及技术要求的图样称为零件图。它是制造和检验零件的主要依据，是生产部门的重要技术文件之一。为了保证设计要求，制造出合格的零件，一张完整的零件图应具有下列几方面的内容。如图8-2所示。

1. 一组图形

用视图、剖视、断面及其他规定画法来正确、完整、清晰地表达零件的各部分形状和结构。

2. 全部尺寸

正确、完整、清晰、合理地标注零件的全部尺寸。

3. 技术要求

用符号或文字来说明零件在制造、检验等过程中应达到的一些技术要求，如表面粗糙度、尺寸公差、形状和位置公差、热处理要求等。技术要求的文字一般注写在标题栏上方图纸空白处。

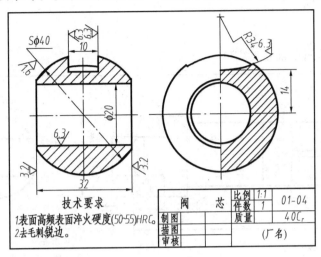

图 8-2　阀芯零件图

4．标题栏

标题栏位于图纸的右下角，应填写零件的名称、材料、数量、图的比例以及设计、描图、审核人的签字、日期等各项内容。

第二节　零件的表达方案的选择与尺寸标注

一、零件图的视图选择

选择视图时，要结合零件的工作位置和加工位置，选择最能反映零件形状特征的视图作为主视图，包括运用各种表达方法，如剖视、断面等，并选好其他视图。

1．主视图的选择

选择主视图一般应遵循以下原则：

（1）零件的加工位置

主视图的摆放位置最好能与零件在机械加工时的装夹位置一致，以方便加工时看图、看尺寸。轴、套、轮和圆盖等零件的主视图，一般按车削加工位置安放，即轴线水平放置。图 8-3 为一轴在车床上的加工示例，主视图按零件的加工位置画出。

（2）零件的工作位置

主视图最好能与零件在机器（或部件）中的工作位置一致，以便对照装配图看图和画图，有利于想象零件的工作状态及作用。如图 8-4 所示。

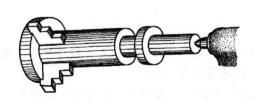

图 8-3　轴在车床上的加工位置

图 8-4　阀体零件的工作位置

143

二、典型零件的表达方法

1. 轴套类零件

如图 8-5 所示的阀杆即属于轴套类零件。

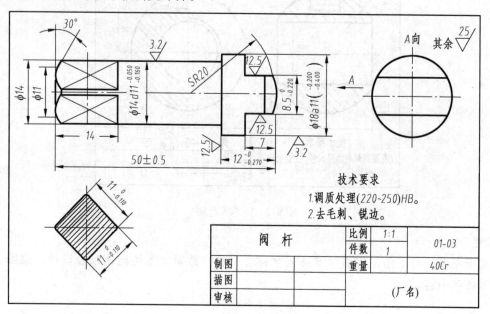

图 8-5　阀杆的表达方案与尺寸标注

视图选择：

轴套类零件一般在车床上加工，要按形状和加工位置确定主视图，轴线水平放置，大头在左、小头在右，键槽和孔结构可以朝前。轴套类零件主要结构形状是回转体，一般只画一个主视图，对于零件上的键槽、孔等，可作出移出断面，砂轮越程槽、退刀槽、中心孔等可用局部放大图表达。

2. 轮盘类零件

如图 8-6 所示的阀盖以及各种轮子、法兰盘、端盖等属于此类零件。其主要形体是回转体，径向尺寸一般大于轴向尺寸。

视图选择：

这类零件的毛坯有铸件或锻件，机械加工以车削为主，主视图一般按加工位置水平放置，但有些较复杂的盘盖，因加工工序较多，主视图也可按工作位置画出。

3. 叉架类零件

如图 8-7 所示的支架以及各种杠杆、连杆、支架等属于此类零件。

视图选择：

这类零件结构较复杂，需经多种加工，主视图主要由形状特征和工作位置来确定。一般需要两个以上基本视图，并用斜视图、局部视图以及剖视、断面等表达内外形状和细部结构。

4. 箱体类零件

图 8-8 所示阀体以及减速器箱体、泵体等属于箱体类零件，大多为铸件，一般起支承、容纳、定位和密封等作用，内外形状较为复杂。

视图选择：

（1）这类零件一般经多种工序加工而成，因而主视图主要根据形状特征和工作位置确定，如图 8-8 所示的主视图就是根据工作位置选定的，反映了阀体零件的内部形状特点。

（2）由于零件结构较复杂，常需三个以上的图形，并广泛地应用各种方法来表达。在图 8-8 中，主视图采用全剖视图，左视图选用半剖视图，俯视图全用视图来表达阀体的内外结构。

144

(a)

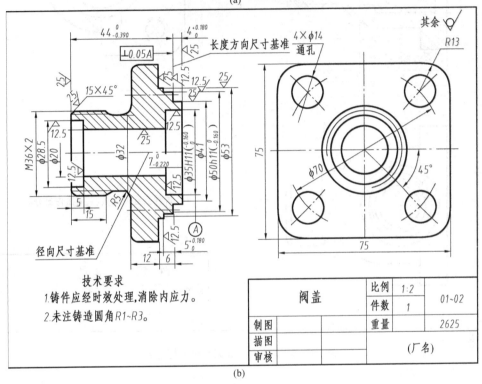

长度方向尺寸基准

4×φ14 通孔

R13

其余 ▽

⊥0.05A

15×45°

M36×2

φ28.5
φ20
φ32
φ35H11(-0.160/0)
φ41
φ50h11(-0.160/0)
φ53

φ70

45°

75

75

径向尺寸基准

技术要求

1. 铸件应经时效处理,消除内应力。
2. 未注铸造圆角R1~R3。

阀盖	比例	1:2	01~02
	件数	1	
制图		重量	2625
描图		(厂名)	
审核			

(b)

图 8-6　阀盖的表达方案与尺寸标注

（a）支架工作位置

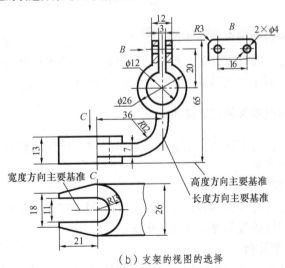

12
3
R3
B
2×φ4

B

φ12

20

16

φ26

65

C

36

R12

13

7

宽度方向主要基准 C

高度方向主要基准
长度方向主要基准

18
11
R15

26

21

（b）支架的视图的选择

图 8-7　支架的表达方案与尺寸标注

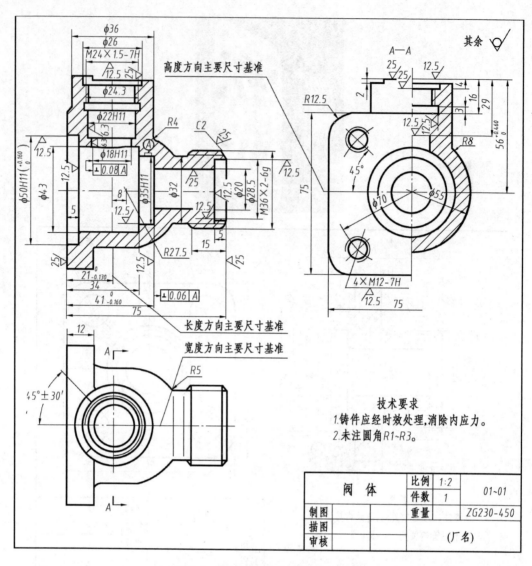

图 8-8　阀体的表达方案与尺寸标注

第三节　零件的结构工艺性简介

零件在机器中所起的作用决定了它的结构形状。大部分零件都要经过热加工和机械加工等过程制造出来，因此，设计零件时，首先必须满足零件的工作性能要求，同时还应考虑到制造和检验的工艺合理性，以便有利于加工制造。常见的工艺结构有铸造工艺结构和机械加工工艺结构。

一、铸造零件的工艺结构

复杂零件的毛坯大多是通过铸造得到的，铸件的结构形状应有利于防止出现铸造缺陷。常见的铸造结构有以下几种：

1. 拔模斜度

用铸造方法制造零件的毛坯时，为了便于将木模从砂型中取出，一般沿木模拔模的方向作成约 1:20 的斜度，叫做拔模斜度。如图 8-9 所示。

2. 铸造圆角

在铸件毛坯各表面的相交处都有铸造圆角（如图 8-10 所示）。这样既便于起模，又能防止浇铸时铁水将砂型转角处冲坏，还可避免铸件冷却时产生裂纹或缩孔。

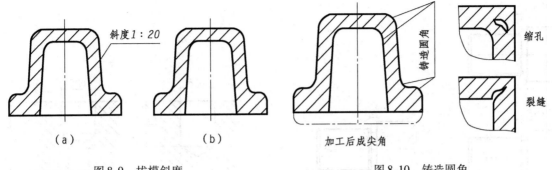

图 8-9　拔模斜度　　　　　　　　　图 8-10　铸造圆角

3. 铸件壁厚

在浇铸零件时，为了避免各部分因冷却速度不同而产生缩孔或裂纹，铸件的壁厚应保持大致均匀，或采用渐变的方法，如图 8-11 所示。

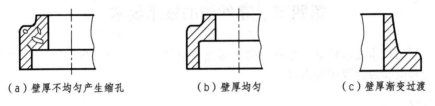

（a）壁厚不均匀产生缩孔　　　　　（b）壁厚均匀　　　　　　　（c）壁厚渐变过渡

图 8-11　铸件壁厚的变化

二、机械加工零件的工艺结构

1. 倒角和圆角

为了便于安装和安全操作，在轴端、孔口及零件的端部常加工出倒角。另外，为避免应力集中而引起裂断，在阶梯轴的轴肩处常加工成圆角过渡，称为倒圆。倒角、倒圆的尺寸标注如图 8-12 所示（其中只有 45°倒角才允许倒角宽度尺寸与角度连注）。

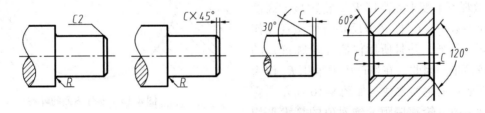

图 8-12　倒角、倒圆的结构

2. 退刀槽和砂轮越程槽

切削加工时，为了便于退出刀具，并保护刀具不被破坏，以及相关的零件在装配时能够靠紧，预先在待加工表面的末端制出退刀槽，如图 8-13 所示。退刀槽的尺寸一般可按图 8-13 所示"槽宽×槽颈"也可以"槽宽×槽深"的形式标注。

3. 孔的结构

（1）钻孔

零件上有各种不同形式和不同用途的孔，一般是用钻头加工而成的。由于钻头带有一个接近 120°的钻尖角，所以它加工出的不通孔也带有一个顶角接近 120°的圆锥孔，在图 8-14（a）中，这个钻尖角画成 120°而不必标出尺寸，钻孔深度也不包括锥坑。

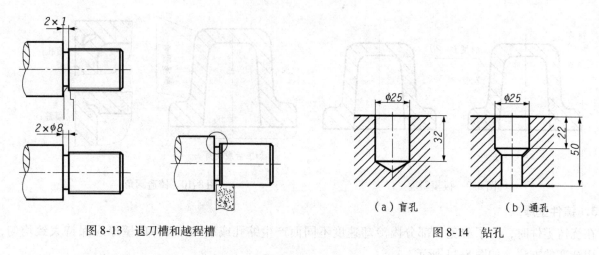

图 8-13 退刀槽和越程槽 　　　　　　　　　　　　　　　图 8-14 钻孔

（a）盲孔　　　　　（b）通孔

第四节　零件图的技术要求

零件图上应注写的技术要求包括：零件表面粗糙度、材料表面处理和热处理、尺寸公差、形位公差、零件在加工、检验和试验时的要求等内容。

一、表面粗糙度

1. 表面粗糙度的概念

零件在加工过程中，由于机床、刀具的振动、材料被切削时产生塑性变形及刀痕等原因，其表面不可能是一个理想的光滑表面，如图 8-15 所示。这种加工表面上所具有的较小间距和峰谷所组成的微观几何形状特性就称为表面粗糙度。

2. 表面粗糙度的参数

评定表面粗糙度的参数有三项，即轮廓算数平均偏差 R_a；微观不平度十点高度 R_z；轮廓最大高度 R_y。在这三项参数中，R_a 能充分反映表面微观几何形状高度方面的特征，并且所用仪器（轮廓仪）的测量方法比较简单。因此，在生产中常采用 R_a 作为评定零件表面质量的主要参数。如图 8-16 所示，它是在取样长度 l 内，轮廓偏距 y 绝对值的算术平均值，用 R_a 表示。用公式可表示为：

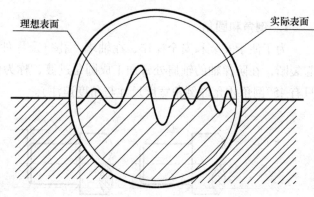

图 8-15 零件表面的峰谷

$$R_a = \frac{1}{l}\int_0^l |y(x)|\,\mathrm{d}x \quad \text{或近似值：} R_a = \frac{1}{n}\sum_{i=1}^n |y_i|$$

图 8-16 轮廓算术平均偏差

3. 表面粗糙度的代（符）号

图样上所标注的表面粗糙度代（符）号说明各个表面完工后的要求。表面粗糙度代号包括表面粗糙度符号、表面粗糙度参数值及加工方法等规定。表面粗糙度的符号及画法如表 8-1 所示，表面粗糙度的获得方法如表 8-2 所示，表面粗糙度标注中的常见规定如表 8-3 所示。国家标准规定，当注写 R_a 时，只用参数值表示（单位为 μm），参数值前不标注参数代号。当注写 R_z 或 R_y 时，参数值前需注出相应的参数代号。

表 8-1　表面粗糙度符号及其填写格式

符号	意义
∨	基本符号，单独使用这符号是没有意义的
∨	基本符号上加一短划，表示表面粗糙度是用去除材料的方法获得，例如：车、铣、钻、磨、剪切、抛光、腐蚀、电火花加工等
∨	基本符号上加一小圆，表示表面粗糙度是用不去除材料的方法获得，例如：铸、锻、冲压变形、热轧、冷轧、粉末冶金等。 或者是用于保持原供应状况的表面（包括保持上道工序的状况）。

表 8-2　表面粗糙度获得的方法及应用举例

表面粗糙度 R_a	名称	表面外观情况	获得方法举例	应用举例
	毛面	除净毛口	铸、锻、轧制等经清理的表面	如机床车身、主轴箱、溜板箱、尾架体等未加工表面
50	粗面	明显可见刀痕	毛坯经粗车、粗刨、粗铣等加工方法获得的表面	一般的钻孔、倒角，没有要求的自由表面
25		可见刀痕		
12.5		微见刀痕		
6.3	半光面	可见加工痕迹	精车、精刨、精铣、刮研和粗磨	支架、箱体和盖等的非配合表面，一般螺栓支承面
3.2		微见加工痕迹		箱、盖、套筒要求紧贴的表面、键和键槽的工作表面
1.6		看不见加工痕迹		要求有不精确定心及配合特性的表面，如支架孔、衬套、胶带轮工作面
0.8	光面	可见加工痕迹方向	金刚石车刀精车、精绞、拉刀和压刀加工、精磨、研磨、抛光	要求保证定心及配合特性的表面，如轴承配合表面、锥孔等
0.4		微辨加工痕迹方向		要求能长期保持规定的配合特性的公差等级为 7 级的孔和 6 级的轴
0.2		不可辨加工痕迹方向		主轴的定位锥孔，d < 20mm 淬火的精确轴的配合表面
0.1	最光面	暗光泽面	超精磨、研磨、抛光、镜面磨	保证精确定位的锥面，高精度滑动轴表面
0.05		亮光泽面		精密机床主轴颈，工作验规测量表面，高精度轴承滚道
0.025		镜状光泽面		精密仪器和附件的摩擦面，用光学观察的精密刻度尺
0.012		雾状镜面		坐标镗的主轴颈，仪器的测量面
0.008		镜面		块规的测量面，坐标镗床的镜面轴

表 8-3　表面粗糙度标注中的常见规定

代号	意义	代号	意义
3.2 ∨	用任何方法获得的表面，R_a 的最大允许值为 3.2μm	3.2 ⌀∨	用不去除材料的方法获得的表面，R_a 的最大允许值为 3.2μm
3.2 ∇	用去除材料的方法获得的表面，R_a 的最大允许值为 3.2μm	3.2 1.6 ∇	用去除材料的方法获得的表面，R_a 的最大允许值为 3.2μm，最小允许值为 1.6μm

4. 表面粗糙度在图样上的标注方法

表面粗糙度代（符）号应注在可见轮廓线、尺寸线、尺寸界线或其延长线上，如图 8-17 所示，符号的尖端必须从材料外指向表面。

二、极限与配合

1. 极限与配合基本概念

在零件的加工中，由于机床精度、刀具磨损、测量误差等因素的影响，不可能把零件的尺寸做得绝对准确，一定会产生误差。为了保证互换性和产品质量，必须将零件尺寸的加工误差控制在一定的范围内，规定出尺寸变动量，这个允许的尺寸变动量就称为尺寸公差，简称公差。

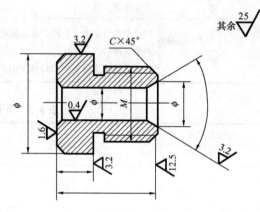

图 8-17　表面粗糙度代号在图样上的标注

如图 8-18（a）图中的孔轴尺寸，图 8-18（b）为孔和轴公差与配合的示意图。

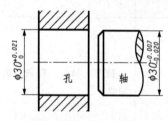

（a）孔轴配合与尺寸公差

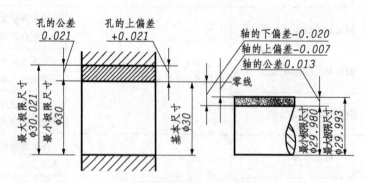

（b）公差与配合的示意图

图 8-18　极限与配合的有关术语

（1）基本尺寸。设计时给定的尺寸，如图 8-18 中的 φ30。

（2）实际尺寸。零件制成后实际量得的尺寸。

（3）极限尺寸。允许尺寸变化的两个界限值。它以基本尺寸为基数来确定，两个界限值中较大的一个称为最大极限尺寸，如图 8-18 中孔的最大极限尺寸为 φ30.021 和轴的最大极限尺寸为 φ29.993；较小的一个称为最小极限尺寸，如图 8-18 中孔的最小极限尺寸为 φ30 和轴的最小极限尺寸为 φ29.980。实际

150

尺寸在两个极限尺寸的区间算合格。

（4）极限偏差（简称偏差）。极限尺寸与基本尺寸之差。极限偏差有上偏差和下偏差，统称极限偏差。偏差可以是正值、负值或零。

国标规定偏差代号：孔的上、下偏差分别用 ES 和 EI 表示；轴的上、下偏差分别用 es 和 ei 表示。

上偏差 = 最大极限尺寸 − 基本尺寸。如图 8-18 中孔的上偏差为 +0.021，轴为 −0.007。

下偏差 = 最小极限尺寸 − 基本尺寸。如图 8-18 中孔的下偏差为 0，轴为 −0.020。

（5）尺寸公差（简称公差）。允许尺寸的变动量。公差 = 最大极限尺寸 − 最小极限尺寸 = 上偏差 − 下偏差。如图 8-18 中，孔的公差为 0.021，轴的公差为 0.013。公差总是正值。

（6）零线。在公差与配合图解中，用于确定偏差的一条基准直线，称为零偏差线。通常零线表示基本尺寸，如图 8-19 所示。

（7）尺寸公差带（简称公差带）。在公差带图中，由代表上、下偏差的两条直线所限定的一个区域，如图 8-19 所示。

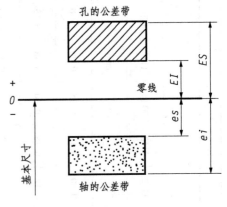

图 8-19　公差带图

2. 配合

基本尺寸相同的、相互结合的孔与轴公差带之间的关系称为配合。这里的孔与轴主要指圆柱形的内、外表面，也包括内、外平面组成的结构，孔和轴配合时，由于它们的尺寸不同，将产生间隙或过盈的情况。国家标准规定将配合分为间隙配合、过盈配合和过渡配合三类。

（1）间隙配合

孔的实际尺寸总比轴的实际尺寸大，即孔与轴装配在一起时具有间隙（包括最小间隙为零）的配合。

（2）过盈配合

孔的实际尺寸总比轴的实际尺寸小，即孔与轴装配在一起时具有过盈（包括最小过盈为零）的配合。

（3）过渡配合

孔的实际尺寸可能比轴的实际尺寸大也可能小，即孔与轴装配在一起时可能具有间隙或过盈的配合。

3. 标准公差和基本偏差

为了满足不同的配合要求，国家标准规定，孔轴公差带由标准公差和基本偏差两个要素组成。标准公差确定公差带大小，基本偏差确定公差带位置，如图 8-20 所示。

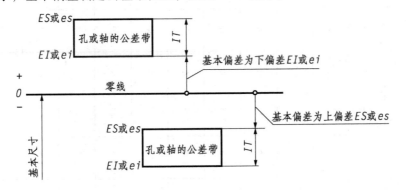

图 8-20　公差带大小及位置

（1）标准公差和公差等级

国家标准表列的、用于确定公差带大小的任一公差称为标准公差。标准公差数值与基本尺寸分段和公差等级有关。公差等级用于确定尺寸精度的标准。国家标准将公差等级分为 20 级，即 IT01、IT0、IT1、IT2、……IT18。IT 表示标准公差，后面的阿拉伯数字表示公差等级。从 IT01 至 IT18，尺寸的精度依次降低，而相应的标准公差数值依次增大，标准公差的数值如表 8-4 所示。

表8-4 标准公差数值表（摘自 GB/T 1800.3—2009）

基本尺寸/mm 大于	至	公差等级																			
		IT01	IT0	IT1	IT2	IT3	IT4	IT5	IT6	IT7	IT8	IT9	IT10	IT11	IT12	IT13	IT14	IT15	IT16	IT17	IT18
		μm													mm						
—	3	0.3	0.5	0.8	1.2	2	3	4	6	10	14	25	40	60	0.10	0.14	0.25	0.40	0.60	1.0	1.4
3	6	0.4	0.6	1	1.5	2.5	4	5	8	12	18	30	48	75	0.12	0.18	0.30	0.48	0.75	1.2	1.8
6	10	0.4	0.6	1	1.5	2.5	4	6	9	15	22	36	58	90	0.15	0.22	0.36	0.58	0.90	1.5	2.2
10	18	0.5	0.8	1.2	2	3	5	8	11	18	27	43	70	110	0.18	0.27	0.43	0.70	1.10	1.8	2.7
18	30	0.6	1	1.5	2.5	4	6	9	13	21	33	52	84	130	0.21	0.33	0.52	0.84	1.30	2.1	3.3
30	50	0.6	1	1.5	2.5	4	7	11	16	25	39	62	100	160	0.25	0.39	0.62	1.00	1.60	2.5	3.9
50	80	0.8	1.2	2	3	5	8	13	19	30	46	74	120	190	0.30	0.46	0.74	1.20	1.90	3.0	4.6
80	120	1	1.5	2.5	4	6	10	15	22	35	54	87	140	220	0.35	0.54	0.87	1.40	2.20	3.5	5.4
120	180	1.2	2	3.5	5	8	12	18	25	40	63	100	160	250	0.40	0.63	1.00	1.60	2.50	4.0	6.3
180	250	2	3	4.5	7	10	14	20	29	46	72	115	185	290	0.46	0.72	1.15	1.85	2.90	4.6	7.2
250	315	2.5	4	6	8	12	16	23	32	52	81	130	210	320	0.52	0.81	1.30	2.10	3.20	5.2	8.1
315	400	3	5	7	9	13	18	25	36	57	89	140	230	360	0.57	0.89	1.40	2.30	3.60	5.7	8.9
400	500	4	6	8	10	15	20	27	40	63	97	155	250	400	0.63	0.97	1.55	2.50	4.00	6.3	9.7

（2）基本偏差

基本偏差是国家标准规定的用于确定公差带相对于零线位置的上偏差或下偏差，一般指靠近零线的那个极限偏差。当公差带位于零线上方时，基本偏差为下偏差；当公差带位于零线的下方时，基本偏差为上偏差，如图8-21所示。

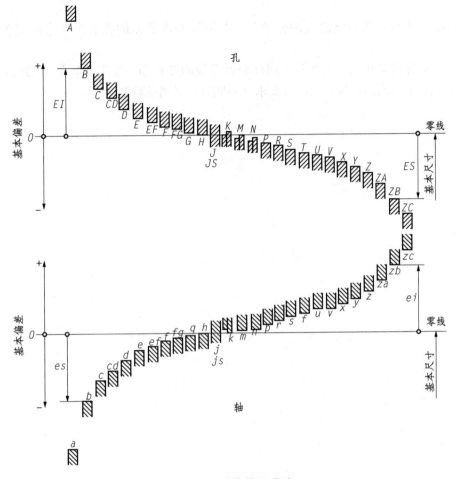

图8-21　基本偏差系列

按国家标准规定，孔和轴各有28个基本偏差，它们的代号用拉丁字母表示：用大写表示孔，小写表示轴。

轴的基本偏差从 $a \sim h$ 为上偏差，从 $j \sim zc$ 为下偏差，js 的上、下偏差分别为 $+\dfrac{IT}{2}$ 和 $-\dfrac{IT}{2}$。

孔的基本偏差从 $A \sim H$ 为下偏差，从 $J \sim ZC$ 为上偏差。JS 的上、下偏差分别为 $+\dfrac{IT}{2}$ 和 $-\dfrac{IT}{2}$。

基本偏差系列只表示公差带的位置，不表示公差带的大小，因此，公差带的一端是开口的。根据孔的与轴的基本偏差和标准公差，可计算孔和轴的另一偏差：

孔　$ES = EI + IT$　　或　　$EI = ES - IT$

轴　$es = ei + IT$　　或　　$ei = es - IT$

（3）孔、轴的公差带代号

孔、轴的公差带代号由基本偏差与公差等级代号组成。

例如 $\phi 50H8$ 的含义是：

此公差带的全称是：基本尺寸为 $\phi 50$，公差等级为8级，基本偏差为 H 的孔的公差带。

又如 $\phi 50f7$ 的含义是：

此公差带的全称是：基本尺寸为 $\phi 50$，公差等级为7级，基本偏差为 f 的轴的公差带。

4. 基准制

为了实现配合的标准化，统一基准件的基本偏差，从而达到减少刀具和量具的规格和数量的目的，国家标准对配合规定了两种基准制，即基孔制和基轴制。

（1）基孔制。基本偏差为一定的孔的公差带，与不同基本偏差的轴的公差带形成各种配合的一种制度。

（2）基轴制。基本偏差为一定的轴的公差带，与不同基本偏差的孔的公差带形成各种配合的一种制度。

一般情况下，应优选基孔制。因为加工同样公差等级的孔和轴，加工孔比加工轴困难。但当同一轴颈的不同部位需要装上不同的零件，其配合要求又不同时，采用基轴制。

第九章 装 配 图

用来表达机器或部件的图样称为装配图。在工业生产中，设计、装配、检验和维修机器或部件时都需要装配图。在设计机器时，首先绘制装配图，再由装配图画出零件图，按零件图加工出合格的零件，然后根据装配图把零件装配成机器。因此，装配图要反映出设计者的意图和机器或部件的结构形状、零件间的装配关系、工作原理和性能要求，以及在装配、检验、安装时所需要的尺寸和技术要求。

第一节 装配图的内容

任何机器都是由若干个零件按一定的装配关系和技术要求装配起来的。图 8-1 是球阀的轴测装配图，由 13 个零件组成，图 9-1 是球阀的装配图。

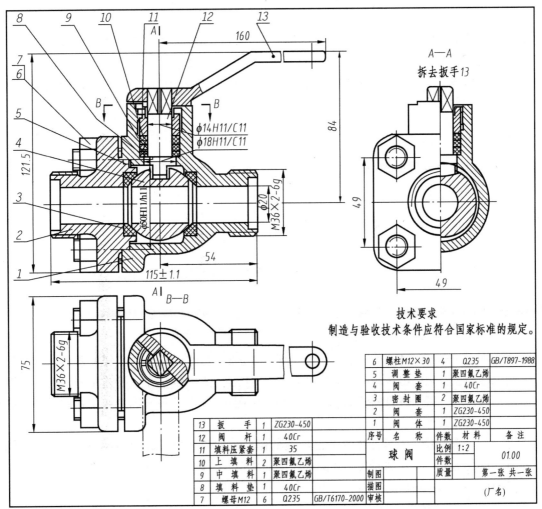

图 9-1 球阀装配图

1. 一组视图

用一组视图表达机器或部件的工作原理、零件间的装配关系、连接方式，以及主要零件的结构形状。图 9-1 球阀装配图中的主视图采用全剖视，表达球阀的工作原理和各主要零件间的装配关系；俯视图表达主要零件的外形，并采用局部剖视表达扳手与阀体的连接关系；左视图采用半剖视，表达阀盖的外形以及阀体、阀杆、阀芯间的装配关系。

2. 必要的尺寸

用来标注机器或部件的规格尺寸、零件之间的配合或相对位置尺寸、机器或部件的外形尺寸、安装尺寸以及设计时确定的其他重要尺寸等。

3. 技术要求

说明机器或部件的装配、安装、调试、检验、使用与维护等方面的技术要求，一般用文字写出。

4. 序号、明细栏和标题栏

在装配图中，为了便于迅速、准确地查找每一零件，应对每一零件编写序号，并在明细栏中依次列出零件序号、名称、数量、材料等。在标题栏中写明装配体的名称、图号、比例以及设计、制图、审核人员的签名和日期等。

第二节　装配图的表达方法

第七章中介绍的机件的各种表达方法，在装配图的表达中同样适用。但由于机器或部件是由若干个零件组成，所以装配图重点表达零件之间的装配关系、零件的主要形状结构、装配体的内外结构形状和工作原理等。国家标准《机械制图》对装配体的表达方法作了相应的规定，画装配图时应将机件的表达方法与装配体的表达方法结合起来，共同完成装配体的表达。

一、规定画法

1. 相邻两个基本尺寸相同的轴孔配合面，只画出一条线表示公共轮廓。在图 9-2（a）中，零件的接触面和配合面，只画出一条线。

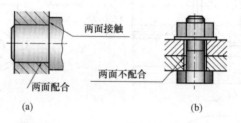

图 9-2　零件的接触面和非接触面的画法

2. 相邻两零件的非接触面或非配合面，应画出两条线表示各自的轮廓。相邻两零件的基本尺寸不相同时，即使间隙很小也必须画出两条线。如图 9-2（b）所示，图中螺栓穿入被连接零件的孔时既不接触也不配合，画出两条线，表示各自的轮廓线。如图 9-1 中阀杆 12 的榫头与阀芯 4 的槽口的非配合面，阀盖 2 与阀体 1 的非接触面等。

3. 在剖视图或断面图中，相邻两零件的剖面线的倾斜方向应相反或方向相同而间隔不同；如两个以上零件相邻时，可改变第三零件剖面线的间隔或使剖面线错开，以区分不同零件，如图 9-1 中的剖面线画法。在同一张图样上，同一零件的剖面线的方向和间隔在各视图中必须保持一致。

4. 在剖视图中，对于标准件（如螺栓、螺母、键、销等）和实心的轴、手柄、连杆等零件，当剖切平面通过基本轴线时，这些零件均按不剖绘制，即不画剖面线，如图 9-2 中的螺栓和图 9-1 主视图中的阀杆 12。当需表明标准件和实心件的局部结构时，可用局部剖视表示，如图 9-1 俯视中的扳手 13 的方孔处。

二、特殊画法

1. 拆卸画法

在装配图中，当某些零件遮挡住被表达零件的装配关系或其他零件时，可假想将一个或几个遮挡的零件拆卸，只画出所表达部分的视图，这种画法称为拆卸画法。图 9-1 中的左视图是拆去扳手 13 后画出的（扳手的形状在另两视图中已表达清楚）。应用拆卸画法画图时，应在视图上方标注"拆去件××"等字样，如图 9-1 所示。

2. 沿结合面剖切画法

在装配图中，为表达某些结构，可假想沿两零件的结合面剖切后进行投影，称为沿结合面剖切画法，如图 9-3 所示润滑油泵中的 A—A 剖视。此时，零件的结合面不画剖面线，其他被剖切的零件应画剖面线。

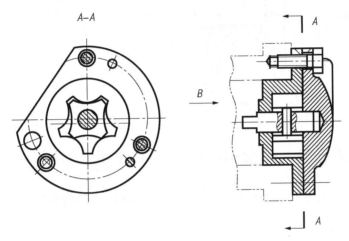

图 9-3　沿结合面剖切润滑油泵的画法

3. 假想画法

在装配图中，为了表示运动零件的运动范围或极限位置，可采用双点画线画出其轮廓，如图 9-1 中的俯视图，用双点画线画出了扳手的另一个极限位置；如图 9-3 润滑油泵的 A—A 视图，用双点画线画出了安装该润滑油泵的机体的安装板。

4. 夸大画法

在装配图中，对于薄片零件、细丝弹簧、微小的间隙等，当无法按实际尺寸画出或虽能画出但不明显时，可不按比例而采用夸大画法画出，如图 9-1 主视图中件 5 的厚度和图 9-4 中的垫片就是夸大画出的。

三、简化画法

（1）在装配图中，零件的工艺结构如小圆角、倒角、退刀槽等允许不画出；螺栓、螺母的倒角和因倒角而产生的曲线允许省略，如图 9-4 所示。

（2）在装配图中，若干相同的零件组（如螺纹紧固件组等），允许仅详细地画出一处，其余各处以点画线表示其位置，如图 9-4 中的螺钉画法。

（3）在装配图中，滚动轴承按 GB/T 4459.7—1998 的规定，采用特征画法或规定画法，见表 7-9，图 9-4 中滚动轴承采用了规定（简化）画法。在同一图样中，一般只允许采用同一种画法。

（4）在剖视图或断面图中，如果零件的厚度在 2mm 以下，允许用涂黑代替剖面符号，如图 9-4 中的垫片。

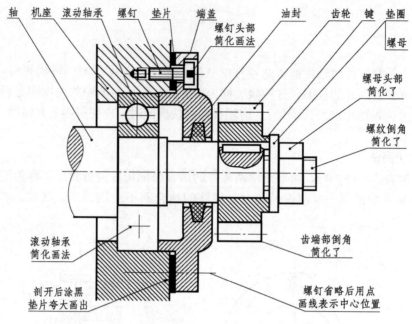

图9-4 装配图中的简化画法

第三节　装配图中的零、部件序号和明细栏

为了便于读图、进行图样管理和做好生产准备工作，装配图中的所有零、部件必须编写序号，并填写明细栏。

一、零、部件序号的编排方法

零、部件序号包括：指引线、序号数字和序号排列顺序。

1. 指引线

（1）指引线用细实线绘制，应从所指零件的轮廓线内引出，并在末端画一圆点。若所指零件很薄或为涂黑断面，可在指引线末端画出箭头，并指向该部分的轮廓，如图9-5（a）所示。

（2）指引线的另一端可弯折成水平横线、为细实线圆或为直线段终端，如图9-5（a）所示。

（3）指引线相互不能相交，当通过有剖面线的区域时，不应与剖面线平行。必要时，指引线可以画成折线，但只允许曲折一次。

（4）一组紧固件或装配关系清楚的零件组，可采用公共指引线，如图9-5（b）所示。

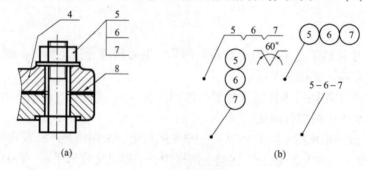

图9-5 序号的编注形式

2. 序号数字

（1）序号数字应比图中尺寸数字大一号或两号，但同一装配图中编注序号的形式应一致。

（2）相同的零、部件的序号应共用一个序号，一般只标注一次。多次出现的相同零、部件，必要时也可以重复编注。

3. 序号的排列

在装配图中，序号可在一组图形的外围按水平或垂直方向顺次整齐排列，排列时可按顺时针或逆时针方向，但不可跳号，如图 9-1 所示。当在一组图形的外围无法连续排列时，可在其他图形的外围按顺序连续排列。

4. 序号的画法

为使序号的布置整齐美观，编注序号时应先按一定位置画好横线或圆圈（画出横线或圆圈的范围线，取好位置后再擦去范围线），然后再找好各零、部件轮廓内的适当处，一一对应地画出指引线和圆点。

二、明细栏

明细栏是机器或部件中全部零件的详细目录，应画在标题栏上方，当位置不够用时，可续接在标题栏左方。明细栏外框竖线为粗实线，其余各线为细实线，其下边线与标题栏上边线重合，长度相等。

明细栏中，零、部件序号应按自下而上的顺序填写，以便在增加零件时可继续向上画格。GB/T10609.1—2008 规定了标题栏和明细栏的统一格式。学校制图作业明细栏可采用图 9-6 所示的格式。明细栏"名称"一栏中，除填写零、部件名称外，对于标准件还应填写其规格，有些零件还要填写一些特殊项目，如齿轮应填写"$m=$"、"$z=$"，标准件的国标号应填写在"备注"中。

序号	名 称	件数	材 料	备 注
（部件名称）		比例		（图号）
		件数		
设计	（日期）	质量		共 张 第 张
制图	（日期）	（校名班级）		
审核	（日期）			

图 9-6　推荐学生使用的标题栏、明细栏

第四节　画装配图的方法和步骤

部件是由若干零件装配而成的，根据零件图及其相关资料，可以了解各零件的结构形状，分析装配体的用途、工作原理、连接和装配关系，然后按各零件图拼画成装配图。

现以图 8-1 球阀轴测装配图和图 9-1 球阀装配图为例，介绍由零件图拼画装配图的方法和步骤。球阀中的主要零件阀芯（图 8-2）、阀杆（图 8-13）、阀盖（图 8-14）、阀体（图 8-16）已在第八章中作了介绍。现增加球阀上的其他重要零件图，如：密封圈（图 9-7）、填料压紧套（图 9-8）、扳手（图 9-9）等，介绍画装配图的方法和步骤。其他的零件图不再列出。

由零件图拼画装配图应按下列方法和步骤进行：

1. 了解部件的装配关系和工作原理

对照图 8-1 和图 9-1 仔细进行分析，可以了解球阀的装配关系和工作原理。球阀的装配关系是：阀体 1 与阀盖 2 上都带有方形凸缘结构，用四个螺柱 6 和螺母 7 可将它们连接在一起，并用调整垫 5 调节阀芯 4 与密封圈 3 之间的松紧。阀体上部阀杆 12 上的凸块与阀芯上的凹槽榫接，为了密封，在阀体与

159

阀杆之间装有填料垫8、中填料9和上填料10，并旋入填料压紧套11。球阀的工作原理是：将扳手13的方孔套进阀杆12上部的四棱柱，当扳手处于如图9-1所示的位置时，阀门全部开启，管道畅通；当扳手按顺时针方向旋转90°时（图9-1俯视图双点画线所示位置），则阀门全部关闭，管道断流。从俯视图上的B—B局部剖视图，可看到阀体1顶部限位凸块的形状（90°扇形），该凸块用来限制扳手13旋转的极限位置。

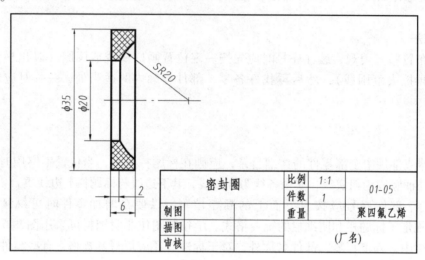

图9-7 密封圈

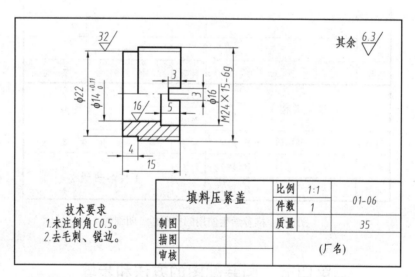

图9-8 填料压紧套

2. 确定表达方案

装配图表达方案的确定，包括选择主视图、其他视图和表达方法。

（1）选择主视图

一般将装配体的工作位置作为主视图的位置，以最能反映装配体装配关系、位置关系、传动路线、工作原理主要结构形状的方向作为主视图投射方向。由于球阀的工作位置变化较多，故将其置放为水平位置作为主视图的投射方向，以反映球阀各零件从左到右和从上向下的位置关系、装配关系和结构形状，并结合其他视图表达球阀的工作原理和传动路线。

（2）选择其他视图和表达方法

主视图不可能把装配体的所有结构形状全部表达清楚，应选择其他视图补充表达尚未表达清楚的内容，并选择合适的表达方法。如图9-1所示，用前后对称的剖切平面剖开球阀，得到全剖的主视图，清楚地表达了各零件间的位置关系、装配关系和工作原理，但球阀的外形形状和其他的一些装配关系并未表

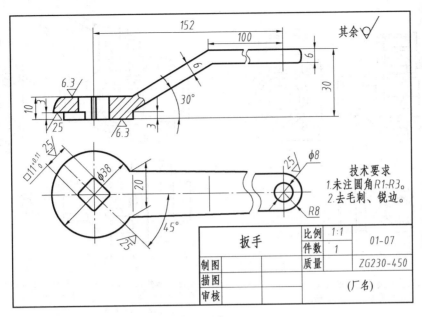

扳手	比例	1:1	01-07
	件数	1	
制图		质量	ZG230-450
描图			(厂名)
审核			

技术要求
1. 未注圆角R1-R3。
2. 去毛刺、锐边。

图9-9 扳手

达清楚，故选择右视图补充表达外形形状，并以半剖视进一步表达装配关系；选择俯视图并作 B—B 局部剖视，反映扳手与限位凸块的装配关系和工作位置。

3. 画装配图的方法和步骤

（1）确定了装配体的视图和表达方案后，根据视图表达方案和装配体的大小，选定图幅和比例，画出标题栏、明细栏框格。

（2）合理布图，画出各视图的主要轴线（装配干线）、对称中心线和作图基准线。

（3）画主要装配干线上的零件，采取由内向外（或由外向内）的顺序逐个画每一零件。

（4）画图时，从主视图开始，并将几个视图结合起来一起画，以保证投影准确和防止缺漏线。

（5）底稿画完后，检查描深图线、画剖面线、标注尺寸。

（6）编写零、部件序号，填写标题栏、明细栏、技术要求。

（7）完成全图后，再仔细校核，准确无误后，签名并填写时间。

图9-10 为球阀装配图底稿的画图方法和步骤，图9-1 为完成后的球阀装配图。

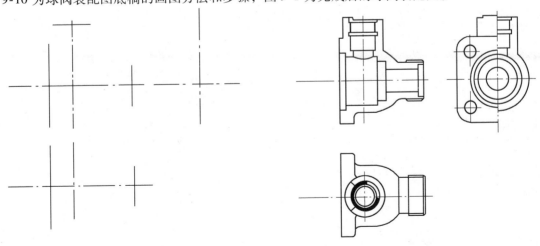

（a）画出各视图的主要轴线、　　　　　（b）先画轴线上的主要零件（钢体）的
对称中心线及作图基线　　　　　　　　　轮廓线，三个视图要联系起来画

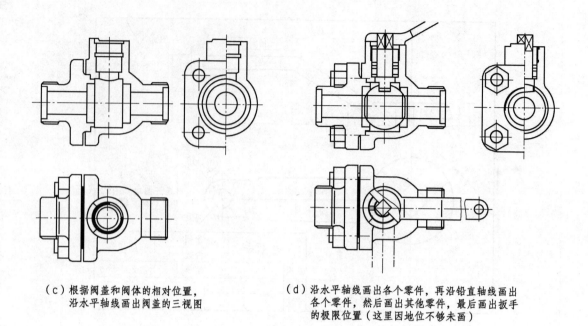

（c）根据阀盖和阀体的相对位置，
沿水平轴线画出阀盖的三视图

（d）沿水平轴线画出各个零件，再沿铅直轴线画出
各个零件，然后画出其他零件，最后画出扳手
的极限位置（这里因地位不够未画）

图9-10　画装配图底稿的方法和步骤（续）

第十章　计算机绘图

计算机绘图是应用计算机及其图形输入、输出设备等硬件和相关绘图软件来处理图形信息，从而实现图形的生成、显示及输出的一种绘图方法。AutoCAD 是美国 Autodesk 公司 1982 年开发的一个计算机绘图软件系统，经过多次版本升级，已成为集二位绘图、三维造型于一体的通用绘图软件。本书以 Auto-CAD2010 中文版为蓝本，介绍 AutoCAD 的操作及主要命令的使用方法，并通过工程图样的绘图实例，学习 AutoCAD 二维绘图的基本操作及步骤。

第一节　AutoCAD2010 基本知识

一、AutoCAD 操作界面介绍

图 10-1 对 AutoCAD2010 的经典工作界面给出了较为详细的注释。

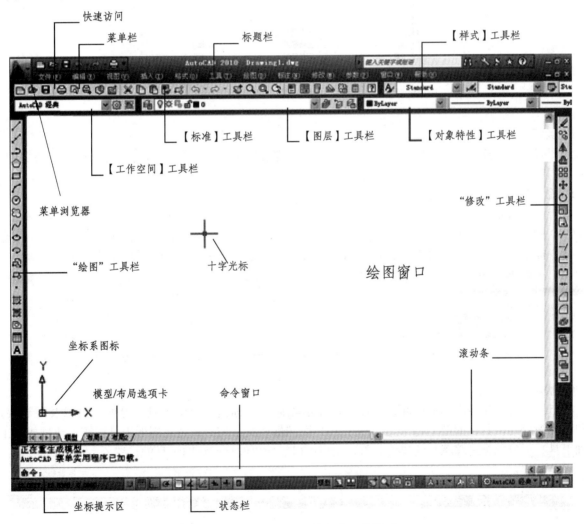

图 10-1　AutoCAD 2010 的经典工作界面

下面介绍工作界面的主要功能。

1. 标题栏

标题栏位于整个界面的最上方，它主要用来显示程序图标、文件名称和路径。

2. 菜单栏

菜单栏是 AutoCAD 2010 的主菜单。利用菜单能够执行 AutoCAD 的大部分命令。单击菜单栏的某一项，可以打开对应的下拉菜单。

3. 工具栏

工具栏是由一组图标型工具按钮组成的，它是一种执行 AutoCAD 命令更为快捷的方法。

AutoCAD 2010 系统共提供了 40 个工具栏，为了不占用更多的绘图空间，通常在"二维草图与注释"工作空间和"AutoCAD 经典"工作空间，系统默认只打开标准工具栏、工作空间工具栏。用户也可以随时打开其他需要的工具栏。方法为：将鼠标移至工具栏的任一位置，右击鼠标，弹出如图 10-2 所示的工具栏快捷菜单，选中需要的选项即可。左边标有"✔"的选项表示已被选中。

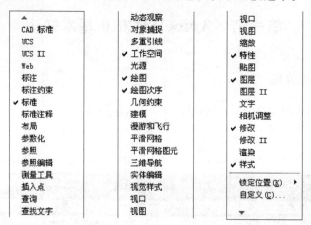

图 10-2 工具栏快捷菜单

4. 绘图区域

绘图区是用户绘图的工作区域，所有的绘图结果都反映在这个区域中。用户可以根据需要关闭或移动其周围和里面的各个工具栏，以增大或调整绘图空间。

5. 命令行

执行一个 AutoCAD 命令有多种方法，除了下拉菜单、单击绘图工具栏或面板选项板的按钮外，执行 AutoCAD 命令最常用的第三种方式就是在命令行直接输入命令。命令行主要用来输入 AutoCAD 绘图命令、显示命令提示及其他相关信息。特别对于初学者来说，一定要养成随时观察命令行提示的好习惯，它是指导用户正确执行 AutoCAD 命令的有利工具，如图 10-3 所示。

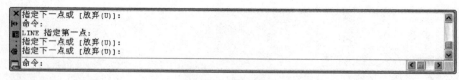

图 10-3 命令窗口

6. 状态栏

状态栏位于工作界面的最底部，主要用于显示光标的坐标值、绘图工具、导航工具以及用于快速查看和注释缩放的工具，如图 10-4 所示。允许用户以图标或文字的形式查看图形工具按钮。通过捕捉工具、极轴工具、对象捕捉追踪工具的快捷菜单，用户可以轻松更改这些绘图工具的设置。

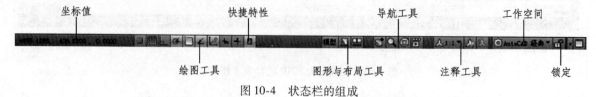

图 10-4 状态栏的组成

二、AutoCAD 2010 的图形文件管理

AutoCAD 的图形文件管理主要包括文件的创建、打开、保存、关闭。

1. 新建图形文件

可以用以下几种方法建立一个新的图形文件：

- 下拉菜单：【文件】/【新建】。
- 【菜单浏览器】：【新建】/【图形】。
- 标准工具栏按钮：□。
- 命令行：new。
- 快捷键：Ctrl + N。

执行新建图形文件命令后，屏幕出现如图 10-5 所示的【选择样板】对话框。用户可以选择其中一个样本文件，单击 打开(O) 按钮即可，除了系统给定的这些可供选择的样板文件（样板文件扩展名为 .dwt），用户还可以自己创建所需的样板文件，以后可以多次使用，避免重复劳动。

图 10-5 　【选择样板】对话框

2. 打开原有文件

一般一个已存在的 AutoCAD 文件可以用以下几种方法打开：

- 下拉菜单：【文件】/【打开】。
- 【菜单浏览器】：【打开】/【图形】。
- 标准工具栏按钮：▷。
- 命令行：open。
- 快捷键：Ctrl + O。

出现图 10-6 所示对话框，用户可以找到已有的某个 AutoCAD 文件单击，然后选择对话框中右下角的 打开(O) 按钮。

3. 保存图形文件

可以用以下几种方法快速保存 AutoCAD 图形文件：

- 下拉菜单：【文件】/【保存】。
- 【菜单浏览器】：【保存】。
- 工具栏按钮：💾。
- 命令行：qsave。
- 快捷键：Ctrl + S。

图 10-6 【选择文件】对话框

当执行快速保存命令后，对于还未命名的文件，系统会出现如图 10-7 所示【图形另存为】对话框提示输入要保存文件的名称，对于已命名的文件，系统将以已存在的名称保存，不再提示输入文件名。

图 10-7 【图形另存为】对话框

三、实例练习

【例 10-1】 创建一个 AutoCAD 文件，使用【直线】和【圆】绘图命令绘制如图 10-8 所示的图形，将其保存在 D 盘的 "AutoCAD 文件" 文件夹中，文件名为 "练习 1"。

图 10-8 使用【直线】和【圆】命令绘制图形

绘制步骤：

1. 启动 AutoCAD2010 中文版。

2. 选择【标准】工具栏的【新建】按钮🗋。弹出【选择样板】对话框，在名称列表中选择 "acad" 样板，如图 10-9 所示，创建一个 AutoCAD 新文件。

3. 在【绘图】工具栏中单击【直线】按钮✐，启动【直线】命令。

4. 在 "指定第一点：" 提示下，鼠标在绘图区域任意位置单击左键，确定矩形第一点。

5. 依次在 "指定下一点或 [放弃出 U]：" 提示下，鼠标在绘图区域另一位置单击左键，确定矩形第二点。

166

图 10-9　选择样板对话框

6. 在"指定下一点或［闭合（C）/放弃（U）］:"提示下,鼠标在绘图区域另一位置单击左键,确定矩形第三点。

7. 在"指定下一点或［闭合（C）/放弃（U）］:"提示下,鼠标在绘图区域另一位置单击左键,确定矩形第四点。

8. 在"指定下一点或［闭合（C）/放弃（U）］:"提示下,命令行输入字母 C,然后按 Enter 键,即可得到封闭的矩形。

9. 在【绘图】工具栏中单击【圆】按钮◎,启动【圆】命令。

10. 在"指定圆的圆心"的提示下,鼠标在矩形的中心处绘制一个圆,完成全图,如图 10-10 所示。

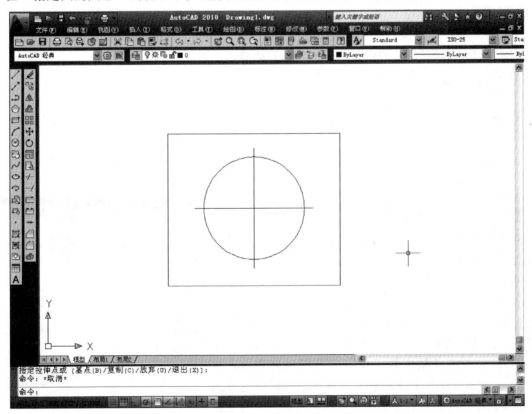

图 10-10　完成全图

11. 绘制完毕后,选择标准工具栏【标准】/【保存】按钮🖫,弹出【图形另存为】对话框。在"保存于"下拉列表框中选择路径"D：/AutoCAD文件"，在"文件名"文字框中输入"练习1"，如图10-11所示，单击【保存】按钮 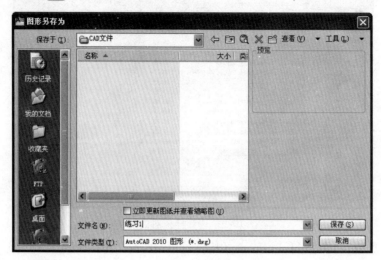，保存图形文件。

图 10-11　图形另存为对话框

12. 点击下拉菜单【文件】/【退出】命令，退出 AutoCAD 系统。

第二节　绘图环境设置与常用基本操作

一、绘图环境的设置

1. 设置绘图界限

图形界限是在（X、Y）二维平面上设置的一个矩形绘图区域，它是通过指定矩形区域的左下角点和右上角点来定义的。启动【图形界限】设置命令的方法有：

- 下拉菜单：【格式】/【图形界限】。
- 命令行：limits。

指定左下角点或[开(ON)/关(OFF)] <0.0000,0.0000>：　　//输入左下角点坐标或直接回车取系统
　　　　　　　　　　　　　　　　　　　　　　　　　　　默认点(0.0000,0.0000)

指定右上角点 <420.0000,297.0000>：　　　　　　　　　//输入右上角点坐标或直接回车取系统
　　　　　　　　　　　　　　　　　　　　　　　　　　　默认点(420.0000,297.0000)

2. 设置绘图单位

图形单位设置的内容包括：长度单位的显示格式和精度，角度单位的显示格式和精度及测量方向、拖放比例。启动【单位】设置命令的方法有：

- 下拉菜单：【格式】/【单位】。
- 命令行：units。

执行上述命令后，屏幕会出现如图10-12所示的【图形单位】对话框。在【长度】选区，单击【类型】下拉列表，通常选择"小数"；单击【精度】下拉列表选择精度选项；在【角度】选区，单击【类型】下拉列表，在5个选项中选择需要的单位格式；单击【精度】下拉列表选择精度选项。对于机械工程，可以选择"十进制度数"或"度/分/秒"的单位格式。【顺时针】复选框用来表示角度测量的旋转方向，选中该项表示角度测量以顺时针旋转为正，否则以逆时针旋转为正。

图 10-12　【图形单位】对话框

3. 应用【选项】对话框进行环境设置

调用【选项】对话框的方法有：

- 下拉菜单：【工具】/【选项】。
- 命令行：options。
- 快捷菜单：无命令执行时，在绘图区域单击右键，选择【选项】选项。

执行上述命令后，弹出如图 10-13 所示的【选项】对话框。该对话框中包含了【文件】、【显示】、【打开和保存】、【打印和发布】、【系统】、【用户系统配置】、【草图】、【三维建模】、【选择集】和【配置】10 个选项卡。

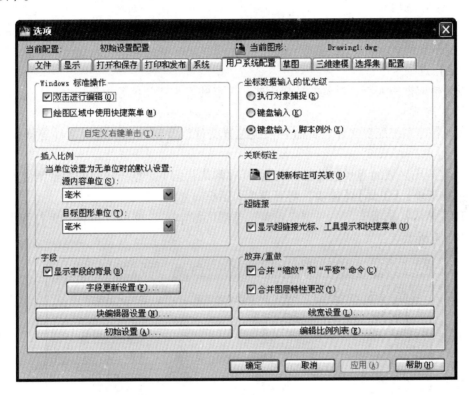

图 10-13 选项对话框

（1）【文件】选项卡

主要用来确定 AutoCAD 搜索支持文件、驱动程序文件、菜单文件和其他各文件的存放位置路径或文件名。

（2）【显示】选项卡

【窗口元素】、【布局元素】、【十字光标大小】和【参照编辑的退色度】选区的选项主要用来控制程序窗口各部分的外观特征；【显示精度】和【显示性能】选区的选项主要用来控制对象的显示质量。如绘制的圆弧弧线不光滑，则说明显示精度不够，可以增加【圆弧和圆的平滑度】的设置。当然，显示精度越高，AutoCAD 生成图形的速度越慢。

（3）【打开和保存】选项卡

【文件保存】、【文件安全措施】和【文件打开】选区的选项主要对文件的保存形式和打开显示进行设置，如文件保存的类型、自动保存的间隔时间、打开 AutoCAD 后显示最近使用的文件的数量等。

（4）【打印和发布】选项卡

此选项卡主要用于设置 AutoCAD 的输出设备。默认情况下，输出设备为 Windows 打印机，但也可以设置为专门的绘图仪，也可对图形打印的相关参数进行设置。

（5）【系统】选项卡

主要对 AutoCAD 系统进行相关设置。包括三维图形显示系统设置、是否显示 OLE 特性对话框、布局切换时显示列表更新方式设置和【启动】对话框的显示设置等内容。

（6）【用户系统配置】选项卡

是用来优化用户工作方式的选项。包括控制单击右键操作、控制插入图形的拖放比例、坐标数据输入优先级设置和线宽设置等内容。

（7）【草图】选项卡

主要用于设置自动捕捉、自动追踪、对象捕捉等的方式和参数。

（8）【三维建模】选项卡

用于对三维绘图模式下的三维十字光标、UCS 图标、动态输入、三维对象、三维导航等选项进行设置。

（9）【选择集】选项卡

主要用来设置拾取框的大小、对象的选择模式、夹点的大小和颜色等相关特性。

（10）【配置】选项卡

主要用于实现新建系统配置文件、重命名系统配置文件以及删除系统配置文件等操作。配置是由用户自己定义的。

【例 10-2】 将绘图区域的背景色设置为白色。（在默认状态下，绘图窗口的背景颜色为黑色）

（1）应用下拉菜单：【工具】/【选项】打开选项对话框。

（2）切换到【显示】选项卡，在"窗口元素"选项区域单击"颜色"按钮，则打开了"颜色选项"对话框，如图 10-14 所示。

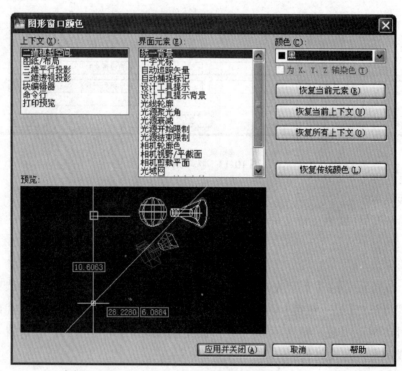

图 10-14 "颜色选项"对话框

（3）对话框右上角有"颜色"选项，点击该选项右边的小三角，将其由黑改为白，如图 10-15 所示。

（4）单击图 10-15 中的 应用并关闭(A) 按钮，完成设置，这时，绘图区的背景色就变成白色了。

170

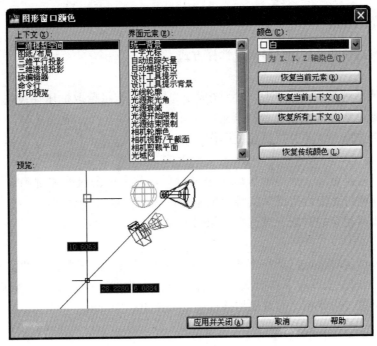

图 10-15 将背景颜色设置为白色

二、数据输入的方法

1. AutoCAD 2010 坐标系简介

在默认状态下，AutoCAD 处于世界坐标系 WCS（World Coordinate System）的 XY 平面视图中，在绘图区域的左下角出现一个如图 10-16 所示的 WCS 图标。WCS 坐标为笛卡儿坐标，即 X 轴为水平方向，向右为正；Y 轴为竖直方向，向上为正；Z 轴垂直于 XY 平面，指向读者方向为正。

2. 点的坐标输入

AutoCAD 的坐标输入方法通常采用绝对直角坐标、相对直角坐标、绝对极坐标和相对极坐标四种。下面分别介绍这四种输入方法。

（1）绝对直角坐标

当输入点的绝对直角坐标（X，Y，Z）时，其中 X、Y、Z 的值就是输入点相对于原点的坐标距离。通常，在二维平面的绘图中，Z 坐标值默认等于 0，所以用户可以只输入 X、Y 坐标值。应注意两坐标值之间必须使用西文逗号 "," 隔开（注意不能用中文逗号的输入格式，否则命令行会出现 "点无效" 的字样）。

（2）相对直角坐标

相对直角坐标就是用相对于上一个点的坐标来确定当前点。相对直角坐标输入与绝对直角坐标输入的方法基本相同，只是 X、Y 坐标值表示的是相对于前一点的坐标差，并且要在输入的坐标值的前面加上 "@" 符号。

（3）绝对极坐标

极坐标是一种以极径 R 和极角 θ 来表示点的坐标系。绝对极坐标是从点（0，0）或（0，0，0）出发的位移，但给定的是距离和角度。其中距离和角度用 < 分开，如 "$R < \theta$"。

（4）相对极坐标

相对极坐标中 R 为输入点相对前一点的距离长度，θ 为这两点的连线与 X 轴正向之间的夹角，见图10-17。在 AutoCAD 中，系统默认角度测量值以逆时针为正，反之为负值。输入格式为 "$@R < \theta$"。

图 10-16 坐标系图   图 10-17 极坐标

三、选择编辑对象的方法

下面介绍点选、窗选和交叉窗选三种对象选择方式。

1. 点选

当命令行出现"选择对象:"提示时,十字光标变为拾取框,将拾取框压住被选对象并单击左键,这时对象变为虚线,说明对象被选中,命令行会继续提示"选择对象:",继续选择需要的对象,直到不再选取时,单击右键结束选择对象同时执行相关操作。

2. 窗选

窗选是通过指定对角点定义一个矩形区域来选择对象。首先单击鼠标左键确定第一个角点(A 点),然后向右下或右上拉伸窗口,窗口边框为实线,确定矩形区域后单击左键(B 点),则全部位于窗口内的对象被选中,与窗口边界相交的对象不被选择,如图 10-18 所示。

3. 交叉窗选

交叉窗选也是通过指定对角点定义一个矩形区域来选择对象,但矩形区域的定义不同于窗选。在确定第一角点后(A 点),向左上或左下拉伸窗口,窗口边框为虚线,确定矩形区域后单击左键(B 点),则全部位于窗口内和与窗口边界相交的对象均被选中,如图 10-19 所示。

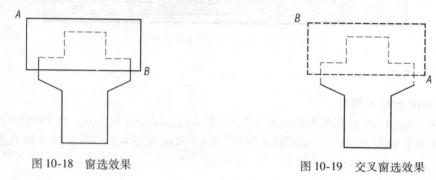

图 10-18　窗选效果　　　　　　　　　　图 10-19　交叉窗选效果

四、图层与对象特性

1. 图层及其特性

用户可以把图层理解成没有厚度、透明的图纸,一个完整的工程图样由若干个图层完全对齐、重叠在一起形成的。同时,还可以关闭、解冻或锁定某一图层,使得该图层不在屏幕上显示或不能对其进行修改。图层是 AutoCAD 用来组织、管理图形对象的一种有效工具,在工程图样的绘制工作中发挥着重要的作用。

2. 图层的创建

创建和设置图层,都可以在【图层特性管理器】对话框中完成,启动【图层特性管理器】对话框的方法有:

- 下拉菜单:【格式】/【图层】。
- 图层工具栏按钮:。
- 命令行:layer。

执行上述命令后,屏幕弹出如图 10-20 所示【图层特性管理器】对话框。单击【图层特性管理器】对话框中的新建按钮,在列表图中 0 图层的下面会显示一个新图层。在【名称】栏填写新图层的名称,应注意图层名应便于查找和记忆。

在【名称】栏的前面是【状态】栏,它用不同的图标来显示不同的图层状态类型,如图层过滤器、所用图层、空图层或当前图层,其中图标表示当前图层。

172

图 10-20　【图层特性管理器】对话框

3. 设置图层的颜色、线型和线宽

用户在创建图层后，应对每个图层设置相应的颜色、线型和线宽。

（1）设置图层的颜色

单击某一图层列表的【颜色】栏，会弹出如图 10-21 所示的【选择颜色】对话框，选择一种颜色，然后单击 确定 按钮。

（2）设置图层的线型

要对某一图层进行线型设置，则单击该图层的【线型】栏，会弹出如图 10-22 所示的【选择线型】对话框。默认情况下，系统只给出连续实线（continuous）这一种线型。如果需要其他线型，可以单击 加载(L)... 按钮，弹出如图 10-23 所示的【加载或重载线型】对话框，从中选择需要的线型，然后单击 确定 按钮返回【选择线型】对话框，所选线型已经显示在【已加载的线型】列表中。然后选中该线型然后单击 确定 按钮即可。

图 10-21　【选择颜色】对话框

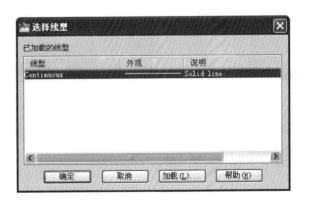

图 10-22　【选择线型】对话框图

（3）设置图层的线宽

单击某一图层列表的【线宽】栏，会弹出【线宽】对话框，如图 10-24 所示。通常，系统会将图层的线宽设定为默认值。用户可以根据需要在【线宽】对话框中选择合适的线宽，然后单击 确定 按钮完成图层线宽的设置。

173

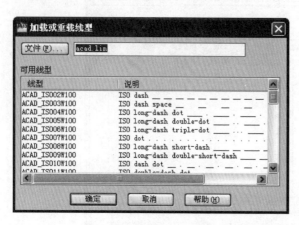
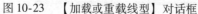

图 10-23 【加载或重载线型】对话框

图 10-24 【线宽】对话框

利用【图层特性管理器】对话框设置好图层的线宽后，在屏幕上不一定能显示出该图层图线的线宽。可以通过是否按下状态栏中的 线宽 按钮，来控制是否显示图线的线宽。

五、单独设置线型、线宽与颜色

除可以通过图层来设置绘图所用的线型、线宽和颜色外，还可以单独设置绘图线型、线宽和颜色。

1. 线型设置

在 AutoCAD 2010 中，选择【格式】/【线型】命令，或直接执行 linetype 命令，均可启动线型设置的操作。线型设置的操作如下：

执行 linetype 命令，AutoCAD 打开【线型管理器】对话框，如图 10-25 所示。

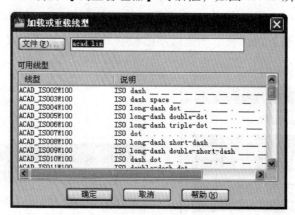

图 10-25 【线型管理器】对话框

该对话框中，位于中间位置的线型列表框中列出了用户当前可以使用的线型。下面介绍对话框中主要选项的功能。

（1）【线型过滤器】选项组

设置线型过滤条件，用户可以在其下拉列表框中的【显示所有线型】、【显示所有使用的线型】等选项中进行选择。设置了过滤条件后，AutoCAD 在对话框中的线型列表框内只显示满足条件的线型。【线型过滤器】选项组中的【反向过滤器】复选框用于确定是否在线型列表框中显示与过滤条件相反的线型。

（2）【当前线型】标签框

显示当前绘图使用的线型。

（3）线型列表框

列表中显示出满足过滤条件的线型，供用户选择。其中【线型】列一般显示线型的名称，【外观】列

174

显示各线型的外观形式，【说明】列显示对各线型的说明。

（4）【加载】按钮

从线型库加载线型。如果在线型列表框中没有列出所需要的线型，可以从线型库加载。单击【加载】按钮，AutoCAD 打开如图 10-26 所示的【加载或重载线型】对话框。

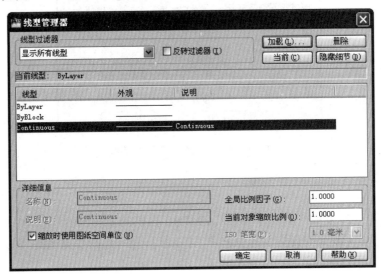

图 10-26　【加载或重载线型】对话框

用户可以通过对话框中的【文件】按钮选择线型文件；通过可用线型列表框选择需要加载的线型。

（5）【删除】按钮

删除不需要的线型。删除过程为：在线型列表中选择线型，然后单击【删除】按钮。

（6）【当前】按钮

在线型列表框中选择某一线型，单击【当前】按钮。当设置当前线型时，用户可以通过线型列表框在 Bylayer（随层）、ByBlock（随块）或某一具体线型中选择。其中，随层表示绘图线型始终与图形对象所在图层设置的绘图线型一致，这是最常用也是建议用户采用的设置。

（7）【隐藏细节】按钮

单击该按钮，AutoCAD 在【线型管理器】对话框中不再显示【详细信息】选项组，同时该按钮变为【显示细节】。

（8）【详细信息】选项组

说明或设置线型的细节。

（9）【名称】、【说明】文本框

显示或修改指定线型的名称与说明。在线型列表中选择某一线型，它的名称与说明将分别显示在【名称】、【说明】两个文本框中，用户可以通过这两个文本框对它们进行修改。

（10）【全局比例因子】文本框

设置线型的全局比例因子，即所有线型的比例因子。用各种线型绘图时，除连续线外，每种线型一般是由实线段、空白段和点等组成的序列。线型定义中定义了各小段的长度。当在屏幕上显示或在图纸上输出的线型比例不合适时，可以通过改变线型比例的方法放大或缩小所有线型的每一小段的长度。全局比例因子对已有线型和新绘图形的线型均有效。

（11）【当前对象缩放比例】文本框

用于设置新绘图形对象所用线型的比例因子。通过该文本框设置了线型比例后，在此之后所绘图形的线型比例均采用此线型比例。利用系统变量 celtscale 也可以进行此设置。

2. 线宽设置

在 AutoCAD 2010 中，选择【格式】/【线宽】命令，或直接执行 lweight 命令，均可启动线宽设置的操作。线宽设置的操作如下：

执行【格式】/【线宽】命令，AutoCAD 打开【线宽设置】对话框，如图 10-27 所示。

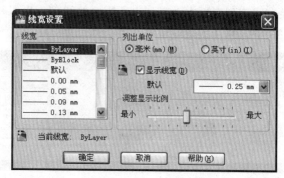

图 10-27　【线宽设置】对话框

下面介绍该对话框中各主要选项的功能。

（1）【线宽】列表框

用于设置绘图线宽。列表框中列出了 AutoCAD 2010 提供的 20 余种线宽，用户可以从中在 ByLayer（随层）、ByBlock（随块）或某一具体线宽中选择。【随层】表示绘图线宽始终与图形对象所在图层设置的线宽一致，这是最常用也是建议用户采用的设置。

（2）【列出单位】选项组

确定线宽的单位。AutoCAD 提供了毫米和英寸两种单位，供用户选择。

（3）【显示线宽】复选框

确定是否按此对话框设置的线宽显示所绘图形。

（4）【默认】下拉列表框

设置 AutoCAD 的默认绘图线宽，一般采用 AutoCAD 提供的默认设置即可。

（5）【调整显示比例】滑块

设置在计算机屏幕上显示线宽的显示比例，利用滑块进行调整即可。

3. 颜色设置

在 AutoCAD 2010 中，选择【格式】/【颜色】命令，或直接执行 color 命令，均可启动颜色设置的操作。颜色设置的操作如下：

执行 color 命令，AutoCAD 打开【选择颜色】对话框（参见图 10-21）。

该对话框中有，【索引颜色】、【真彩色】和【配色系统】3 个选项卡，分别用于以不同方式确定绘图颜色。在【索引颜色】选项卡中，用户可以将绘图颜色设为 ByLayer（随层）、ByBlock（随块）或某一具体颜色。其中，随层指所绘对象的颜色总是与对象所在图层设置的绘图颜色一致，为最常用的设置。

4.【特性】工具栏

AutoCAD 提供了如图 10-28 所示的【特性】工具栏，利用它可以快速、方便地设置绘图颜色、线型以及线宽。

图 10-28　【特性】工具栏

下面介绍【特性】工具栏的主要功能。

（1）【颜色控制】列表框

该列表框用于设置绘图颜色。单击此列表框右侧的下拉按钮，AutoCAD 弹出下拉列表，如图 10-29 所示。用户可以通过该列表设置绘图颜色（一般应选择"随层"选项），或修改当前图形的颜色。

修改图形对象颜色的方法为：首先选择图形，然后在如图 10-29 所示的颜色控制列表中选择对应的颜色。如果单击列表中的【选择颜色】项，AutoCAD 将打开【选择颜色】对话框，供用户选择。

176

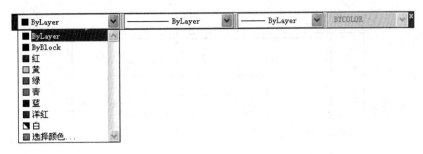

图 10-29　颜色控制

（2）【线型控制】下拉列表框

该列表框用于设置绘图线型。单击该列表框右侧的下拉按钮，AutoCAD 弹出下拉列表，如图 10-30 所示。用户可以通过该列表设置绘图线型（一般应选择【ByLayer】选项），或修改当前图形的线型。

图 10-30　线型控制

修改图形对象线型的方法为：选择对应的图形，然后在如图 10-30 所示的线型控制列表中选择对应的线型。如果单击列表中的【其他】选项，AutoCAD 将打开如图 10-25 所示的【线型管理器】对话框，供用户选择。

（3）【线宽控制】列表框

该列表框用于设置绘图线宽。单击此列表框右侧的下拉按钮，AutoCAD 弹出下拉列表，如图 10-31 所示（图中只显示了部分下拉列表）。用户可以通过该列表设置绘图线宽（一般选择【ByLayer】选项），或修改当前图形的线宽。

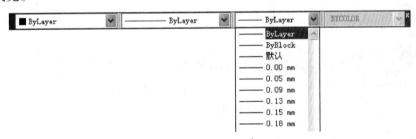

图 10-31　线宽控制

修改图形对象线宽的方法为：选择对应的图形，然后在如图 10-31 所示的线宽控制列表中选择对应的线宽。

六、实例练习

【例 10-3】　设置表 10-1 所示的图层，并绘制一张 A4 图纸的图框和标题栏，在图中绘制各种线条，如图 10-32 所示。

表 10-1　图层设置

名称	颜色	线型	线宽
粗实线	红色	Continuous	0.4mm
细实线	黑色	Continuous	默认
虚线	蓝色	Dashed	默认
点画线	洋红	Center	默认

177

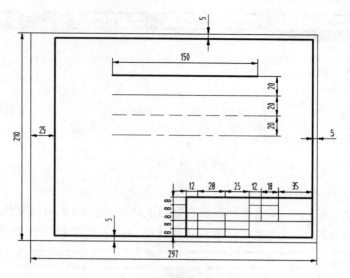

图 10-32　A4 图纸

绘制步骤:

1. 首先创建满足表格 10-1 要求的粗实线、细实线、虚线、点画线四个图层,如图 10-33 所示。

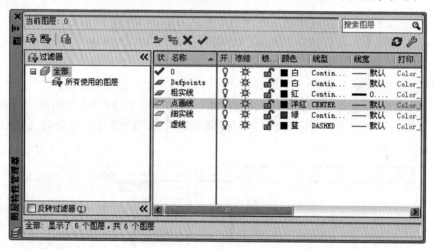

图 10-33　设置图层

2. 绘制图框和标题栏。

(1) 将细实线层置为当前,点击【绘图】工具栏的【矩形】按钮画一矩形,两个角点分别为 (0,0) 和 (297,210)。再次启动矩形命令,指定两个角点分别为 (25,5) 和 (292,205),此时图形如图 10-34 所示。

(2) 点击【绘图】工具栏的【直线】按钮命令,启动【直线】命令,输入起点 (162,5),第二点 (162,45),第三点 (292,45),回车结束画线命令,此时图形见图 10-35。

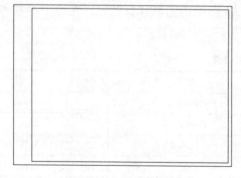

图 10-34　画出的两个矩形

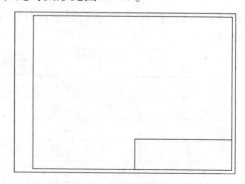

图 10-35　画标题栏的外框

178

（3）单击【修改】工具栏的【偏移】按钮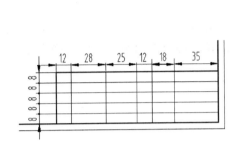，启动【偏移】命令，给定偏移距离8，选中标题栏上方长130的横线，多重偏移出图10-32所示的四条横线。然后按照图10-36所示距离，偏移竖向40长的直线。

（4）点击【修改】工具栏的【修剪】按钮，启动【修剪】命令，剪切要去掉的部分线条，得到图10-37所示的图形。

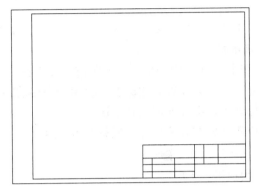

图10-36　标题栏线条的偏移尺寸　　　　　　图10-37　修剪后的图形

（5）将图线转到合适的图层。选中图框线（里面矩形）和标题栏的外框线，在【图层】工具栏中单击图层列表框的下拉箭头，单击下拉列表中的粗实线图层，如图10-38所示。图层转化完后，按Esc键。这时，就将图框线与标题栏的外框线变为粗实线图层的图形对象，同时具有该图层的特性。修改后的图形如图10-39所示。

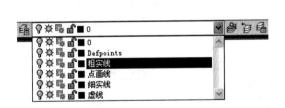

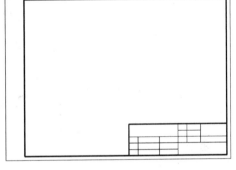

图10-38　将图框和标题栏外框转化为粗实线　　　图10-39　转换图层后的图形

3. 将粗实线层置为当前，在合适位置画出上面长150的粗实线，用偏移命令，给定偏移距离20，偏移出另外三条粗实线。将下面三条粗实线用转化图层的方法，转变为细实线、虚线和点画线，就得到图10-32所示的绘图结果。

第三节　辅助绘图命令

为了提高绘图的精确性和绘图效率，使用AutoCAD系统提供的对象捕捉、对象追踪、极轴捕捉等功能，在不输入坐标的情况下，能准确定位；使用正交、栅格等功能，有助于对齐图形中的对象。图形的显示控制是绘图过程很给力的辅助工具。

一、栅格、栅格捕捉和正交

1. 栅格显示

栅格是分布在图形界限范围内可见的定位点阵，它是作图的视觉参考工具，相当于坐标纸中的方格阵。

可以用下面的方法打开【栅格】命令：

- 状态栏按钮：。
- 快捷键：F7。
- 命令行：grid。
- 下拉菜单：【工具】/【草图设置】打开草图设置对话框，在【捕捉和栅格】选项内，选中【启用栅格】。

启动上述命令后，AutoCAD 2010 会在绘图窗口内显示点状栅格，如图 10-40 所示

2. 捕捉模式

【捕捉】用于设定光标移动的距离，使光标只能停留在图形中指定的栅格点阵上。当启动【捕捉】模式时，光标只能以设置好的捕捉间距为最小移动距离，通常我们将捕捉间距与栅格间距设置成倍数关系，这样光标就可以准确地捕捉到栅格点。

可以用下面的方法打开【捕捉】模式：

- 状态栏按钮：。
- 快捷键：F9。
- 命令行：Snap。

利用如图 10-41 所示的【草图设置】对话框中的【捕捉和栅格】选项卡来打开【捕捉】模式。在【捕捉和栅格】选项卡中选中【启用捕捉】复选框，则【捕捉】模式被打开。捕捉间距在下面的【捕捉间距】选区来进行设置。

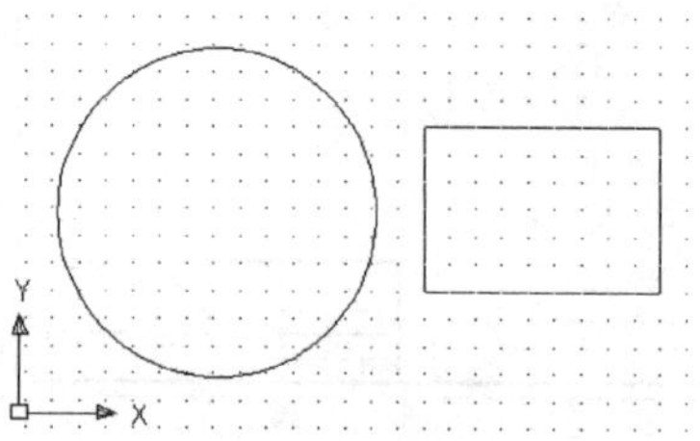

图 10-40　栅格显示

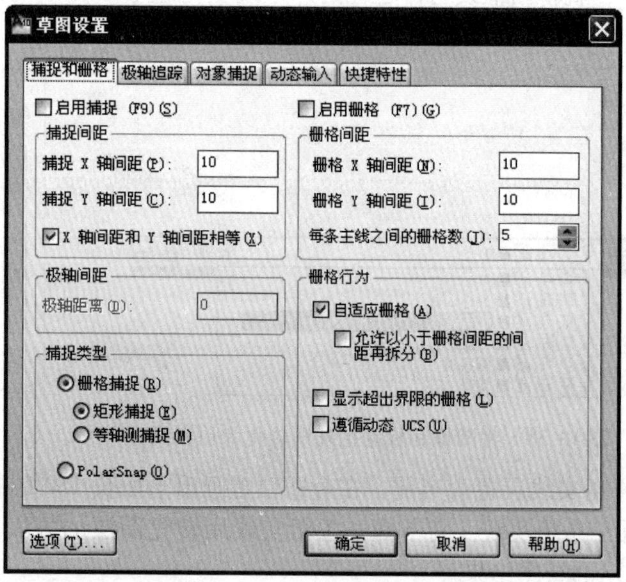

图 10-41　【草图设置】对话框

3. 正交模式

在绘图中需要绘制大量的水平线和垂直线，【正交】模式是快速、准确绘制水平线和垂直线的有利工具。当打开【正交】模式时，无论光标怎样移动，在屏幕上只能绘制水平或垂直线。这里的水平和垂直是指平行于当前的坐标轴 *X* 轴和 *Y* 轴。

可以用以下几种方法打开【正交】模式：

- 状态栏按钮：。
- 快捷键：F8。
- 命令行：Ortho

二、对象捕捉

AutoCAD 提供了对象捕捉功能，可以帮助用户迅速、准确地捕捉到端点、中点、圆心等、特殊点，

从而能够精确地绘制图形。

1. 临时对象捕捉模式

打开图 10-42 所示【对象捕捉】工具栏的方法是：在任意工具栏上单击鼠标右键，选中对象捕捉，即可在绘图区出现【对象捕捉】工具栏。当不需要在屏幕显示此工具栏时，点工具栏右上角的 ![X] 关闭即可。

![对象捕捉工具栏图标]

图 10-42　临时对象捕捉工具栏

这种捕捉方式捕捉一次点后，自动退出对象捕捉状态，又称为对象捕捉的单点优先方式。

【例 10-4】　已知一个长方形，画一个圆，要求圆与长方形的位置关系如图 10-43 所示。

1. 点击【绘图】工具栏的【圆】按钮 ![圆按钮]，启动【圆】命令；

2. 在指定圆心的提示下单击捕捉自按钮 ![捕捉自按钮]，捕捉长方形左下角点 A，出现偏移提示时输入相对坐标 @25，15，则定出圆心，输入圆的半径 20，画出圆。

2. 自动对象捕捉模式

在 AutoCAD 绘图过程中，对象捕捉使用频率很高。如果每次都采用单点优先就显得十分繁琐。Auto-CAD2010 为我们提供了一种自动捕捉模式，进入该模式后，只要对象捕捉功能打开，即只要状态栏的 ![按钮] 按钮按下，设置好的捕捉功能就起作用。

自动对象捕捉功能的设置是在【草图设置】对话框的【对象捕捉】选项卡中进行的，如图 10-44 所示。需要捕捉哪种点，就选中该点名称前面的复选框，单击 ![确定] 按钮，即可完成设置。

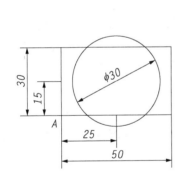

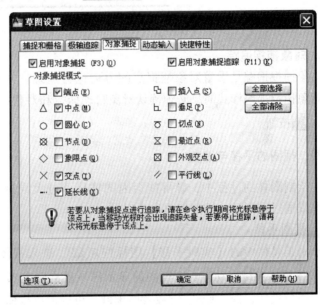

图 10-43　利用捕捉自画圆　　　　　　图 10-44　【对象捕捉】设置

【草图设置】对话框可以在下拉菜单【工具】/【草图设置】中打开，也可以在状态栏捕捉按钮 ![按钮] 上单击右键选择【设置】打开。

根据需要设置好要用的捕捉对象，这时绘图过程中就可以自动捕捉了。如果需要关闭自动捕捉，可以在状态栏上单击 ![按钮] 按钮，按下为打开，浮起为关闭。

三、自动追踪功能

自动追踪可以帮助用户按指定角度绘制对象，或者绘制与其他对象有特定关系的对象。自动追踪功能分【极轴追踪】和【对象捕捉追踪】两种。

1. 极轴追踪

【极轴追踪】功能可以在 AutoCAD 要求指定一个点时，按预先设置的角度增量显示一条辅助虚线，用户可以沿这条辅助线追踪得到点。

在【草图设置】对话框中，可以对极轴追踪和对象捕捉追踪进行设置，如图 10-45 所示。打开【极轴追踪】选项，在【增量角】下拉列表中预置了九种角度值，如果没有需要的角度，则点击【新建】，在文本框中输入所需要的角度值。

图 10-45　【极轴追踪】设置

2. 对象捕捉追踪

对象捕捉追踪是沿着对象捕捉点的方向进行追踪，并捕捉对象追踪点与追踪辅助线之间的特征点。使用对象捕捉追踪模式时，必须确认对象自动捕捉和对象捕捉追踪都打开了。方法是按下状态栏上的 按钮和 按钮。

四、视图的平移与缩放

在绘制图样的过程中，有可能会因图样尺寸过大或过小，或者图样偏出视区，不利于绘制或修改，我们可以通过图形显示控制解决这个问题。

1. 视图平移

单击工具栏中的【实时平移】图标按钮，进入视图平移状态，此时鼠标指针变为一只手的形状，按住鼠标左键拖动鼠标，视图的显示区域就会随着实时平移。平移到合适位置后，按"Esc"键或者回车键，可以退出该命令。

【实时平移】可以从下拉菜单【视图】/【平移】/【实时】来启动，见图 10-46。

AutoCAD 为使用滚轮鼠标的用户提供了一种更快捷的控制显示方法。滚动鼠标滚轮，则直接执行实时缩放功能。压下鼠标滚轮，则直接执行实时平移。

2. 视图的缩放

该命令可以放大或缩小所绘图样在屏幕上的显示范围和大小。AutoCAD 向用户提供了多种视图缩放的方法，在不同的情况下，可以利用不同的方法获得需要的缩放效果。

图 10-46　视图平移菜单

执行视图缩放命令的方法如下：

- 下拉菜单（如图 10-47 所示）：【视图】/【缩放】。
- 【面板选项板】中【二维导航】的各个按钮：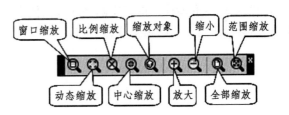。
- 【缩放】工具栏按钮：如图 10-48 所示。

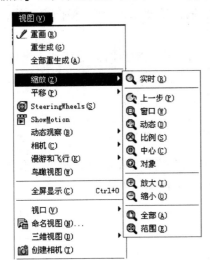

图 10-47　【缩放】下拉菜单

图 10-48　【缩放】工具栏

五、实例练习

【例 10-5】　绘制图 10-49 所示图形。

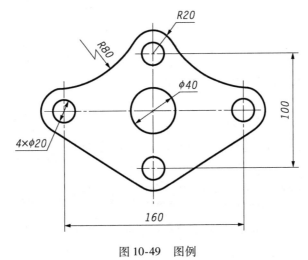

图 10-49　图例

绘图步骤：

1. 设置图层。
2. 绘制点画线。
3. 绘制各个圆。
4. 绘制底下两条与圆弧相切的直线。
5. 修剪出绘图结果。

绘制过程：

1. 设置图层线型

先用 Layer 命令设置图层：

（1）图线层，粗实线：线宽 0.3mm，线型 Continuous；

（2）轴线层，点画线：线宽 0.15mm，线型 Center。

2. 绘制点画线

将轴线层置为当前层，用直线和偏移命令绘制图中的轴线。

（1）点击【绘图】工具栏的【直线】按钮，启动【直线】命令。

（2）在绘图区合适位置单击鼠标左键，光标放在正右方，输入长度 220，画出横向中心线，回车结束画线命令。

（3）回车重复画线命令，将对象捕捉和对象追踪打开，捕捉到横线中点时向上移动，出现如图 10-50 所示的虚线时，输入追踪距离 80，将光标移到正下方，输入竖向中心线长度 160，回车结束画线命令。

（4）鼠标单击【修改】工具栏的【偏移】按钮，启动【偏移】命令。

（5）指定偏移距离 80，回车。

（6）选择要偏移的对象：选择竖向中心线。

（7）输入 M 多重偏移，指定要偏移的那一侧上的点，即单击左侧和单击右侧，回车结束多重偏移。

同样偏移出横向上下两条轴线，偏移距离设为 50，这时图形如图 10-51 所示。

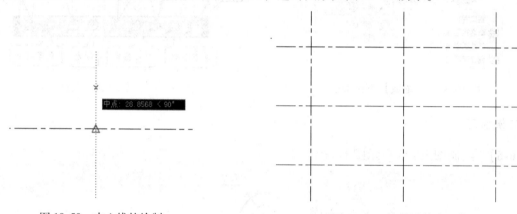

图 10-50　中心线的绘制　　　　　　　　　　　　　图 10-51　偏移后的中心线

这时可采用夹点编辑调整边上四条中心线的长度，调到图 10-52 所示长度。

3. 绘制各个圆

将图线层设置为当前图层，启动画圆命令。

（1）点击【绘图】工具栏的【圆】按钮，启动【圆】命令。

（2）捕捉中心点 O 作为圆心，指定圆的半径 20，画出中间的圆。

（3）点击【修改】工具栏的【复制】按钮，启动【复制】命令。

（4）选择对象：选择中间的圆为复制对象，回车结束选择。

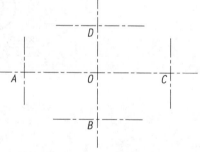

图 10-52　夹点编辑后的中心线

（5）指定基点：捕捉 O 点作为基点，然后捕捉 A 点、捕捉 B 点、捕捉 C 点、捕捉 D 点，复制出四边的圆，回车结束复制命令。

此时图形如图 10-53 所示；同样用画圆和复制命令，画出四个小圆，如图 10-54 所示。

4. 绘制 *R80* 的圆

（1）点击【绘图】工具栏的【圆】按钮，启动【圆】命令。

（2）选择相切、相切、半径选项：输入 T，将光标移动到左边大圆上方附近，当出现图 10-55 所示的递延切点时，单击左键；将光标移动到上边大圆左上方附近，当出现递延切点时，单击左键指定圆的半径 80。

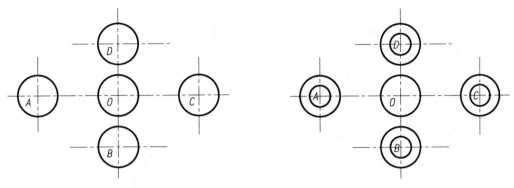

图 10-53　绘制五个 R20 的圆　　　　　　　　图 10-54　画出四个小圆

（3）点击【修改】工具栏的【镜像】按钮，启动【镜像】命令。

（4）选择对象：选择刚画出的半径 80 的大圆，回车结束对象选择。

（5）指定镜像线的第一点 D 和指定镜像线的第二点 B 点，回车结束镜像。此时图形如图 10-56 所示。

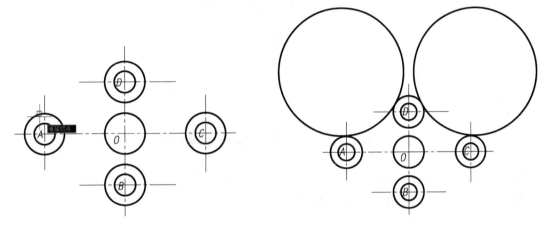

图 10-55　出现递延切点时，确定第一个切点　　　图 10-56　画出 R80 的两个大圆后的图形

5. 绘制底下两条与圆弧相切的直线

（1）点击【绘图】工具栏的【直线】按钮，启动【直线】命令。

（2）将光标放在左边 R20 的圆左下部，出现切点捕捉符号时，单击左键；再将光标放在下边 R20 的圆左下部，出现切点捕捉符号时，单击左键，回车结束画线。

右边的直线可以用镜像得到，也可以用同样的画线方法得到，这时的图形见图 10-57。

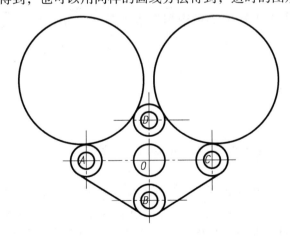

图 10-57　绘制出两条直线后的图形

6. 剪切得到绘图结果

（1）点击【修改】工具栏中的【修剪】按钮 ⚊，启动【修剪】命令。

（2）选择剪切边：依次选择两个 *R*80 的大圆、底下的两条直线、左右上面的三个 *R*20 的圆作为剪切边，即图 10-58 中的亮显部分，回车结束剪切边的选择。

（3）选择要修剪的对象：依次点取要剪掉的部分，即图 10-58 中打 × 号的部分附近，回车结束剪切命令。此时就得到了图 10-49 所示的绘图结果。

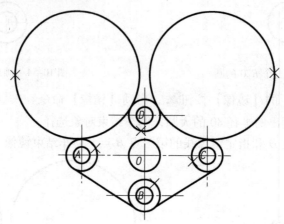

图 10-58　选择剪切边和要修剪的对象

第四节　常用二维绘图命令

不管多么复杂的机械图形，都是通过点、直线、曲线等各种基本图形组成的。因此，熟练掌握这些基本图形的绘制是进行实际工程制图的前提和基础。

一、绘制点、直线

1. 点

点在屏幕上可以有多种显示形式，通常在绘制点之前要设置点的样式，使其在屏幕上有明显的显示。

（1）设置点的样式

选择【格式】/【点样式】菜单（也可使用 ddptype 命令），弹出如图 10-59 所示的【点样式】对话框。共有 20 种样式，选择其中一种作为点的显示样式。选择【相对于屏幕设置大小】或【按绝对单位设置大小】单选框，并在【点大小】编辑框中填写点的显示大小，单击 ▭ 确定 ▭ 按钮完成点样式的设置。

（2）点的绘制

启动【点】命令的方法有：

- 下拉菜单：【绘图】/【点】。
- 工具栏按钮或面板选项板：⚬。
- 命令行：point 或 divide（定数等分）或 measure（定距等分）。
- 快捷命令：po。

选择【绘图】/【点】菜单，会出现如图 10-60 所示的下拉菜单。【单点】和【多点】的绘制方法相似，执行一次【单点】命令，只绘制一个点，而【多点】命令可一次绘制多个点，直到按 ESc 键结束。【定数等分】命令可以将选择对象等分若干份（2～32767），并在等分点处绘制点。【定距等分】可以将选择对象按给定间距绘制点。

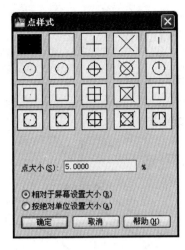

图 10-59 【点样式】对话框

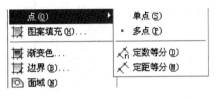

图 10-60 【点】的下拉菜单

下面以【定数等分】为例介绍点的绘制。

2. 绘制直线

直线的绘制是通过确定直线的起点和终点完成的。对于首尾相接的折线，可以在一次【直线】命令中完成，上一段直线的终点是下一段直线的起点。

执行【直线】绘制命令的方法有：

- 下拉菜单：【绘图】/【直线】。
- 工具栏按钮或面板选项板 ✎
- 命令行：line。
- 快捷命令：l。

在命令行提示输入点的坐标时，可以在命令行直接输入点的坐标值，也可以移动鼠标用光标在绘图区指定一点。其中命令行中的"放弃（U）"表示撤消上一步的操作，"闭合（C）"表示将绘制的一系列直线的最后一点与第一点连接，形成封闭的多边形。

如果要绘制水平线或垂直线，可配合使用 AutoCAD 提供的【正交】模式，非常方便。

二、绘制矩形和正多边形

1. 矩形

启动矩形命令，根据命令行中不同参数的设置，可以绘制带有不同属性的矩形。矩形的绘制是通过确定两个对角点来实现的。

绘制矩形的方法有：

- 下拉菜单：【绘图】/【矩形】。
- 工具栏按钮或面板选项板：▭
- 命令行：rectang。
- 快捷命令：rec。

【例 10-6】 绘制一个长 100、宽 60 的矩形，如图 10-61 所示。

1. 点击【绘图】工具栏的【矩形】按钮▭，启动【矩形】命令。

2. 在绘图区域任意位置单击确定第一个角点。

3. 输入另一个角点的相对坐标@100，60 回车，完成矩形绘制。

【矩形】命令中还有多个备选项，分别为：

（1）"倒角（C）"选项

选择该选项，可绘制一个带倒角的矩形，此时需要指定矩形的两个倒角距离。

（2）"标高（E）"选项

选择该选项，可指定矩形所在的平面高度。该选项一般用于三维绘图。

（3）"圆角（F）"选项

选择该选项，可绘制一个带圆角的矩形，此时需要指定矩形的圆角半径。

（4）"厚度（T）"选项

选择该选项，可以设定的厚度绘制矩形，该选项一般用于三维绘图。

（5）"宽度（W）"选项

选择该选项，可以设定的线宽绘制矩形，此时需要指定矩形的线宽。

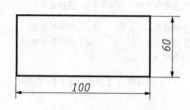

图 10-61　普通矩形

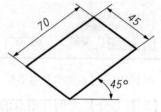

图 10-62　倾斜的矩形

【例 10-7】　绘制一个长 70，宽 45 的倾斜 45°矩形，如图 10-62 所示。

1. 点击【绘图】工具栏的【矩形】按钮▢，启动【矩形】命令。

2. 在屏幕绘图区域单击确定一点。

3. 指定旋转角度：输入 R，指定旋转角度为 45°。

4. 指定尺寸：输入 d，回车，输入长度 70，输入宽度 45，单击确定，绘制出图 10-62 所示矩形。

2. 正多边形

执行【正多边形】命令可以绘制一个闭合的等边多边形，用下面几种方法启动【正多边形】的绘制命令：

- 下拉菜单：【绘图】/【正多边形】。
- 工具栏按钮或面板选项板⬠。
- 命令行：polygon。
- 快捷命令：pl。

执行上述命令后，命令行提示如下输入正多边形的边数，可以通过选择"指定正多边形的中心点"或"边（E）"这两个选项，来执行不同的正边形绘制方法。

（1）指定正多边形的中心点

通过坐标输入或鼠标在屏幕上单击确定正多边形的中心点，命令行会继续提示输入选项内接于圆（I）/外切于圆（C）] <I>，括号内为系统默认选项内接于圆，输入圆的半径并回车结束命令。这样就绘制了一个内接于半径的正五边形。同样可以选择"外切于圆（C）"的选项绘制圆的外切正多边形。

（2）边（E）

该选项要求用户指定正多边形中一条边的两个端点，然后按逆时针方向形成正多边形，这样绘制的正多边形是唯一的。

三、圆、圆弧、椭圆、椭圆弧

1. 圆

绘制圆的方法有很多，选用哪种方法取决于用户的已知条件，AutoCAD 2010 提供了 6 种绘制圆的方法，下面分别说明这六种绘制圆的方法。

可以用下面几种方法启动【圆】的绘制命令：

- 下拉菜单：【绘图】/【圆】。

- 工具栏按钮或面板选项板：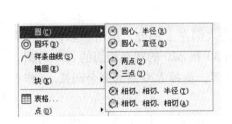（图标）

- 命令行：circle。

- 快捷命令：c。

选择【绘图】/【圆】菜单，会出现如图10-63所示的下拉菜单选项，共有6种圆的绘制方法。可以分别选择这6个菜单选项，用不同的方法来绘制圆。也可以根据命令行的提示，选择不同的参数来绘制圆。下面以命令行的提示，选择不同参数的方法介绍圆的绘制。

（1）圆心、半径

指定圆的圆心位置，输入圆的半径则画出符合要求的圆。

（2）圆心、直径

指定圆的圆心位置，输入d，选择"直径"选项，输入圆的直径则画出符合要求的圆。

（3）两点

指定任意两个点，以这两个点的连线为直径画圆。

（4）三点

不在一条直线上的三个点可以唯一确定一个圆。用三点法绘制圆，即通过不共线的圆上的三点来画圆。

（5）相切、相切、半径

当已经存在两个图形对象时，选择该项可以绘制与两个对象相切，并以指定值为半径的圆。在命令行提示"指定对象与圆的第一个切点"时，鼠标移动到已知圆的附近会出现"递延切点"的字样，如图10-64所示，说明已捕捉到切点，单击左键确定即可。

单击⊘按钮，系统提示为：

命令：_circle 指定圆的圆心或[三点(3P)/两点(2P)/相切、相切、半径(T)]:t
　　　　　　　　　　　//输入 t,选择"相切、相切、半径"法画圆

指定对象与圆的第一个切点：　　//鼠标靠近如图10-65所示已知圆的右上部,出现黄色的拾取切点符
　　　　　　　　　　　号时单击

指定对象与圆的第二个切点：　　//鼠标单击右边的已知直线

指定圆的半径<40.3099>:30　//输入圆的半径

则绘制出与左边已知圆和右边已知直线都相切的半径为30的圆，如图10-65所示。

图 10-63　【圆】命令的下拉菜单　　　图 10-64　切点捕捉　　　图 10-65　用"相切、相切、半径"画圆

（6）相切、相切、相切

在三个对象的公切点附近点取对象，则可以画出与这三个对象相切的圆。

2. 圆弧

在 AutoCAD 中绘制圆弧的方法有 11 种之多。可以用下面几种方法启动【圆弧】的绘制命令：

- 下拉菜单：【绘图】/【圆弧】。

- 工具栏按钮或面板选项板：（图标）

- 命令行：arc。

● 快捷命令：a。

启动圆弧命令后，可以按照命令行的提示和已知条件来画圆弧。应用下拉菜单绘制圆弧时，可以直接看到绘制圆弧的 11 个选项，如图 10-66 所示。它们是通过控制圆弧的起点、中间点、圆弧方向、圆弧所对应的圆心角、终点、弦长等参数，来控制圆弧的形状和位置的。下面我们着重介绍其中几种。

（1）三点

通过不在一条直线上的任意三点画圆弧。

（2）起点、圆心、端点

如果直接从下拉菜单启动"起点、圆心、端点"方法绘制圆弧时，输入起点，再输入圆心坐标和输入圆弧端点坐标即可。

（3）起点、圆心、角度

从下拉菜单启动"起点圆心、角度"绘制圆弧时，指定起点，再指定圆心和指定角度。注意逆时针为正。

（4）继续

选择继续选项，系统将以前面最后一次绘制的线段或圆弧的最后一点作为新圆弧的起点，并以该线段或圆弧的最后一点处的切线方向作为新圆弧的起始切线方向，再指定一个端点，来绘制圆弧。

其余绘制圆弧的方法类似，读者可以自己体验。

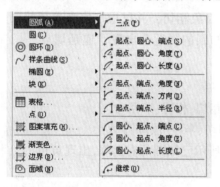

图 10-66　【圆弧】命令下拉菜单

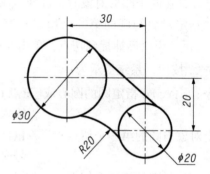

图 10-67　用【圆】命令与【修剪】命令绘制圆弧

【例 10-8】　绘制图 10-67 所示图形。

绘图步骤：

1. 用【直线】命令（line）绘制两圆的定位轴线，注意轴线间距。

2. 用【圆】命令（circle）绘制 ϕ30 和 ϕ20 的圆。

3. 重复画圆命令，选取相切、相切、半径方式，鼠标移动到右边大圆左上部分，单击拾取，鼠标再移动到左边小圆上部，拾取左边小圆，输入圆的半径 20，得到一个与 30 和 ϕ20 的圆都相切的 R20 的圆。

4. 利用【修改】/【修剪】命令，选取 ϕ30 和 ϕ20 的圆作为修剪边界，剪掉 R20 圆的多余圆弧。（修剪命令详见第五节）

5. 用【直线】命令，结合对象捕捉选择切点绘制下方与 ϕ30 和 ϕ20 的圆相切的直线，完成作图。

四、样条曲线

样条曲线是通过若干指定点生成的光滑曲线。在机械图样中，可以用【样条曲线】命令来绘制波浪线。

启动【样条曲线】命令的方法有：

● 下拉菜单：【绘图】/【样条曲线】。

● 工具栏按钮或面板选项板：～。

● 命令行：spline。

- 快捷命令：spl。

执行上述命令后，命令行提示如下：

命令：_spline

指定第一个点或[对象(O)]:	//指定第一点
指定下一点：	//指定第二点
指定下一点或[闭合(C)/拟合公差(F)]<起点切向>:	//指定第三点或选择"闭合"等选项
指定下一点或[闭合(C)/拟合公差(F)]<起点切向>:	//回车结束点的输入
指定起点切向：	//指定起点的切线方向
指定端点切向：	//指定终点的切线方向

样条曲线至少需要输入三个点，当输入最后一点时，用"Enter"键结束点的输入。这时命令行会提示确定起点和终点的切线方向，切线方向不同会改变样条曲线的形状，可以用鼠标或捕捉的方式来确定切线方向，也可以直接回车，按系统默认的切线方向确定。

五、图案填充

在绘制机件的剖视图和断面图时，经常需要在剖视和断面区域绘制剖面符号。【图案填充】可以帮助用户将选择的图案填充到指定的区域内。

执行【图案填充】命令的方法：

- 下拉菜单：【绘图】/【图案填充】。
- 工具栏按钮或面板选项板：▨。
- 命令行：hatch 或 bhatch
- 快捷命令：h。

执行上述命令后，会弹出如图 10-68 所示的【图案填充和渐变色】对话框。

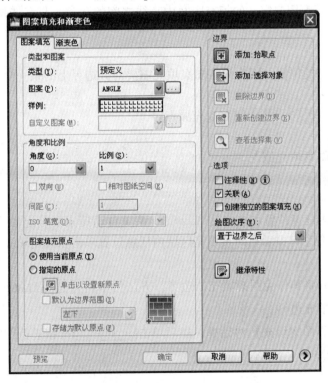

图 10-68　【图案填充和渐变色】对话框

【图案填充】选项卡是用来设置填充图案的类型、图案、角度、比例等特性。对话框中各功能选项的含义为：

（1）【类型】和【图案】

①【类型】

单击【类型】下拉列表，有"预定义"、"用户定义"、"自定义"三种图案填充类型。

②【图案】

单击图案下拉列表，罗列了 AutoCAD 已经定义的填充图案的名称。对于初学者来说，
这些英文名称不易记忆与区别。这时，可以单击后面的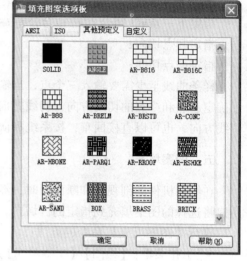
按钮，会弹出如图 10-69 所示的【填充图案选项板】对话框。对
话框将填充图案分成四类，分别列于四个选项卡当中。

（2）【角度】和【比例】

①【角度】

该项是用来设置图案的填充角度。在【角度】下拉列表中选
择需要的角度或填写任意角度。

②【比例】

该项是用来设置图案的填充比例。在【比例】下拉列表中选
择需要的比例或填写任意数值。比例值大于 1，填充的图案将放
大，反之则缩小。

③【相对图纸空间】

相对图纸空间用于缩放填充图案。

④【双向】

图 10-69　【填充图案选项板】对话框

该项可以使"用户定义"类型图案由一组平行线变为相互正交的网格。只有选择"用户定义"类型
时才能使用该项。

⑤【间距】

在【间距】编辑框中填写用户定义的填充图案中直线之间的距离。只有选择"用户定义"类型时才
能使用该项。

（3）图案填充原点

可以设置图案填充原点的位置，因为许多图案填充需要对齐边界上的某一个点。

①【使用当前原点】

可以使用当前的原点（0，0）作为图案填充原点。

②【指定的原点】

可以通过指定点作为图案填充原点。

（4）边界

①【拾取点】

通过光标在填充区域内任意位置单击来使 AutoCAD 系统自动搜索并确定填充边界。方法为单击【拾
取点】左侧的按钮，根据命令行提示在图案填充区域内任意位置单击来确定填充边界。

②【选择对象】

通过拾取框选择对象并将其作为图案填充的边界。方法为单击【选择对象】左侧的按钮，根据命
令行提示选择对象来确定填充边界。

回车后又会出现【边界图案填充】对话框，然后单击 确定 按钮进行图案填充。

六、面域

在 AutoCAD 中，可以将某些对象围成的封闭区域转化为面域。可以用以下方式启动面域命令：

- 下拉菜单：【绘图】/【面域】。
- 工具栏按钮或面板选项板： 。

- 命令行：region。

系统提示选择对象，然后将所选对象转换成面域。如果所选对象不是封闭的区域，系统会在命令行提示"已创建0个面域"，即没有创建面域。

另外用户还可以对面域进行"并集"、"差集"、"交集"等布尔运算，也可以对面域进行进一步拉伸、旋转等操作得到三维立体。

【例10-9】 使用面域及布尔运算绘制图10-70所示图形。

1. 设置中心线、粗实线两个图层。画中心线，并捕捉交点为圆心，画φ43和φ72的圆。见图10-71。

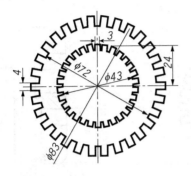

图10-70 使用面域及布尔运算绘制图形

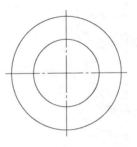

图10-71 画中心线和圆

2. 点击【修改】工具栏的【偏移】按钮，将水平轴线向上偏移19和24，将垂直轴线分别向左向右偏移1.5，结果如图10-72所示。

3. 点击【绘图】工具栏的【矩形】按钮，以辅助线的交点A和B为角点，绘制矩形，并删除辅助线，如图10-73所示。

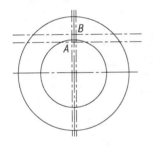

图10-72 绘制辅助线1

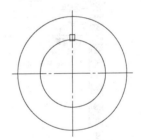

图10-73 绘制矩形

4. 点击【修改】工具栏的【偏移】按钮，将水平轴线向上、向下偏移2，将垂直轴线分别向右偏移34和41.5，如图10-74所示。

5. 点击【绘图】工具栏的【矩形】按钮，以辅助线的交点C和D为角点，绘制矩形，并删除辅助线，如图10-75所示。

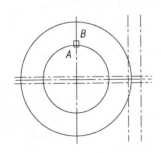

图10-74 绘制辅助线2

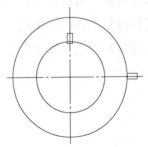

图10-75 绘制另一个矩形

6. 点击【修改】工具栏的【阵列】按钮，创建两个矩形的环形阵列，结果如图10-76所示。（阵列命令具体见第五节）

7. 点击【绘图】工具栏的【面域】按钮 ，并在绘图窗口中选中所有的圆和矩形，然后回车，将其转换为面域。

8. 在菜单中选择【修改】/【实体编辑】/【并集】命令，将外侧的圆和矩形进行并集处理，再使用同样的方法将内侧的圆和矩形进行并集处理，并转换粗实线图层。如图 10-77 所示。

9. 参考第七节的内容进行尺寸标注，结果如图 10-70 所示。

七、实例练习

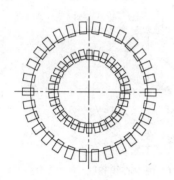

图 10-76　创建环形阵列

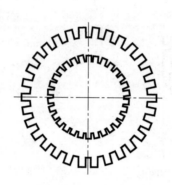

图 10-77　并集运算

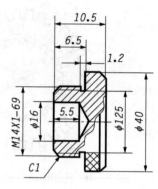

图 10-78　剖视图

【例 10-10】　绘制如图 10-78 所示的剖视图。

绘图步骤：

1. 设置四种图层，粗实线、细实线、点画线、虚线，如图 10-79 所示。

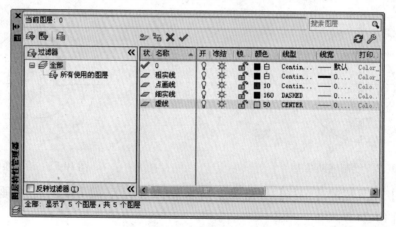

图 10-79　设置图层

2. 点击【绘图】工具栏的【直线】按钮 ／，绘制视图的中心线，如图 10-80 所示。

3. 点击【修改】工具栏的【偏移】按钮 ，绘制视图的框架，如图 10-81 所示。

4. 点击【修改】工具栏的【修剪】按钮 ，形成视图的轮廓线，如图 10-82 所示。

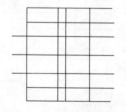

图 10-81　视图的框架

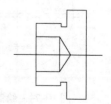

图 10-82　视图的轮廓线

图 10-80　绘制中心线图

5. 点击【修改】工具栏的【倒角】按钮 ，绘制视图的倒角，如图 10-83 所示。

6. 点击【绘图】工具栏的【样条曲线】按钮 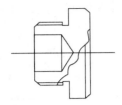，绘制视图的波浪线，如图 10-84 所示。

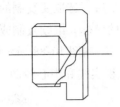

图 10-83 绘制视图的倒角   图 10-84 绘制视图的波浪线

7. 点击【绘图】工具栏的【填充】按钮 ⬚，绘制视图的剖面线，如图 10-85 所示。

8. 点击【标准】工具栏的【特性匹配】按钮 ⬚，修改视图的线型，完成剖视图，如图 10-86 所示。

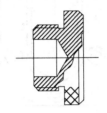
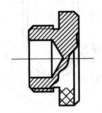

图 10-85 绘制视图的剖面线   图 10-86 修改视图的线型

第五节 二维图形编辑命令

单纯使用前面介绍的基本绘图命令，只能绘制一些基本图形对象和简单图样，要绘制复杂的图形，如一张零件图，在许多情况下，用户还需要借助于图形修改与编辑命令。AutoCAD 同样向用户提供了高效的编辑命令，可以在瞬间完成一些复杂的工作。因此，掌握基本的修改与编辑命令，对于绘制各种工程图样都是非常有用和必要的。

一、删除与复制

大部分常用编辑命令，在【修改】工具栏上都有相应按钮，见图 10-87。

图 10-87 【修改】工具栏

1. 删除

利用【删除】命令可以【删除】图形中的一个或多个对象。启动【删除】命令的方法：

- 下拉菜单：【修改】/【删除】。

- 【修改】工具栏按钮：⬚。

- 命令行：erase。

执行上述命令后，选择要删除的对象或选择多个要删除的对象，如果不再增加要删除的对象，则单击鼠标右键或直接回车，选中的对象被删除。

2. 复制

【复制】命令可以复制一个或多个相同的图形对象，并放置到指定的位置。启动【复制】命令的方法：

- 下拉菜单：【修改】/【复制】。

- 工具栏按钮：⬚。

- 命令行：copy。

- 快捷命令：co，cp。

执行上述命令后，选取要复制的对象后回车结束选择，指定一点作为复制基点，再指定复制到的一点或相对第一点的坐标，继续复制或回车结束复制。

【例10-11】 绘制图10-88所示端盖图形。

1. 首先设置粗实线和中心线两个图层，绘制出图10-89所示图形。

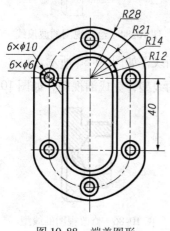

图10-88 端盖图形

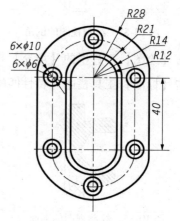

图10-89 一阶端盖图形

2. 点击【修改】工具栏的【复制】按钮，启动【复制】命令。

3. 选取 $\phi6$ 和 $\phi10$ 小圆为复制对象，回车结束选择。

4. 指定圆心作为基点。

5. 复制出 5 个 $\phi6$ 和 $\phi10$，即可得到图10-88所示图形。

二、移动与旋转

1. 移动

【移动】命令可以改变所选对象的位置。可以用以下几种方法启动【移动】命令：

- 下拉菜单：【修改】/【移动】。
- 工具栏按钮：。
- 命令行：move。
- 快捷命令：m。

执行上述命令后，选择需要移动的对象，还可继续选择多个移动对象，如不再选择则单击右键（或回车）结束对象选择，指定移动的基点，再指定位移的第二点。

可以用下面两种方法确定对象被移动的位移。

2. 旋转

利用【旋转】命令可以将对象绕指定的旋转中心旋转一定角度。可以用以下几种方法启动【旋转】命令：

- 下拉菜单：【修改】/【旋转】。
- 工具栏按钮或面板选项板。
- 命令行：rotate。
- 快捷命令：ro。

执行上述命令后，选择需要旋转的对象，结束对象选择指定旋转中心，再指定旋转角度。

旋转角度的确定有两种方法：直接输入角度和使用参照角度。直接输入角度就是在出现"指定旋转角度或〔参照（R）："提示时输入角度值即可，正值角度为逆时针旋转，负值角度为顺时针旋转。使用参照角度就是在上面的提示下输入"r"选择"参照"选项，它可以将一个对象的一条边与其他参照对象的边对齐。

【例10-12】　使用【旋转】命令将图10-90中的矩形旋转30°，使 AB 边与直线 AC 对齐。

1. 点击【修改】工具栏中的【旋转】按钮 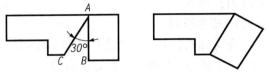，启动【旋转】命令。

2. 选择矩形的 4 条边为旋转对象，回车，结束对象选择。

3. 指定基点 A 点为旋转中心。

图10-90　【旋转】命令的使用

4. 使用参照角度，输入 r。

5. 捕捉第一点 A，再捕捉第二点 B，最后捕捉 C 点，完成矩形旋转。

三、镜像与偏移

1. 镜像

【镜像】命令可以绕指定轴翻转对象创建对称的镜像图像。启动【镜像】命令的方法如下：

- 下拉菜单：【修改】/【镜像】。
- 工具栏按钮：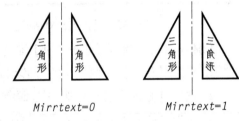。
- 命令行：mirror。
- 快捷命令：mi。

执行上述命令后，选择需要镜像的对象，还可继续选择多个需要镜像的对象或结束对象选择，指定两点确定镜像线完成镜像操作。

在 AutoCAD 中，可以通过系统变量 Mirrtext 的值，来控制文本镜像的效果。当该变量的值取 0 时，文本对象镜像后效果为正，可识读；当该变量的值取 1 时，文本对象参与镜像，即镜像效果为反，效果如图10-91所示，其中的点画线为镜像线。

图10-91　文本对象的镜像效果

2. 偏移

利用【偏移】命令对直线、圆或矩形等图形对象进行偏移，可以绘制一组平行直线、一组同心圆或同心矩形等图形。启动【偏移】命令的方法如下：

- 下拉菜单：【修改】/【偏移】。
- 工具栏按钮：。
- 命令行：offset。
- 快捷命令：o。

执行上述命令后，输入偏移距离或输入"t"选择"通过"选项，选择要偏移的对象，然后鼠标移至偏移一侧单击，继续选择偏移对象或回车结束命令。

四、阵列

在绘制工程图样时，经常遇到布局规则的各种图形，例如机件零件图中法兰盘上孔的分布、装配图中多个标准件的配合。当它们成矩形或环形阵列布局时，AutoCAD 向用户提供了快速进行矩形或环形阵列复制的命令，即【阵列】命令。启动【阵列】命令的方法如下：

- 下拉菜单：【修改】/【阵列】。
- 工具栏或面板选项板：。
- 命令行：array。

● 快捷命令：ar。

启动【阵列】命令后，屏幕弹出如图 10-92 所示的【阵列】对话框。阵列分为【矩形阵列】和【环形阵列】两种。

1. 矩形阵列

在【阵列】对话框中选择【矩形阵列】选框，如图 10-92 所示。对话框中的【行】和【列】的编辑框中需要填写矩形阵列的行数和列数。在【偏移距离和方向】选区分别填写行偏移距离、列偏移距离和阵列偏移角度，它们的数值也可以利用 按钮通过鼠标在屏幕上单击来确定。

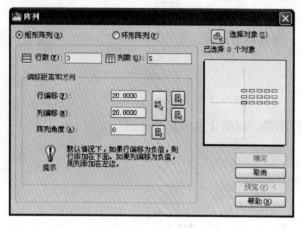

图 10-92 【阵列】对话框

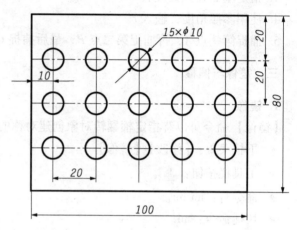

图 10-93 矩形阵列

【例 10-13】 利用【矩形阵列】命令完成图 10-93 所示图形。

1. 点击【修改】工具栏中的【阵列】按钮 ，弹出【阵列】对话框，如图 10-92 所示。

2. 选取【矩形阵列】单选按钮 ⊙矩形阵列(R)。

3. 选取【选择对象】按钮 ，选择阵列对象（图 10-93）阵列中的左下角 φ10 小圆。

4. 在【行数】文本框中输入行数 3。

5. 在【列数】文本框中输入列数 5。

6. 在【行偏移】文本框中输入 20。

7. 在【列偏移】文本框中输入 20。

8. 点击【确定】按钮，即可形成矩形阵列。

2. 环形阵列

如果在【阵列】对话框中选择【环形阵列】选框，则对话框如图 10-94 所示。在【中心点】的【X】、【Y】编辑框中填写环形阵列中心点的 X、Y 坐标（也可以利用 按钮通过鼠标在屏幕上单击确定）。在【方法和值】选区单击【方法】下拉列表，有"项目总数和填充角度"、"项目总数和项目间的角度"、"填充角度和项目间的角度"三个选项。选择其中一个选项后，该选区下方的相应编辑框亮显，填写相应的编辑框以确定环形阵列的复制个数和阵列范围。同样在选区的下方有对填充角度正负的规定，即正值为逆时针旋转，负值为顺时针旋转。选择要环形阵列的对象时，单击【选择对象】左侧的 按钮，【阵列】对话框暂时消失，十字光标变为拾取框，选择对象并在对象选择结束时单击右键，【阵列】对话框重新出现。单击 确定 按钮完成【环形阵列】。

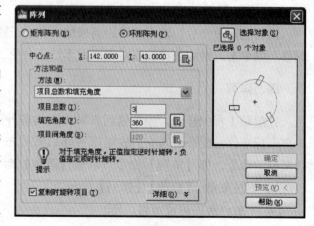

图 10-94 【环形阵列】对话框

198

【例10-14】 利用【环形阵列】命令完成如图10-95所示零件图。

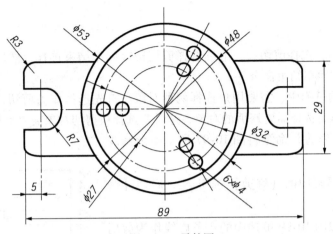

图10-95 零件图

1. 点击【修改】工具栏的【阵列】 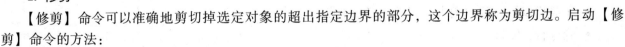 按钮，弹出【阵列】对话框，如图10-94所示。
2. 选取【环形阵列】单选按钮⊙**环形阵列(P)**。
3. 选取【选择对象】按钮，选择图10-95中水平轴线上的两个φ4小圆。
4. 选取【中心点】按钮，指定阵列的中心点（零件的中心）。
5. 在【项目总数】文本框中输入阵列项目总数3，其中包含原对象。
6. 在【填充角度】文本框中输入阵列要填充的角度，使用缺省值360°。
7. 确认【复制时旋转项目】被选择。
8. 点击【确定】按钮，即可形成环形阵列。

五、缩放

【缩放】命令可以将图形对象按指定比例因子进行放大或缩小。启动【缩放】命令的方法：
- 下拉菜单：【修改】/【缩放】。
- 工具栏按钮：。
- 命令行：scale。
- 快捷命令：sc。

执行上述命令后，选择要进行缩放的对象，还可继续选择对象或结束选择，指定基点以确定缩放中心的位置，指定比例因子，然后根据提示给定比例因子进行复制缩放。

【例10-15】 使用【缩放】命令将如图10-96所示的图形放大2倍。

1. 点击【修改】工具栏的【缩放】按钮，启动【缩放】命令。
2. 选取整个图形为对象，回车结束对象选择。
3. 指定圆心点为基点。
4. 输入比例因子2，回车。即可使图形放大2倍。

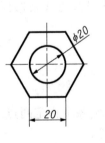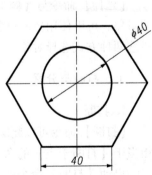

图10-96 比例缩放实例

六、修剪与延伸

1. 修剪

【修剪】命令可以准确地剪切掉选定对象的超出指定边界的部分，这个边界称为剪切边。启动【修剪】命令的方法：
- 下拉菜单：【修改】/【修剪】。

- 工具栏按钮：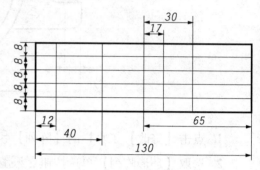。
- 命令行：trim。
- 快捷命令：tr。

执行【修剪】命令后，选择剪切边，继续选择剪切边或回车结束选择；然后选择要修剪的对象，继续选择要修剪的对象，或回车结束命令

执行【修剪】命令的过程中，需要用户选择两种对象。首先选择作为剪切边的对象，可以使用任何对象选择方式来选择；继而选择需要修剪的对象，这时要选择被剪切对象需要剪掉的一侧。

【例10-16】　使用【修剪】命令将图10-97所示图形修改成图10-98所示的标题栏。

1. 点击【修改】工具栏中的【修剪】按钮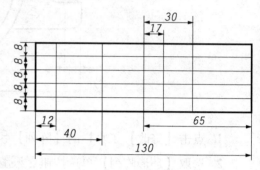，启动【修剪】命令。

2. 选择剪切边，点取图10-99被选中的4条虚线作为剪切边界，回车结束边界选择。

3. 选择要修剪的对象，点取图10-99中带X号的部分，即要剪切掉的直线部分，回车结束剪切命令。

4. 绘图结果如图10-98所示。

图 10-97　剪切前的图形

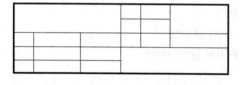

图 10-98　修剪后的标题栏

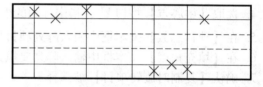

图 10-99　修剪边界与被修剪对象的选择

2. 延伸

【延伸】命令可以将图形对象延长到指定的边界。启动【延伸】命令的方法：

- 下拉菜单：【修改】/【延伸】。
- 工具栏按钮：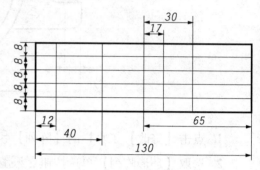。
- 命令行：extend。
- 快捷命令：ex。

执行【延伸】命令后，选择边界，继续选择或回车结束选择；选择需要延伸的对象，继续选择需要延伸的对象，或回车结束命令。

【延伸】命令与【修剪】命令相类似，在执行命令的过程中也需要选择两种对象。首先选择作为边界的对象，可以使用任何对象选择方式来选择；继而选择需要延伸的对象，同样，这时也只能使用点选和栏选两种方式选择对象。

七、打断与分解

1. 打断

【打断】命令可以删除对象上指定两点之间的部分，如果两点重合，则对象被分解为两个实体对象，相当于【打断于点】的命令。

启动【打断】命令的方法：

- 下拉菜单：【修改】/【打断】。
- 工具栏按钮：（打断）、（打断于点）。
- 命令行：break。
- 快捷命令：br。

200

执行上述命令后，选择对象，然后指定第二个打断点。（注意：直接指定一点，此时系统会把该点作为第二个打断点，选择对象时的拾取点作为第一个打断点。）

2. 分解

对于矩形、多边形、块等组合对象，有时需要对里面的单个对象进行编辑，这时可使用【分解】命令将其分解为多个对象。启动【分解】命令的方法：

- 下拉菜单：【修改】/【分解】。
- 工具栏按钮： 。
- 命令行：explode。
- 快捷命令：x。

启动分解命令后，根据提示选择要分解的对象就可以了。例如，对【矩形】命令绘制的一个矩形执行【分解】命令后，矩形由原来的一个整体对象分解为组成它的四个直线对象。

八、倒角与圆角

1. 倒角

【倒角】命令是为两个不平行的对象的边加倒角，可以用于【倒角】命令的对象有：直线、多段线、构造线、射线。启动【倒角】命令的方法有：

- 下拉菜单：【修改】/【倒角】。
- 工具栏按钮： 。
- 命令行：chamfer。
- 快捷命令：cha。

启动该命令后，命令行出现的"选择第一条直线或［放弃（U）/多段线（P）/距离（D）/角度（A）/修剪（T）/方式（E）/多个（M）］："提示中各选项含义分别为：

（1）放弃

放弃倒角操作。

（2）多段线

该选项可以对整个多段线全部执行【倒角】命令。

（3）距离

可以改变或指定倒角的两个距离。

（4）角度

"角度"选项要求用户通过输入第一个倒角长度和倒角的角度来确定倒角的大小。

（5）修剪

该选项用来设置执行【倒角】命令时是否使用修剪模式。

（6）方式

命令行的提示下，输入 E 回车，根据提示选择相应选项来确定倒角的方式。

（7）多个

选择该选项可以连续进行多次倒角处理，当然这些倒角的大小是一致的。

【例10-17】 使用【倒角】命令将 100×100 矩形右上角形成 40×30 的倒角，如图 10-100 所示。

1. 点击【修改】工具栏的【倒角】按钮 ，启动【倒角】命令。

2. 输入 d 选择"距离"选项，回车。

3. 输入第一个倒角距离 40，输入第二个倒角距离 30。

4. 选择第一条直线，在 A 点拾取直线；选择第二条直线，在 B 点拾取直线。完成矩形右上角倒角。

当两个倒角距离都为 0 时，对于两个相交的对象不会有倒角效果；对于不相交的两个对象，系统会将两个对象延伸至相交，如图 10-101 所示。

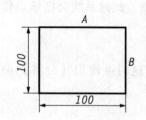

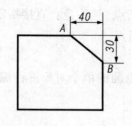

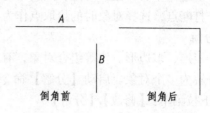

图 10-100　给矩形倒角　　　　　　　　图 10-101　倒角距离为 0 的倒角效果

2. 圆角

【圆角】命令可以用指定半径的圆弧将两个对象光滑地连接起来。可以用于【圆角】命令的对象有：直线、多段线、构造线、射线。启动【圆角】命令的方法：

- 下拉菜单：【修改】/【圆角】。
- 工具栏按钮：□。
- 命令行：fillet。
- 快捷命令：f。

执行【圆角】命令后，命令行提示［放弃（U）/多段线（P）/半径（R）/修剪（T）/多个（M）］，其中各选项的含义：

（1）放弃

放弃圆角操作。

（2）多段线

该选项可以对整个多段线全部执行【圆角】命令。

（3）半径

在执行【圆角】命令的开始，命令行会显示系统当前的圆角半径，如果对半径值不满意，可以在上述命令行的提示下，输入 r 回车，重新输入需要的半径值。

（4）修剪

用来设置执行【圆角】命令时是否使用修剪模式。其使用效果与【倒角】命令相似。

（5）多个

可以连续进行多次圆角处理，且每次都采用相同的圆角半径。

【例 10-18】　使用【圆角】命令完成两个圆弧的连接，如图 10-102 所示，连接圆弧的半径分别为 36 和 180。

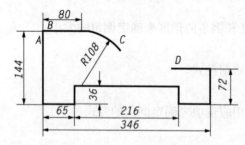

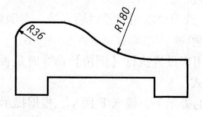

图 10-102　【圆角】命令的使用

1. 点击【修改】工具栏中的【圆角】按钮□，启动【圆角】命令。

2. 输入 r 回车，重新指定圆角半径。

3. 输入圆角半径 36。

4. 选择第一个对象，在 A 点拾取直线；选择第二个对象，在 B 点拾取直线，完成 R36 圆角绘制。

5. 再次执行【圆角】命令。

6. 输入 r 回车，重新指定圆角半径。

7. 输入圆角半径 180。

8. 选择第一个对象，在 C 点拾取圆弧；选择第二个对象，在 D 点拾取直线，结果如图 10-102 右图所示

九、对象特性

1.【对象特性】工具栏

利用【对象特性】工具栏，可以快捷地对当前图层上的图形对象的颜色、线型、线宽、打印样式进行设置或修改。对象特性工具栏见图 10-103。

图 10-103 【对象特性】工具栏

通常，在【对象特性】工具栏的四个列表框中，均采用随层（Bylayer）控制选项，也就是说，在某一图层绘制图形对象时，图形对象的特性采用该图层设置的特性。利用【对象特性】工具栏可以随时改变当前图形对象的特性，而不使用当前图层的特性。

2.【特性】选项板

所有的图形、文字和尺寸，都称为对象。这些对象所具有的图层、颜色、线型、线宽、坐标值、大小等属性都称为对象的特性。用户可以通过如图 10-104 所示的【特性】选项板来显示选定对象或对象集的特性并修改任何可以更改的特性。

启动【特性】选项板的方法：

- 下拉菜单：【修改】/【特性】。
- 工具栏按钮：[图标]。
- 命令行：properties。
- 快捷菜单：选中对象后单击右键选择快捷菜单中的【特性】选项或双击图形对象。

3. 显示对象特性

首先在绘图区域选择对象，然后使用上述方法启动【特性】选项板。如果选择的是单个对象，则【特性】选项板显示的内容为所选对象的特性信息，包括基本、几何图形或文字等内容；如果选择的是多个对象，在【特性】选项板上方的下拉列表中显示所选对象的个数和对象类型，如图 10-105 所示，选择需要显示的对象，这时【特性】选项板中显示的才是该对象的特性信息；如果，同时选择多个相同类型的对象，如选择了两个圆，则【特性】选项板中的几何图形信息栏显示为"＊多种＊"，如图 10-106 所示。

图 10-104 【特性】选项板

图 10-105 选择多个对象下拉列表

图 10-106 选择相同类型对象信息显示

4. 对象特性的匹配

将一个对象的某些或所有特性复制到其他对象上，在 AutoCAD 中被称为对象特性的匹配。可以进行复制的特性类型包括（但不仅限于）：颜色、图层、线型、线型比例、线宽、打印样式等。这样，用户在修改对象特性时，就不必逐一修改，可以借用已有对象的特性，使用【特性匹配】命令将其全部或部分特性复制到指定对象上。

启动【特性匹配】命令的方法有：

- 下拉菜单：【修改】/【特性匹配】。
- 工具栏按钮：![icon]。
- 命令行：matchprop 或 painter。

执行上述命令后，命令行提示选择源对象，然后选择目标对象，还可继续选择目标对象或回车结束选择。

特性匹配是一种非常高效有用的编辑工具，它的作用如同 word 中的格式刷。

十、实例练习

【例 10-19】 绘制如图 10-107 所示起重钩。

绘制步骤：

1. 设置二个图层：

（1）粗实线层：线宽 0.3mm、线型 Continuous。

（2）中心线层：线宽 0.18mm、线型 center。

2. 设置中心线层为当前层。点击【绘图】工具栏的【直线】按钮![icon]，先绘制定位线，确定各个主要尺寸的位置。如图 10-108 所示。

3. 点击【绘图】工具栏的【直线】按钮![icon]，【圆】按钮![icon]和【偏移】按钮![icon]，绘制已知的线段和圆弧。如图 10-109 所示。

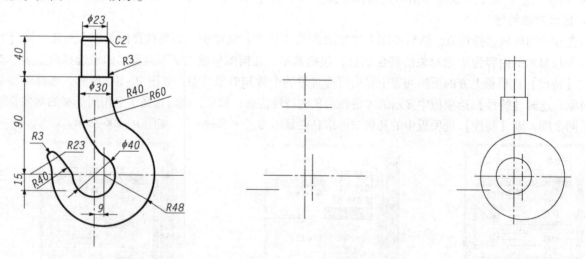

图 10-107　起重钩　　　　图 10-108　绘制定位线　　　　图 10-109　绘制已知线段和圆弧

4. 绘制 R40、R60 和 R40 中间圆弧，如图 10-110 所示。

（1）点击【绘图】工具栏的【圆】按钮![icon]，选择 t 选项分别画出 R40、R60 的圆弧。如图 10-110（a）所示。

（2）点击【绘图】工具栏的【圆】按钮![icon]，以 O 点为圆心，以 $60(20+40)$ 为半径画圆交于 O_1，画出 R40 的圆，再单击【修改】工具栏的【修剪】按钮![icon]进行修剪。如图 10-110（b）、（c）所示。

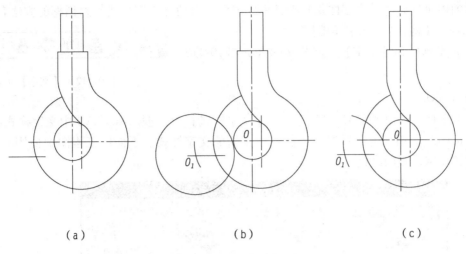

（a）　　　　　　　　（b）　　　　　　　　（c）

图 10-110　绘制中间弧

5. 绘制其他连接圆弧

（1）点击【绘图】工具栏的【圆】按钮◎，以 O_2 点为圆心，以 71（48 + 23）为半径画圆交于 O_3，画出 R23 的圆，再点击【修改】工具栏的【修剪】按钮╱进行修剪。如图 10-111（a）所示。

（2）点击【修改】工具栏的【圆角】按钮◻，选择 r 选项，设置圆角半径为 3，画出 R3 的连接弧。再单击【修改】工具栏的【修剪】按钮╱进行修剪。如图 10-111（b）、（c）所示。

6. 点击【修改】工具栏的【倒角】按钮◿，选择 d 选项，设置倒角为 2，作出上端的倒角。

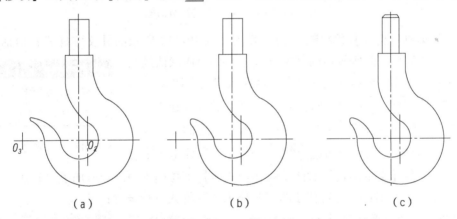

（a）　　　　　　　　（b）　　　　　　　　（c）

图 10-111　绘制连接圆弧

7. 转换图层完成全图，如图 10-107 所示。

第六节　文　　字

在绘制图样时，还需要进行文字注写，如书写技术要求、填写标题栏和明细栏等，这些都需要使用文字工具。

一、文字样式的创建

在用 AutoCAD 进行文字输入之前，应该先定义一个文字样式（系统有一个默认样式—Standard），然后再使用该样式输入文本。

用户可以定义多个文字样式，不同的文字样式用于输入不同的字体。要修改文本格式时，不需要逐个文本修改，而只要对该文本的样式进行修改，就可以改变使用该样式书写的所有文本的格式。

文字样式的创建是通过【文字样式】对话框完成的。启动【文字样式】对话框的方法有：

- 下拉菜单：【格式】/【文字样式】。
- 【样式】工具栏和【文字】工具栏按钮（如图10-112 所示）：。

图 10-112　【文字】工具栏

- 命令行：style。

执行上述命令后，弹出如图10-113 所示的【文字样式】对话框。AutoCAD 中文字样式的缺省设置是标准样式（Standard）。用户可以根据需要创建一个新的文字样式。下面以工程图中使用的"长仿宋体"样式为例，讲述文字样式的设置。

图 10-113　【文字样式】对话框

（1）执行下拉菜单【格式】/【文字样式】，弹出如图10-113 所示的【文字样式】对话框。在【样式名】下拉列表中显示的是当前所应用的文字样式。AutoCAD 默认的文字样式是"Standard"，用户可以在此基础上，修改新建文字样式。

（2）单击按钮 新建(N)…：弹出如图10-114 所示的【新建文字样式】对话框。在该对话框的【样式名】编辑框中填写新建的文字样式名，如填写"长仿宋体"。然后单击 确定 按钮，返回【文字样式】对话框。这时，在【文字样式】对话框的【样式名】下拉列表中已经增加了"长仿宋体"样式名。

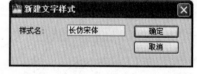

图 10-114　【新建文字样式】对话框

（3）在【文字样式】对话框中对新建的"长仿宋体"样式进行设置：

【字体】选区，用来设置所用字体：

（4）字体名：在【字体名】的下拉列表中选择仿宋-GB2312。

（5）字体样式：用来选择字体的样式。

在【字体样式】下拉列表中默认为常规。

（6）【大小】选区

高度：用来设置字体的高度。通常将字体高度设为0，这样，在单行文字输入时，系统会提示输入字体的高度。

（7）【效果】选区

宽度比例：默认值是1，如果输入值大于1，则文本宽度加大，按照制图标准，宽度比例应该是0.7。我们将长仿宋体其余默认不选，宽度比例设置为0.7。

完成了上述的文字样式设置后，单击 应用(A) 按钮，系统保存新创建的文字样式并应用。然后退出【文字样式】对话框完成一个新文字样式的创建。

二、单行文字

AutoCAD 提供了两种文字输入的方式：单行文字输入和多行文字输入。

1. 单行文字的输入

执行【单行文字】输入命令的方法有：

- 下拉菜单：【绘图】/【文字】/【单行文字】，如图 6-115 所示。
- 文字工具栏按钮（见图 10-116）：

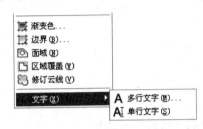

图 10-115　单行文字下拉菜单　　　　　　　　　图 10-116　文字工具栏

- 命令行：text 或 dtext。

执行上述命令后，命令行提示指定文字起点或选择其余选项，再输入文字高度和输入文字旋转角度，然后继续输入所需文字，或回车结束命令。

在命令行提示"指定文字的起点或［对正（J）/样式（S）］:"时，如果输入 j 选择【对正】选项，可以用来指定文字的对齐方式；如果输入 s 选择【样式】选项，可以用来指定文字的当前输入样式。下面详细介绍各选项的使用。

2. 特殊符号的输入

在使用单行文字输入时，常常需要输入一些特殊符号，如直径符号"φ"，角度符号"°"等，这时可以使用 AutoCAD 提供的控制码输入，控制码由两个百分号（％％）后紧跟一个字母构成。表 10-2 中是 AutoCAD 中常用的控制码。

表 10-2　AutoCAD 控制码

控制码	功能
％％o	加上划线
％％u	加下划线
％％d	度符号
％％p	正、负符号
％％c	直径符号
％％％	百分号

【例 10-20】　使用控制码输入如图 10-117 所示的特殊符号。

Φ25
±0.000
60%
机械制图

图 10-117　特殊符号的输入

1. 命令_dtext，执行【单行文字】输入命令，当前文字样式为"数字"，即文字选择"geniso. shx"。
2. 在绘图区单击一点作为文字的起点。
3. 指定高度：文字高度为 100，回车。
4. 指定文字的旋转角度：回车默认文字旋转角度为 0。
5. 输入文字:％％u％％o％％c25％％o％％u，即输入直径符号，同时加上划线和下划线。

6. 输入文字：%%p0.000，即输入正负号。

7. 输入文字：60%%%，即输入百分号。

8. 输入文字：%%u机械绘图%%u，即加下划线，回车结束命令。

三、多行文字

多行文字可以包含任意多个文本行和文本段落，并可以对其中的部分文字设置不同的文字格式。

多行文字的输入：

执行【多行文字】输入命令的方法有：

- 下拉菜单：【绘图】/【文字】/【多行文字】。
- 【文字】工具栏或【绘图】工具栏按钮：**A**。
- 命令行：mtext。
- 快捷命令：mt。

执行上述命令后，命令行提示指定第一角点，再指定第二角点或选择相应选项。

如果在上述命令行提示下，直接指定第二个角点，屏幕会弹出如图 10-118 所示的多行文字编辑器。指定的两个角点是文字输入边框的对角点，用来定义多行文字对象的宽度。

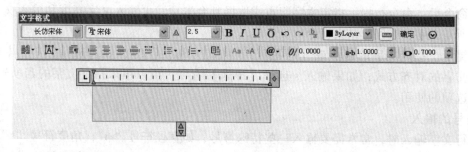

图 10-118　多行文字编辑器

下面分别介绍【文字格式】工具栏中常用控件的功能：

（1）样式下拉列表。列出所有定义的文字样式，当前样式保存在 textstyle 系统变量中。

（2）字体下拉列表。为新输入的文字指定字体或改变选定文字的字体。

（3）字体高度下拉列表。按图形单位设置新文字的字符高度或更改选定文字的高度。多行文字对象可以包含不同高度的字符。

（4）粗体 **B**。为新输入文字或选定文字打开或关闭粗体格式。此选项仅适用于使用 TrueType 字体的字符。

（5）斜体 *I*。为新输入文字或选定文字打开或关闭斜体格式。此选项仅适用于使用 TrueType 字体的字符。

（6）下划线 **U**。为新输入文字或选定文字打开或关闭下划线格式。

（7）**Ō**。为新输入文字或选定文字打开或关闭上划线格式。

（8）放弃 ↺。在多行文字编辑器中撤销操作，包括对文字内容或文字格式的更改。也可以使用 Ctrl + Z 组合键。

（9）重做 ↻。在多行文字编辑器中重新操作，包括对文字内容或文字格式的更改。也可以使 Ctrl + Y 组合键。

（10）文字堆叠按钮 ⅋。控制文字是否堆叠。当文字中包含"/"、"^"、"#"符号时，如9/8，可以先选中这三个字符，然后单击按钮 ⅋，就会变成分数形式；如果选中堆叠成分数形式的文字，单击按钮 ⅋，可以取消堆叠。用户可以编辑堆叠文字、堆叠类型、对齐方式和大小。

（11）文字颜色。

为新输入文字指定颜色或修改选定文字的颜色。

（12） 确定 按钮。

关闭多行文字编辑器并保存所做的任何修改，也可以在编辑器外的图形中单击或使用 Ctrl + Enter 组合键。要关闭多行文字编辑器而不保存修改，按 Esc 键。

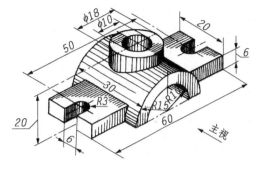

图 10-119　组合体立体图

四、实例

【例 10-20】 根据如图 10-119 所示组合体立体图，绘制如图 10-120 所示组合体三视图、图框和标题栏，并填写标题栏文字内容，不标注尺寸。（提示：利用长对正、高平齐和宽相等的投影规律绘制组合体三视图）

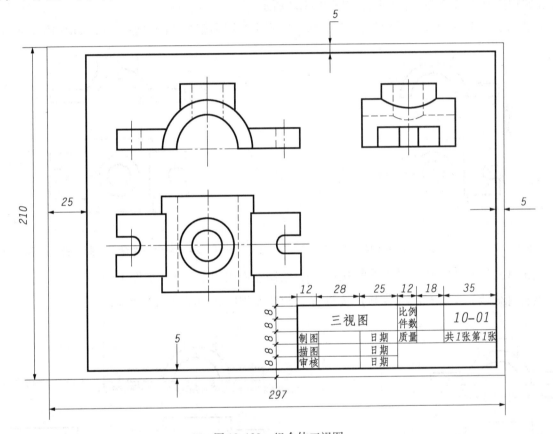

图 10-120　组合体三视图

绘制步骤：

1. 设置四个图层：

（1）粗实线层：线宽 0.3mm、线型 Continuous。

（2）中心线层：线宽 0.18mm、线型 Center。

（3）细实线层：线宽 0.18mm、线型 Continuous。

（4）虚线层：线宽 0.18mm、线型 Dashed。

2. 绘制 A4 横放图框，并填写标题栏。

3. 设置中心线层为当前层，点击【绘图】工具栏的【直线】按钮 ∕，绘制主视图和俯视图的中心线。如图 10-121 所示。

4. 设置粗实线层为当前层，点击【绘图】工具栏的【圆】按钮 ⊙，绘制主视图和俯视图的圆弧线，

209

如图 10-122 所示。

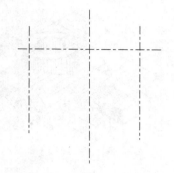

图 10-121　绘制定位中心线

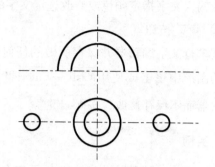

图 10-122　绘制圆弧线

5. 根据三视图的三等投影规律，点击【修改】工具栏的【偏移】按钮 和【修剪】按钮 ，绘制主视图和俯视图对称图形的一半图形，如图 10-123 所示。

6. 点击【绘图】工具栏的【镜像】按钮 ，得到主视图和俯视图的对称部分，如图 10-124 所示。

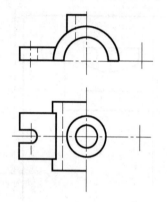

图 10-123　绘制三视图对称图形的一半

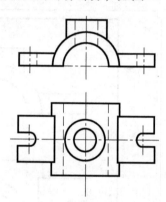

图 10-124　利用镜像命令绘制三视图对称部分

7. 点击【绘图】工具栏的【直线】按钮 ，绘制左视图的定位线，如图 10-125 所示。

8. 点击【修改】工具栏的【复制】按钮 ，复制左视图，如图 10-126 所示。

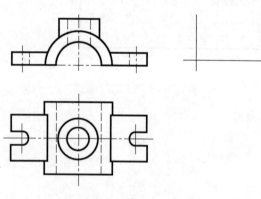

图 10-125　绘制左视图定位线

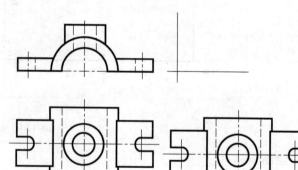

图 10-126　复制左视图

9. 点击【修改】工具栏的【旋转】按钮 和【移动】按钮 ，将复制后的俯视图旋转90°，并移动至与左视图垂直定位线对正，如图 10-127 所示。

10. 根据主视图与左视图"高平齐"和俯视图与左视图"宽相等"的投影规律，绘制左视图的轮廓线，如图 10-128 所示。

210

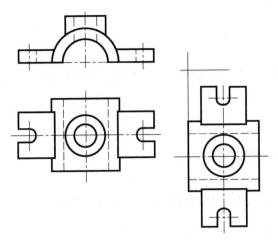

图 10-127　旋转并移动俯视图与左视图垂直定位线对正

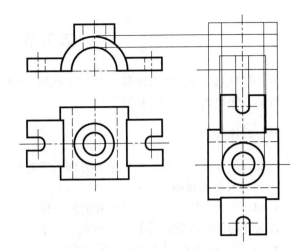

图 10-128　绘出左视图轮廓投影线

11. 点击【修改】工具栏的【修剪】按钮 ⌐⌐，修剪出左视图的外形轮廓，如图 10-129 所示。

12. 点击【绘图】工具栏的【圆弧】按钮 ⌒，利用三点画弧命令绘制左视图的相贯线，如图 10-130 所示。

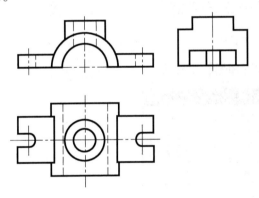

图 10-129　修剪左视图外形轮廓

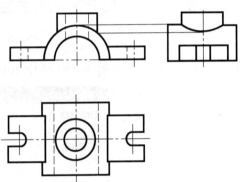

图 10-130　绘制左视图相贯线

13. 设置虚线层为当前层，绘制虚线，如图 10-131 所示。

14. 点击【修改】工具栏【擦除】 ✎命令，擦去辅助作图线，完成三视图的绘制，如图 10-132 所示。

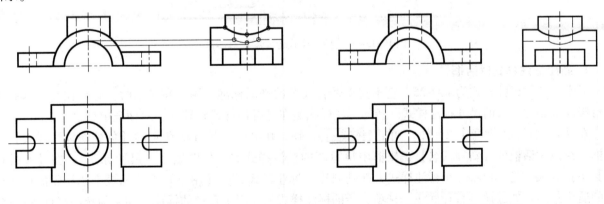

图 10-131　绘制虚线图　　　　　　　　　　　　图 10-132　完成三视图

15. 点击【修改】工具栏【比例缩放】按钮 ▯，输入比例因子 2，选择基点回车完成图形缩放。

16. 点击【修改】工具栏【移动】按钮 ✛，选择三视图作为移动对象，将三视图移动到图框内。

17. 使用菜单中【绘图】/【多行文字】命令，注写标题栏内容，完成全图。如图 10-120 所示。

第七节 尺 寸 标 注

AutoCAD 具有强大的文字输入、尺寸标准及编辑功能，用户可以根据不同专业、不同图样的各种要求，简单、快捷地进行尺寸标注。

一、标注样式

在进行尺寸标注之前，先要设置各种需要的标注样式以满足不同专业、不同图样的要求。

1. 标注样式管理器

AutoCAD 允许用户自行设置需要的标注样式，它是通过【标注样式管理器】对话框来完成的。

启动【标注样式管理器】对话框的方法有：

* 单击下拉菜单：【标注】/【标注样式】。
* 【标注】工具按钮（如图 10-133 所示）：![icon]。
* 命令行：dimstyle。
* 快捷命令：ddim。

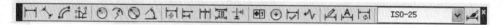

图 10-133 　【标注】工具栏

执行上述命令后，弹出如图 10-134 所示的【标注样式管理器】对话框。

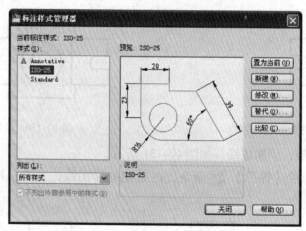

图 10-134 　【标注样式管理器】对话框

2. 新建标注样式对话框

通常默认的标注样式为 ISO-25，它不完全适合我国的制图标准，用户在使用时，必须在它的基础上进行修改来创建需要的尺寸标注样式。新的标注样式是在【标注样式管理器】对话框中创建完成的。

在【标注样式管理器】对话框，单击 新建(N)... 按钮，弹出如图 10-135 所示的【创建新标注样式】对话框。在该对话框的【新样式名】编辑框中填写新的标注样式名，如图填写"尺寸标注"；在【基础样式】下拉列表中选择以哪一个标注样式为基础创建新标注样式；在【用于】下拉列表中选择新的标注样式的适用范围，如选择"直径标注"选项，新的标注样式只能用于直径的标注。如果勾选注释性复选框，则用这种样式标注的尺寸成为注释性对象。单击 继续 按钮，弹出如图 10-136 所示的【新建标注样式：尺寸标注】对话框，对话框的标题栏中加入了新建样式的名称。

212

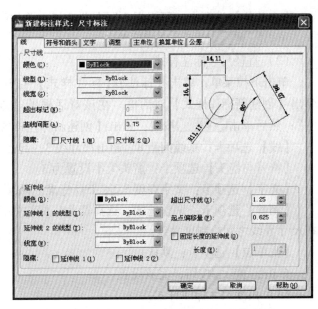

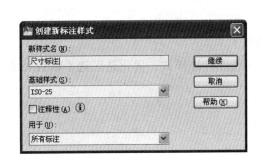

图 10-135 【创建新标注样式】对话框   图 10-136 【新建标注样式：尺寸标注】对话框

创建两种新的标注样式及各选项卡的设置

（1）线性尺寸标注样式：

单击下拉菜单：单击【标注】/【标注样式】打开【标注样式管理器】对话框，单击 [新建(N)...] 按钮，弹出【创建新标注样式】对话框。在该对话框的【新样式名】编辑框中填写新的标注样式名"线性尺寸"；然后单击 [继续] 按钮，弹出【新建标注样式：线性尺寸】对话框，在对话框中进行设置。

【线】选项卡：基线间距 8，超出尺寸线 3，起点偏移量 0。如图 10-137 所示。

【符号与箭头】选项卡：箭头大小设置为 3。

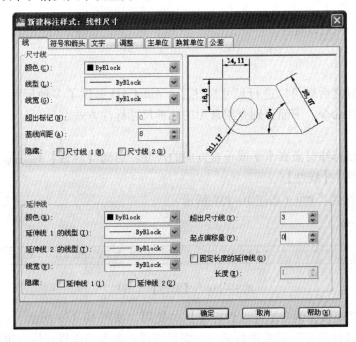

图 10-137 建筑线性标注样式中【线】选项的设置

【文字】选项卡：文字高度 3.5，从尺寸线偏移 1，创建文字样式为"数字"，文字选择 geniso. shx 字体。

【调整】选项卡：默认。

213

【主单位】选项卡：可根据不同专业选择主单位的精度。

单击 ▢确定▢ 按钮，完成设置。

（2）直径尺寸标注样式：

单击下拉菜单：单击【标注】/【标注样式】打开【标注样式管理器】对话框，单击▢新建(N)...▢按钮，弹出【创建新标注样式】对话框。在该对话框的【新样式名】编辑框中填写新的标注样式名"直径尺寸"；然后单击▢继续▢按钮，弹出【创建新标注样式：直径尺寸】对话框，在对话框中进行设置。

【线】选项卡：基线间距8，超出尺寸线3，起点偏移量0。

【符号与箭头】选项卡：箭头大小设置为3。

【文字】选项卡：文字高度3.5，ISO标准，从尺寸线偏移1。

【调整】选项卡：调整选区，选择箭头；标注特征比例同线性标注样式；优化选区选手动放置文字，在尺寸界线之间绘制尺寸线。

【主单位】选项卡：默认。

单击 ▢确定▢ 按钮，完成设置。

（3）角度尺寸标注样式：

在标注角度型尺寸时，不论是多大的角度，位置如何，都要求将尺寸数字水平放置。

单击下拉菜单：单击【标注】/【标注样式】打开【标注样式管理器】对话框，单击▢新建(N)...▢按钮，弹出【新建标注样式】对话框。在该对话框的【新样式名】编辑框中填写新的标注样式名"角度尺寸"；然后单击▢继续▢按钮，弹出【创建新标注样式：角度尺寸】对话框，在对话框中进行设置。

【线】选项卡：基线间距8，超出尺寸线3，起点偏移量0。

【符号与箭头】选项卡：箭头大小设置为3。

【文字】选项卡：文字高度3.5，从尺寸线偏移1，文字对齐方式设为水平。

【调整】选项卡：标注特征同线性标注样式，其余默认。

【主单位】选项卡：默认。

单击 ▢确定▢ 按钮，完成设置。

二、尺寸标注

尺寸标注样式设置好之后就可以进行尺寸标注了。AutoCAD提供了多种尺寸标注的方式，每一种标注方式都有其对应的标注命令。下面分别介绍常用的几种尺寸标注方式。

1. 线性标注

线性尺寸标注，是指标注对象在水平或垂直方向的尺寸。启动【线性】标注命令的方法有：

- 下拉菜单：【标注】/【线性】。
- 【标注】工具栏按钮： ⊢⊣ （如图10-138所示）。
- 命令行：dimlinear。

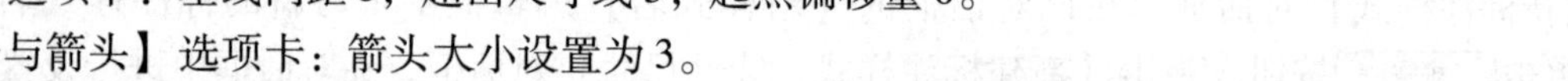

图10-138 【标注】工具栏

【例10-22】 下面以矩形为例介绍【线性标注】的使用，如图10-139所示。

使用上述创建的"线性尺寸"样式进行标注，即将该样式置为当前样式后，再执行以下程序操作。

1. 点击菜单栏【标注】/【线性标注】，启动【线性标注】命令。

2. 捕捉矩形左上角点，再捕捉矩形的右上角点，上移光标到合适位置单击标注水平尺寸。

3. 再次启动【线性标注】命令。

4. 捕捉矩形右下角点，在捕捉矩形的右上角点，右移光标到合适位置单击标注垂直尺寸。

2. 对齐标注

对齐尺寸标注可以让尺寸线始终与被标注对象平行，它也可以标注水平或垂直方向的尺寸，如果被标注的边不是水平或垂直边，可以使用【对齐标注】，当然【对齐标注】同样可以标注水平边或垂直边的尺寸。启动【对齐标注】命令的方法有：

- 下拉菜单：【标注】/【对齐】。
- 【标注】工具栏按钮：。
- 命令行：dimaligned。

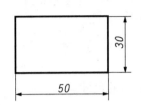

图 10-139　【线性标注】实例

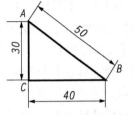

图 10-140　【对齐标注】实例

【例 10-23】　标注如图 10-140 所示三角形的尺寸，练习【对齐标注】的使用。

1. 点击菜单栏【标注】/【对齐标注】，启动【对齐标注】命令。

2. 捕捉 A 点，然后捕捉 B 点，移动光标，尺寸线始终保持与斜边 AB 平行来回移动，在合适位置单击标注 AB 边尺寸。

3. 再次启动【对齐标注】命令。

4. 捕捉 C 点，然后捕捉 B 点，光标下移到合适位置单击标注 CB 边尺寸。

3. 连续标注

【连续标注】方式可以在执行一次标注命令后，在图形的同一方向连续标注多个尺寸。【连续标注】命令必须在执行了【线性标注】、【对齐标注】、【角度标注】或【坐标标注】之后才能使用，系统将自动捕捉到上一个标注的第二条尺寸界线作为【连续标注】的起点。启动【连续标注】命令的方法有：

- 下拉菜单：【标注】/【连续】。
- 【标注】工具栏按钮：。
- 命令行：dimcontinue。

【例 10-24】　使用【连续标注】对图 10-141 所示的图形进行尺寸标注。

首先使用【线性标注】方式对 AB 边进行标注。

1. 点击菜单栏【标注】/【线性标注】，启动【线性标注】命令。

2. 捕捉 A 点，然后捕捉 B 点，光标下移到合适位置单击标注 AB 边的尺寸。

3. 点击菜单栏【标注】/【连续标注】，启动【连续标注】命令。

4. 捕捉 C 点，然后捕捉 D 点，回车结束选择，再回车结束命令。

4. 基线标注

【基线标注】是将上一个标注的基线或指定的基线作为标注基线，执行连续的【基线标注】，所有的【基线标注】共用一条基线。它与【连续标注】相似，必须事先执行线性、对齐或【角度标注】。默认情况下，系统自动以上一个标注的第一条尺寸界线作为【基线标注】的基线；基线也可以由用户来指定。启动【基线标注】命令的方法有：

- 下拉菜单：【标注】/【基线】。
- 【标注】工具栏按钮：。
- 命令行：dimbaseline。

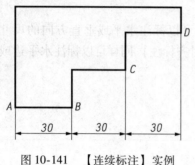

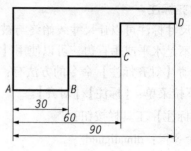

图 10-141　【连续标注】实例　　　　　　　　　　　图 10-142　【基线标注】实例

【例 10-25】　对图 10-142 所示的图形指定基线，进行【基线标注】。

首先使用【线性标注】方式对 AB 边进行标注。

1. 点击菜单栏【标注】/【线性标注】，启动【线性标注】命令。

2. 捕捉 A 点，然后捕捉 B 点，光标下移到合适位置单击标注 AB 边的尺寸。

3. 点击菜单栏【标注】/【基线标注】，启动【基线标注】命令。

4. 捕捉 C 点，然后捕捉 D 点，回车结束选择，再回车结束命令。

5. 半径标注

用来标注圆或圆弧的半径。启动【半径标注】命令的方法有：

- 下拉菜单：【标注】/【半径】。
- 【标注】工具栏按钮： 。
- 命令行：dimradius。

【例 10-26】　使用【半径标注】对图 10-143 所示的图形进行半径标注。

1. 点击菜单栏【标注】/【半径标注】，启动【半径标注】命令。

2. 用拾取框单击圆，显示圆的半径长度，移动光标到合适位置单击确定尺寸线位置，如图 10-143 所示。

6. 直径标注

用来标注圆或圆弧的直径。启动【直径标注】命令的方法有：

- 下拉菜单：【标注】/【直径】。
- 【标注】工具栏按钮：
- 命令行：dimdiameter。

　　　　　　　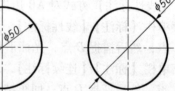

图 10-143　【半径标注】实例　　　　　图 10-144　【直径标注】实例（尺寸文字分别位于圆的内部和外部）

【例 10-27】　对图 10-144 所示的图形进行【直径标注】。

依然使用前文中创建的"直径尺寸"样式。

1. 点击菜单栏【标注】/【直径标注】，启动【直径标注】命令。

2. 用拾取框单击圆，显示圆的直径长度，移动光标到合适位置单击确定尺寸线位置，如图 10-144 所示。

7. 角度标注

可以标注圆弧对应的圆心角、两条不平行直线之间的角度（两直线相交或延长线相交均可）。启动【角度标注】命令的方法有：

216

- 下拉菜单：【标注】/【角度】。
- 【标注】工具栏按钮：⊿。
- 命令行：dimangular。

国家标准规定，在标注角度尺寸时角度数字一律水平书写。在进行角度尺寸标注之前，要将"角度标注"样式置为当前。否则就会出现图10-145左图所示的不合要求的标注效果。

8. 多重引线标注

引线标注功能，专门设置了【多重引线】工具栏。可以在任意工具栏上单击鼠标右键选中调出，也可在"二维草图与注释"界面中的面板选项板中直接找到，如图10-146所示。启动【快速引线标注】命令的方法有：

- 下拉菜单：【标注】/【多重引线】。
- 【多重引线】工具栏按钮：🔎。
- 命令行：mleader。

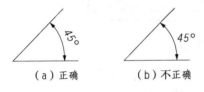

（a）正确　　　　　（b）不正确

图10-145　【角度标注】实例

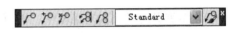

图10-146　多重引线工具栏

启动该命令后，命令行提示：

指定引线箭头的位置或[引线基线优先(L)/内容优先(C)/选项(O)]＜选项＞：

这时，直接单击确定引线箭头的位置，然后在打开的文字输入窗口中输入注释内容即可。

当用户对目前默认的引线标注样式不满意时，可以进行修改，或者建立自己需要的引线标注样式。这些操作都可以通过【多重引线样式管理器】来实现。打开该管理器的方法有：

- 下拉菜单【格式】/【多重引线样式】。
- 多重引线工具栏：🔎。
- 命令行：mleaderstyle。

【多重引线样式管理器】见图10-147。

与【标注样式管理器】类似，通过【多重引线样式管理器】，用户可以新建、修改、删除相应的多重引线样式。

单击 新建(N)... 按钮，出现【创建新多重引线样式】对话框，如图10-148所示。在【新样式名】中输入要创建的新样式的名称，然后单击 继续 按钮，弹出【修改多重引线样式】对话框，见图10-149。

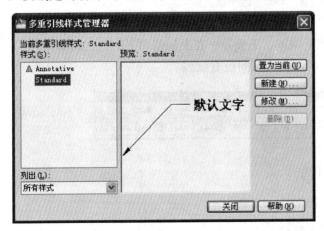

图10-147　【多重引线样式管理器】

图10-148　【创建新多重引线样式】对话框

217

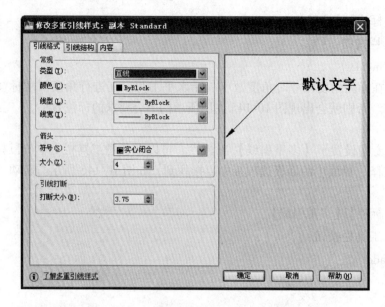

图 10-149　【修改多重引线样式】对话框

在【修改多重引线样式】对话框中，有【引线格式】、【引线结构】、【内容】三个选项卡。在【引线格式】选项卡中，可以设置引线的线型、颜色、类型、线宽以及箭头的样式、大小等。在【引线结构】选项卡中，可以设置引线的约束数目和角度、基线样式以及引线比例、是否设置为注释性对象等。在【内容】选项卡中可对文字类型样式、引线连接方式进行设置。

当用户进行多重引线标注后，还可以通过【多重引线】工具栏中的 按钮进行引线的添加、删除、对齐、合并等操作。

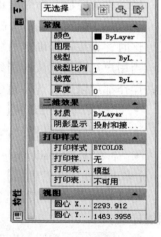

图 10-150　【特性】对话框

三、公差标注

公差标注分两种形式，尺寸公差标注和形位公差标注。

尺寸公差标注：

标注尺寸公差有两种方法。

（1）选定一种标注样式进行尺寸标注，然后选中该尺寸，点击 按钮，弹出【特性】对话框，见图 10-150。在该对话框中，选定公差形式、公差精度、公差高度、填入上偏差、下偏差。最后，关闭该对话框。按"Esc"键一次。

（2）选定一种标注样式在进行尺寸标注时，选择"多行文字（M）"选项，弹出【文字格式】对话框，如图 10-151 所示。在该对话框中，输入该尺寸和上偏差、下偏差，在上偏差和下偏差之间输入"^"，选中上偏差、下偏差，点击【堆叠】按钮，变成上下两部分，其间没有横线。

图 10-151　【文字编辑】对话框

【例 10-28】　给图 10-152 所示矩形尺寸和尺寸公差标注。

218

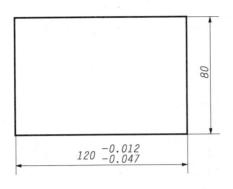

图 10-152　矩形尺寸和尺寸公差标注

操作步骤如下：

1. 执行菜单【标注】/【线性标注】，启动【线性标注】命令，标注矩形宽度尺寸80，回车，结束命令。

2. 回车再次启动【线性标注】命令，输入 m，选择"多行文字"选项，弹出【文字格式】对话框，在该对话框中，输入 120 – 0.012^ – 0.047。如图 10-153 所示。

图 10-153　输入长度尺寸及尺寸公差

3. 再选中 – 0.012^ – 0.047，如图 10-154 所示。点击【堆叠】按钮并确定，完成矩形长度尺寸 $120_{-0.047}^{-0.012}$ 的标注，如图 10-155 所示。

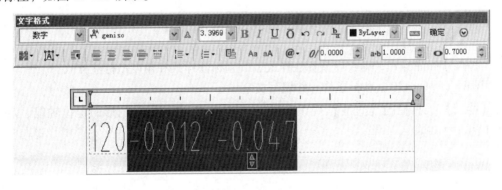

图 10-154　选中尺寸公差

图 10-155　【堆叠】尺寸公差

四、实例练习

【例 10-29】　绘制如图 10-156 所示端盖零件图。

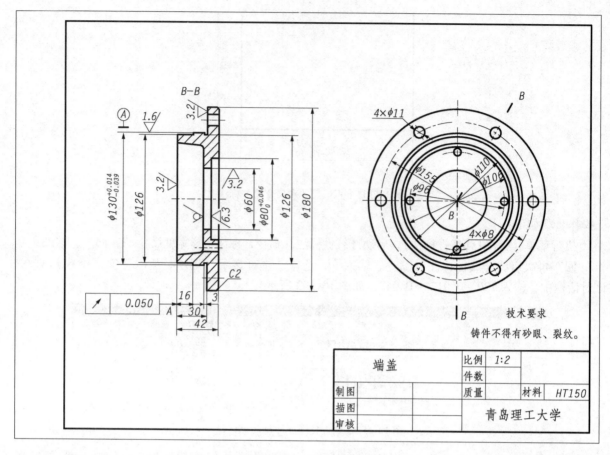

图 10-156　端盖零件图

绘制过程：

1. 设置 4 种线型图层，即粗实线、细实线、虚线和点画线图层。

2. 设置汉字和尺寸标注两种文字样式，即 "仿宋 GB2312 和 geniso. shx "。

3. 设置 3 种尺寸标注样式，即长度型标注样式、圆型标注样式和角度型标注样式。

4. 画 A2 图框（594×420）和标题栏，并填写文字。

5. 点击【绘图】工具栏的【直线】按钮 和【圆】按钮 ，画出图形的定位轴线、定位圆 φ152 和 φ96，如图 10-157 所示。

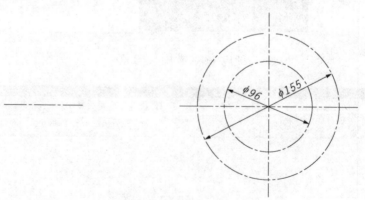

图 10-157　画定位线

6. 点击【绘图】工具栏的【圆】按钮 ，画出 φ8 和 φ11 的两个小圆，如图 10-158 所示。

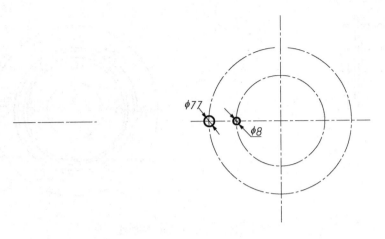

图 10-158 画小圆

7. 点击【修改】工具栏的【阵列】按钮 ⊞，利用"环形阵列"模式画出 φ8 和 φ11 的 4 个和 6 个均布小圆，如图 10-159 所示。

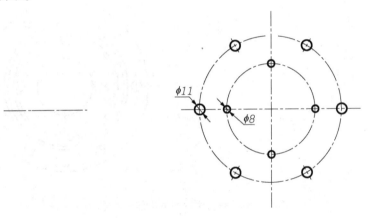

图 10-159 【阵列】均布圆

8. 点击【绘图】工具栏的【圆】按钮 ⊘，分别画出 φ60、φ106、φ110、φ126、φ130 和 φ180 的圆，如图 10-160 所示。

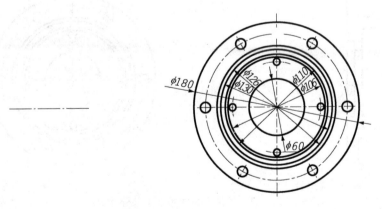

图 10-160 画左视图其他圆

9. 点击【修改】工具栏的【偏移"】按钮 ⊿，画出端盖主视图的上半部分轮廓线，如图 10-161 所示。

221

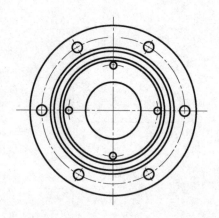

图 10-161　画主视图的轮廓线

10. 点击【修改】工具栏的【修剪】按钮 ，修剪出端盖主视图的上半部分外形图，如图 10-162 所示。

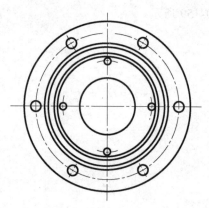

图 10-162　修剪主视图上半部分外轮廓图

11. 点击【修改】工具栏的【镜像】按钮 ，镜像出端盖主视图的下半部分外形图，如图 10-163 所示。

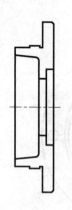
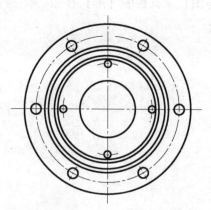

图 10-163　镜像主视图的下半部分外形图

12. 点击【绘图】工具栏的【直线】按钮 ，绘出端盖主视图 $\phi 8$ 和 $\phi 11$ 小孔的投影，如图 10-164 所示。

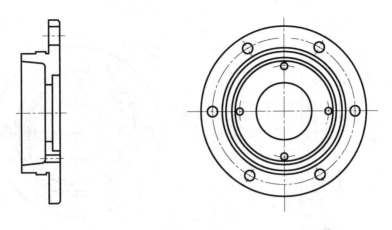

图 10-164　画主视图两个小孔投影

13. 点击【绘图】工具栏【图案填充】按钮 ⬚，绘出主视图剖面线，如图 10-165 所示。

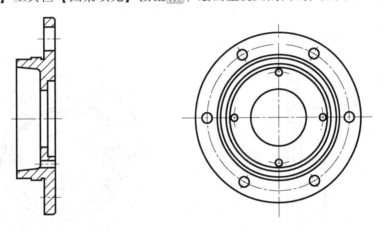

图 10-165　填充剖面线

14. 标注剖切符号，如图 10-166 所示。

B–B

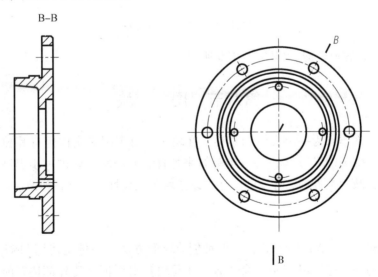

图 10-166　标注剖切符号

15. 标注尺寸和表面粗糙度符号，如图 10-167 所示。

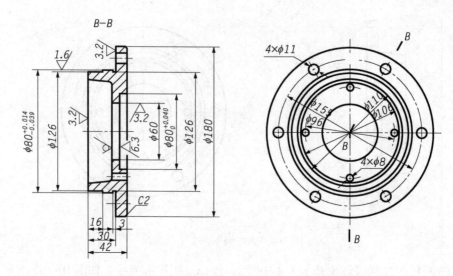

图 10-167　标注尺寸和粗糙度

16. 标注形位公差，如图 10-168 所示。

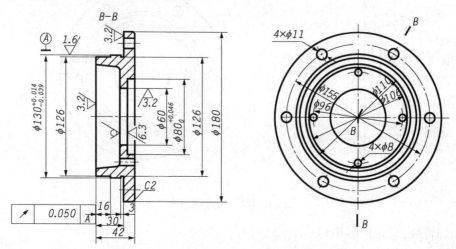

图 10-168　标注形位公差

17. 填写技术要求，完成全图。如图 10-156 所示。

第八节　图　　块

块是把一组图形或文本作为一个实体的总称，在块中，每个图形实体仍有其独立的图层、线型和颜色特征，但 AutoCAD 把块中所有实体作为一个整体来处理。使用块可以进一步提高绘图效率，简化相同或者类似结构的绘制，减少文件的储存空间。还可以给块定义属性，并进行修改。

一、块的创建

要使用块，首先建立块。AutoCAD 提供了两种创建块的方法。一种是使用 block 命令通过【块定义】对话框创建内部块；另一种是使用 wblock 命令通过【写块】对话框创建外部块。前者是将块储存在当前图形文件中，只能本图形文件调用或使用设计中心共享。后者是将块写入磁盘保存为一个图形文件，所有的 AutoCAD 图形文件都可以调用。

1. 内部块的创建（block 命令）

启动 block 命令创建块的方法有：

- 下拉菜单：【绘图】/【块】/【创建】。
- 工具栏按钮：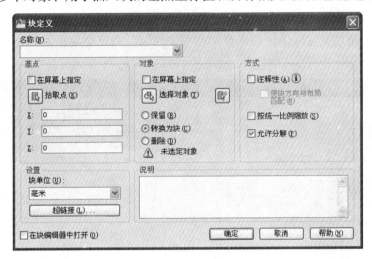。
- 命令行：block。
- 快捷命令：b。

执行上述命令后，弹出如图 10-169 所示的【块定义】对话框。通过该对话框可以对每个块定义都应包括的块名、一个或多个对象、用于插入块的基点坐标值和所有相关的属性数据进行设置。

图 10-169　　【块定义】对话框

下面介绍话框中各个选项的意义：

【名称】编辑框

在【名称】编辑框中输入块的名称。

【基点】选区

用来指定基点的位置。基点是指插入块时，光标附着在图块的哪个位置。

【对象】选区

用来选择组成块的图形对象。两个按钮的功能分别为：单击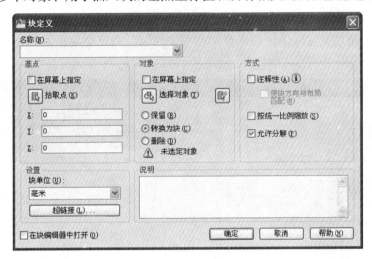按钮，对话框临时消失，用拾取框选择要定义为块的图形对象，选择完后返回【块定义】对话框。

【方式】选区

设置块的显示方式。【注释性】是将块设为注释性对象，【按统一比例缩放】是指是否设置块对象按统一的比例进行缩放，【允许分解】复选框用来设置块对象是否允许被分解。

2. 外部块的创建（wblock 命令）

除了使用上述的 block 命令创建内部块之外，用户还可以使用 wblock 命令来创建外部块，相当于建立了一个单独的图形文件，保存在磁盘中，任何 AutoCAD 图形文件都可以调用，这对于协同工作的设计成员来说特别有用。

启动 wblock 命令创建块的方法有：

- 命令行：wblock。
- 快捷命令：w。

执行上述命令后，弹出如图 10-170 所示的【写块】对话框。通过该对话框可以完成外部块的创建。下面介绍该对话框中常用功能选区的意义：

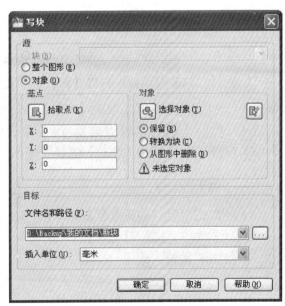

图 10-170　　【写块】对话框

225

【源】选区

用来指定需要保存到磁盘中的块或块的组成对象。

【基点】选区

该选区的内容及其功能与【块定义】对话框中的完全相同。

【对象】选区

该选区的内容及其功能与【块定义】对话框中的完全相同。单击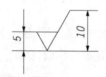按钮，用拾取框选择要定义为块的图形对象，结束后返回【写块】对话框。

【文件名和路径】：用来指定外部块的保存路径和文件名。系统会给出默认的保存路径和文件名，显示在下面的显示框中。如图 10-171 所示。

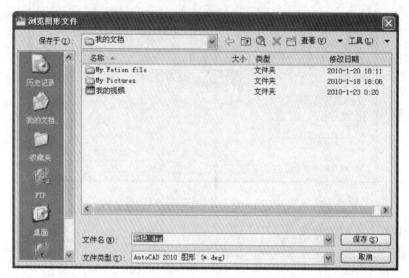

图 10-171 【浏览图形文件】对话框

【例 10-30】 将图 10-172 所示图形定义为外部块，名称为"粗糙度"。

图 10-172 粗糙度符号

1. 首先在绘图区域绘制一个如图 10-172 所示的粗糙度符号，然后执行 wblock 命令，弹出【写块】对话框。

2. 在【写块】对话框中，将【源】选项设为【对象】，单击按钮，用光标捕捉粗糙度符号的三角形尖点，并单击确定基点；单击【对象】选区的按钮，用拾取框选择粗糙度图形的三条直线，结束后返回【写块】对话框，选中【转换为块】复选项；在【文件名和路径】中设置好要保存的路径，并给定名称"粗糙度符号"【插入单位】选择"毫米"选项。单击确定完成粗糙度符号块的创建。

二、块的插入

块的插入是使用 insert 命令来实现的。启动 insert 命令的方法有：

- 下拉菜单：【插入】/【块】。
- 工具栏按钮：。
- 命令行：insert。
- 快捷命令：i。

执行上述命令后，弹出如图 10-173 所示的【插入】对话框。对话框中各选项的含义为：

【名称】：在【名称】下拉列表中选择内部的块，或者单击后面的 浏览(B)... 按钮，通过指定路径选择外部的块或外部的图形文件。

【插入点】选区：指定块在图形中的插入位置。

【在屏幕上指定】复选框：是指用鼠标在屏幕上单击一点确定插入的位置，通常勾选该复选框。

【X】、【Y】、【Z】编辑框：只有在不勾选【在屏幕上指定】复选框时才可用。在编辑框中输入插入点的坐标。

【在屏幕上指定】复选框：用鼠标在屏幕上指定比例因子，或者通过命令行输入比例因子。比例因子的正负对图块插入效果的影响如图 10-174 所示。

图 10-173 【插入】对话框

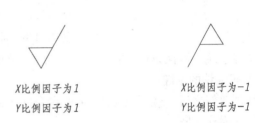

X比例因子为1
Y比例因子为1

X比例因子为-1
Y比例因子为-1

图 10-174 比例因子的正负对图块插入效果的影响

【统一比例】复选框：当三个方向的比例因子完全相同时，勾选该复选框。

【在屏幕上指定】复选框：用鼠标在屏幕上指定旋转角度，或者通过命令行输入旋转角度。

【角度】编辑框：在编辑框中输入旋转角度值。

三、带属性块的创建与插入

为了增强图块的通用性，AutoCAD 允许用户为图块附加一些文本信息，我们把这些文本信息称之为属性（Attribute）。

1. 定义块的属性

属性是与块相关联的文字信息。属性定义是创建属性的样板，它指定属性的特性及插入块时系统将显示什么样的提示信息。定义块的属性是通过【属性定义】对话框来实现的，启动该对话框的方法有：

* 下拉菜单：【绘图】/【块】/【定义属性】
* 命令行：attdef。
* 快捷命令：att。

执行上述命令后，出现如图 10-175 所示的【属性定义】对话框。

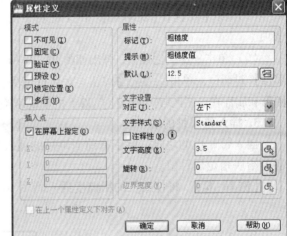

图 10-175 【属性定义】对话框

（1）【属性】选区
用来设置属性数据。

【标记】编辑框：输入汉字或字母都可以，用来标识属性，必须填写，不能空缺。

【提示】编辑框：输入汉字或字母都可以，用来作为插入块时命令行的提示语句。

【值】编辑框：用来作为插入块时属性的默认值。

（2）【插入点】选区
用来指定插入的位置。

【在屏幕上指定】复选框：是指用鼠标在屏幕上单击一点确定插入的位置，通常勾选该复选框。

（3）【文字设置】选区

用来设置文字的对正方式、文字样式、高度和旋转角度。

【例10-31】 创建一个带属性的粗糙度符号。

1. 先绘制粗糙度符号，如图10-176左图所示。

2. 然后设置图10-175所示的【属性定义】对话框：【模式】选区不选，【标记】区输入"粗糙度值"；【提示】区输入"输入粗糙度值:"；【默认】选项输入"12.5"，在【文字设置】区，对正方式选择"中下"选项，文字选择"standard"选项，文字高度设为3.5，旋转角度设为0；设置好的【属性定义】对话框见图10-175。按照上述情形设置好之后，单击 确定 按钮，用光标捕捉粗糙度符号上面水平线的中心，如图10-176右图所示，然后单击确定属性的位置。

图10-176 带属性的粗糙度符号

定义好了块的属性以后，就可以定义带属性的块了。

2. 带属性块的创建

属性创建好之后，就可以使用block命令创建带属性的块。依然以带属性的粗糙度符号为例介绍创建带属性块的操作步骤。

（1）启动block命令，弹出如图10-169所示的【块定义】对话框，在【名称】编辑框中输入"带属性的粗糙度"。

（2）单击【基点】选区的 按钮，用光标捕捉粗糙度符号中三角形的尖点并单击确定块的插入点。

（3）单击【对象】选区的 按钮，使用窗选的方式选择整个粗糙度符号图形和粗糙度属性，回车返回【块定义】对话框，这时，名称右边会出现块的预览。

（4）在【方式】选区勾选【允许分解】复选框。

（5）在【设置】/【块单位】下拉列表中选择"毫米"选项。

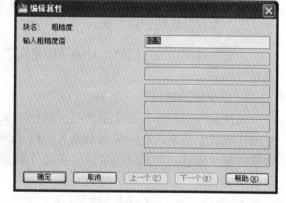

图10-177 【编辑属性】对话框

（6）单击 确定 按钮，弹出如图10-177所示的【编辑属性】对话框，单击 确定 按钮，对话框消失，原粗糙度图形和属性在绘图区域转换为标有12.5的粗糙度符号块。

3. 插入带属性的块

插入带属性的块时，除了有前面讲过的插入块的过程，还得给块指定属性值。

【例10-32】 将带属性的粗糙度插入到图10-178所示位置，并给定属性值6.3。

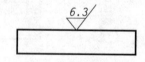

图10-178 插入带属性的块

（1）点击【绘图】工具栏中的【插入块】按钮，启动插入块命令，弹出【插入】对话框，名称区选择"带属性的粗糙度"。

（2）在屏幕上指定插入点：鼠标单击矩形上边线的中点，比例因子回车默认。

（3）输入粗糙度值：6.3后回车，完成块的插入。

四、实例练习

【例 10-33】 根据图 10-179 轴测图和 10-180 零件图所示绘制千斤顶装配图。

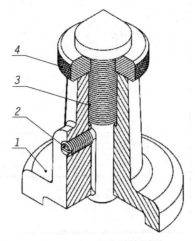

图 10-179 千斤顶轴测图

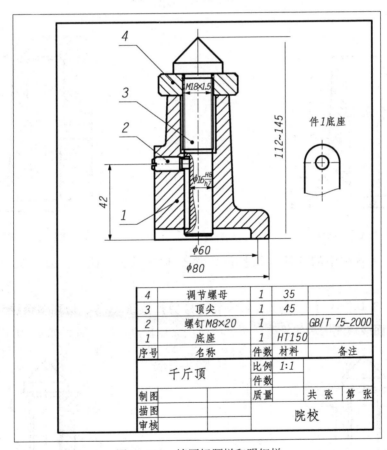

4	调节螺母	1	35	
3	顶尖	1	45	
2	螺钉M8×20	1		GB/T 75-2000
1	底座	1	HT150	
序号	名称	件数	材料	备注

图 10-180 填写标题栏和明细栏

绘制步骤：

1. 设置图层、文字样式和尺寸标注样式。

2. 分别绘出四个零件的主视图，并做成四个图块。

3. 利用 A4 图幅画装配图图框以及标题栏和明细栏，如图 10-181 所示。

4. 先绘制装配图的主视图，点击【修改】工具栏中的【插入块】按钮，插入底座，如图 10-182 所示。

5. 点击【绘图】工具栏中的【插入块】按钮，插入调节螺母，如图 10-183 所示。

229

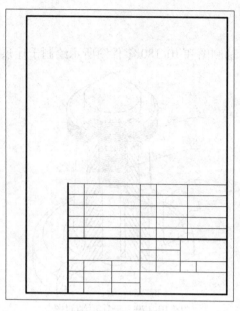

图 10-181　图框

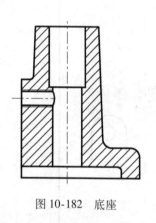

图 10-182　底座

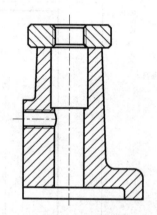

图 10-183　插入调节螺母

6. 点击【绘图】工具栏中的【插入块】按钮，插入顶尖，此处注意顶尖的局部剖视位置，如图 10-184所示。

7. 点击【修改】工具栏的【分解】按钮和【修剪】按钮等，剪切多余线，注意螺纹连接部分大小径粗细线以及剖面线填充区域的修改，可灵活应用夹点控制线的位置，如图 10-185 所示。

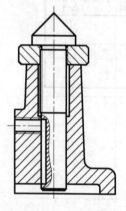

图 10-184　插入顶尖

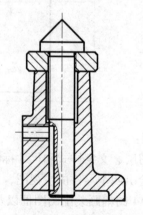

图 10-185　修剪多余线

8. 点击【绘图】工具栏中的【插入块】按钮，插入螺钉，如图 10-186 所示。

9. 点击【修改】工具栏的【分解】按钮 🔲 和【修剪】按钮 ─，剪切多余线，如图 10-187 所示。

10. 标注尺寸和序号，如图 10-188 所示。

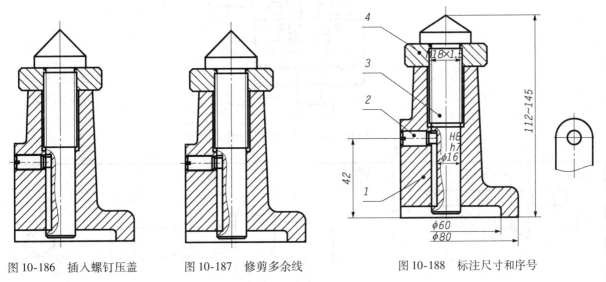

图 10-186　插入螺钉压盖　　　　图 10-187　修剪多余线　　　　图 10-188　标注尺寸和序号

11. 填写标题栏和明细栏，完成装配图。如图 10-189 所示。

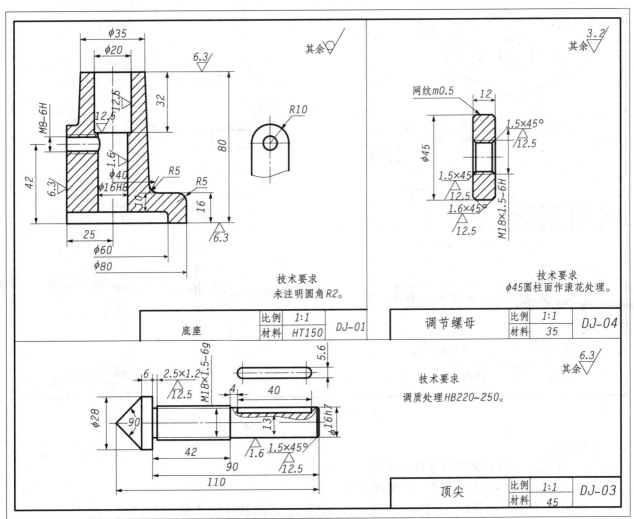

图 10-189　千斤顶零件图

【例 10-4】　根据旋阀装配示意图 10-190 和零件图 10-191 绘制旋阀装配图。

231

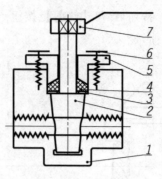

图 10-190　旋阀装配示意图

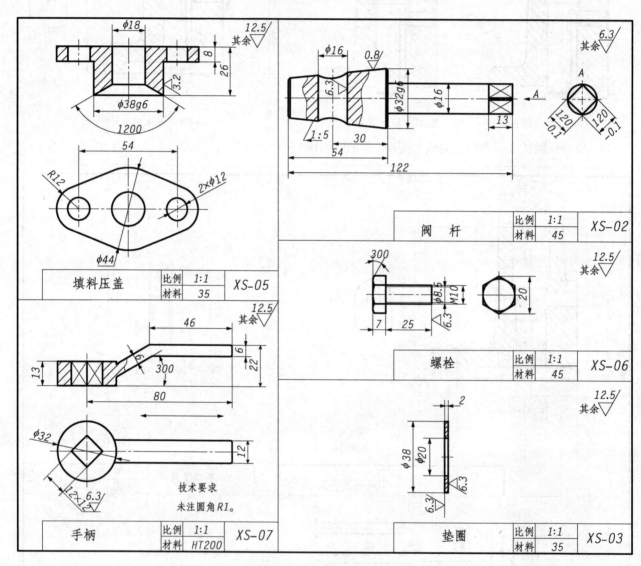

图 10-191　旋阀零件图

绘制过程：

1. 设置图层、文字样式和尺寸标注样式。

2. 分别绘出七个零件的主视图，并做成七个图块。

3. 利用 A3 图幅绘制装配图图框以及标题栏和明细栏，如图 10-192 所示。

4. 先绘制装配图的主视图，点击【修改】工具栏中的【插入块】按钮，插入阀体，如图 10-193 所示。

5. 点击【绘图】工具栏中的【插入块】按钮，再插入阀杆，如图 10-194 所示。

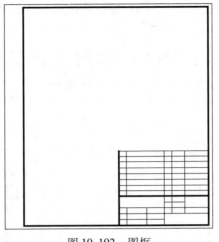

图 10-192　图框

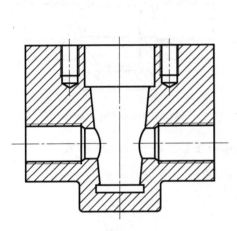

图 10-193　阀体

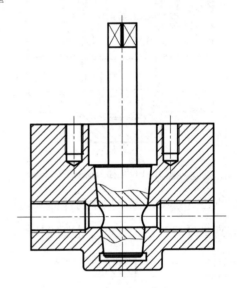

图 10-194　插入阀杆

6. 点击【修改】工具栏的【分解】按钮 和【修剪】按钮 ，剪切多余线。如图 10-195 所示。

7. 点击【修改】工具栏的【偏移】按钮 ，从阀体左上部螺纹孔的终止线向上偏移 5（根据螺纹连接内外螺纹之间的关系 0.5 倍的公称直径），如图 10-196 所示。

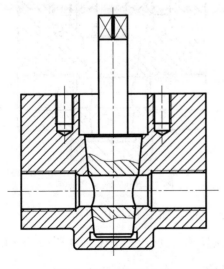

图 10-195　修剪多余线

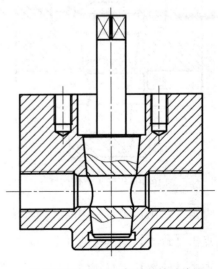

图 10-196　做插入螺栓的辅助线

8. 点击【绘图】工具栏中的【插入块】按钮 🔜，依据上一步所作偏移线与螺纹孔轴线交点作为基点再插入螺栓，如图 10-197 所示。

9. 点击【修改】工具栏的【分解】按钮 🔀 和【修剪】按钮 ⁒，剪切多余线，注意螺纹连接部分大小径粗细线以及阀体剖面线填充区域的修改，如图 10-198 所示。

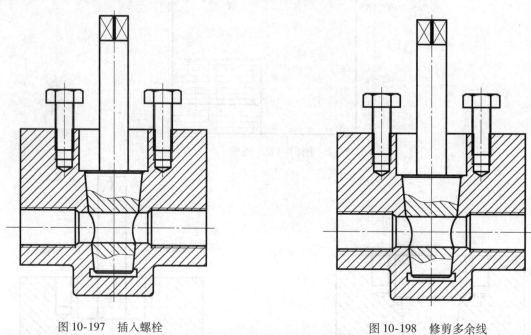

图 10-197　插入螺栓　　　　　　　　　　　　图 10-198　修剪多余线

10. 点击【绘图】工具栏中的【插入块】按钮 🔜，插入填料压盖，如图 10-199 所示。

11. 点击【修改】工具栏的【分解】按钮 🔀 和【修剪】按钮 ⁒，剪切多余线。如图 10-200 所示。

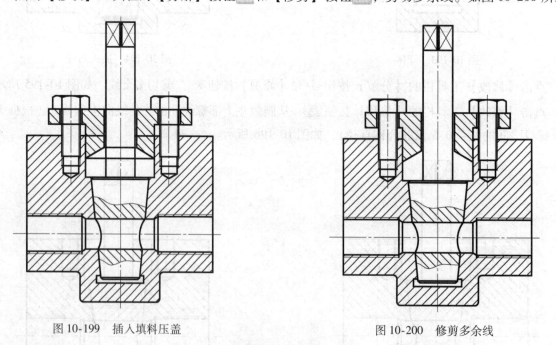

图 10-199　插入填料压盖　　　　　　　　　　图 10-200　修剪多余线

12. 点击【绘图】工具栏中的【插入块】按钮 🔜，再插入手柄，如图 10-201 所示。

13. 点击【修改】工具栏的【分解】按钮 🔀 和【修剪】按钮 ⁒，剪切多余线。如图 10-202 所示。

14. 点击【绘图】工具栏的【插入块】按钮 🔜，再插入垫圈，如图 10-203 所示。

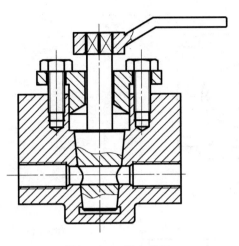

图 10-201　插入手柄

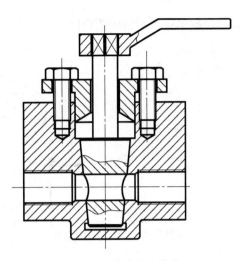

图 10-202　修剪多余线

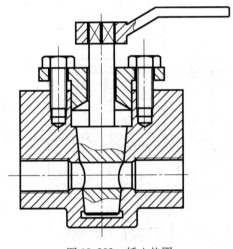

图 10-203　插入垫圈

15. 点击【修改】工具栏的【分解】按钮 ⬚ 和【修剪】按钮 ╫，剪切多余线，如图 10-204（a）所示；再将填料压盖被填料遮挡部分删除，填充网格线，如图 10-204（b）所示。完成主视图。

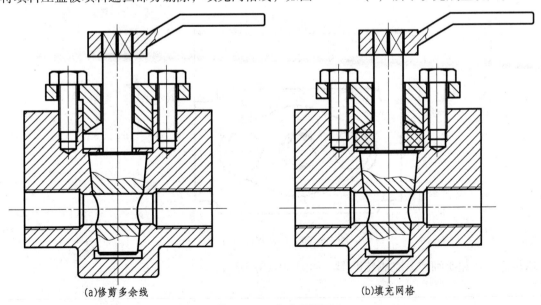

(a)修剪多余线　　　　　　　　　　　　(b)填充网格

图 10-204　完成主视图

16. 绘出旋塞拆去手柄的俯视图，如图 10-205 所示。

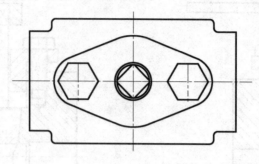

图 10-205 画俯视图

17. 标注尺寸和序号，如图 10-206 所示。

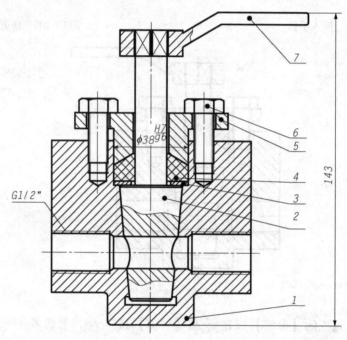

图 10-206 标注尺寸和序号

18. 填写标题栏和明细栏，完成装配图。如图 10-207 所示。

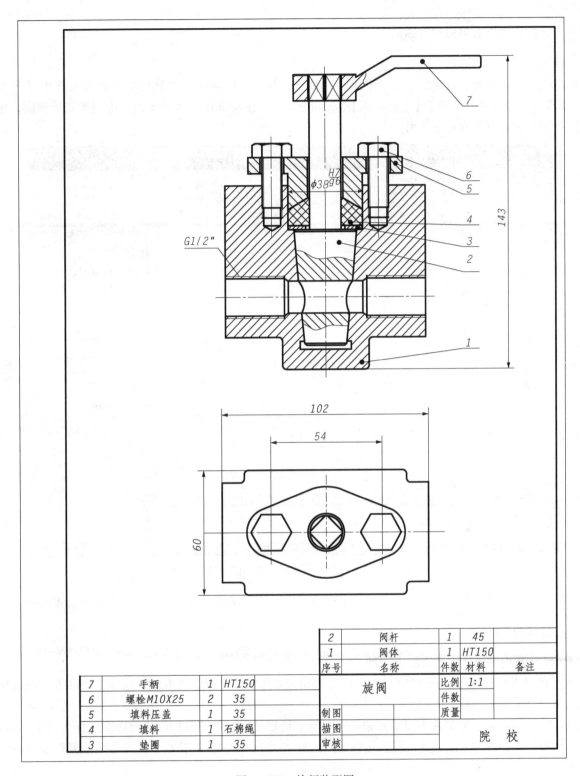

图 10-207 旋阀装配图

2	阀杆	1	45	
1	阀体	1	HT150	
序号	名称	件数	材料	备注

旋阀			比例	1:1
			件数	
制图			质量	
描图				
审核			院　校	

7	手柄	1	HT150	
6	螺栓M10X25	2	35	
5	填料压盖	1	35	
4	填料	1	石棉绳	
3	垫圈	1	35	

第九节　三维实体建模

AutoCAD 2010 不仅可以绘制二维图形，还提供了较以前版本更为完善和强大的三维功能，方便了用户进行三维实体建模设计。本章主要介绍三维实体建模的基础知识。

一、三维建模界面与用户坐标系

三维建模工作空间界面：

绘制三维实体之前，首先要进入三维建模界面。点击【工作空间】工具栏的下拉箭头选中【三维建模】，或者从下拉菜单【工具】/【工作空间】/【三维建模】，进入图 10-208 所示的三维建模初始界面，用户可根据习惯和需要更改或定制界面。

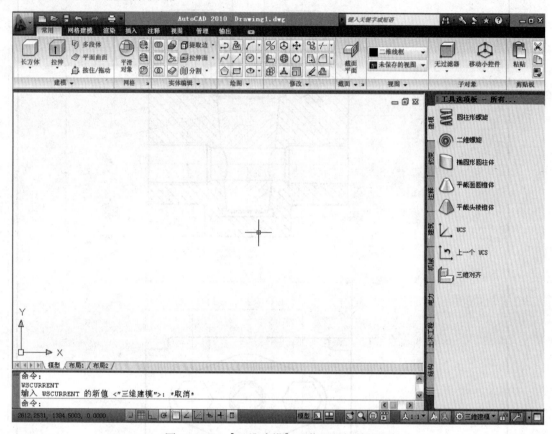

图 10-208　【三维建模】工作空间初始界面

三维建模工作空间的上方功能区中提供了有关三维实体的操作命令，可以方便地执行三维绘图。

二、创建基本实体

三维实体建模的方法大致有以下三种：

（1）利用 AutoCAD 2010 提供的基本实体（例如长方体、圆柱体、圆锥体、球体、棱锥体、楔体和圆环体）命令直接创建简单实体。

（2）将二维对象（面域或多段线）沿路径拉伸、绕轴旋转、沿路径扫掠或放样形成复杂实体。

（3）将利用前两种方法创建的实体进行布尔运算（并、差、交）、分割、抽壳等实体编辑或对齐、三维阵列、三维镜像等三维操作，生成更复杂的实体。

可以利用【常用】选项卡的【建模】面板或者【建模】工具栏创建简单的三维实体。【建模】工具栏也可以对三维对象进行编辑，如图 10-209 所示。

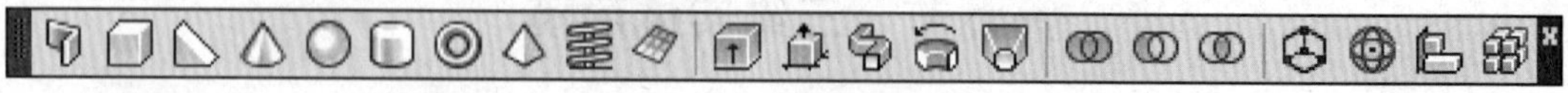

图 10-209　【建模】工具栏

1. 创建长方体

长方体由底面（即两个角点）和高度定义。长方体的底面总与当前 UCS 的 *XY* 平面平行。可以用以

238

下几种方法创建长方体：

- 【建模】工具栏或功能区【常用】选项卡的【建模】面板： 。
- 下拉菜单：【绘图】/【建模】/【长方体】。
- 命令行：box。

启动该命令后，系统提示指定长方体底面的第一个角点，指定其他角点或立方体（C）选项和长度（L）选项，最后指定长方体的高度值即可生成长方体，如图 10-210 所示。

命令中各选项功能如下：

（1）中心（C）。以指定点为体中心来创建长方体。

（2）指定其他角点。指定长方体底面的对角点来创建长方体。

（3）立方体（C）。创建立方体，需要输入值或拾取点以指定在 XY 平面上的边长。

（4）长度（L）。通过指定长、宽、高的值来创建长方体。

（5）两点（2P）。通过指定任意两点之间的距离为长方体的高度来创建长方体。

2. 创建圆柱体

圆柱体或椭圆柱体是以圆或椭圆作底面来创建，圆柱的底面位于当前 UCS 的 *XY* 平面上。创建圆柱体的方法有：

- 【建模】工具栏或功能区【常用】选项卡的【建模】面板： 。
- 下拉菜单：【绘图】/【建模】/【圆柱体】。
- 命令行：cylinder

启动该命令后，系统提示指定圆柱体底面中心点，选择指定底面半径或直径，再指定高度即可生成圆柱，如图 10-211 所示。如果在系统提示"指定底面的中心点或〔三点（3P）/两点（2P）/相切、相切、半径（T）/椭圆（E）〕"时，输入 e 回车，可创建椭圆柱。

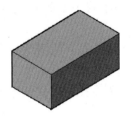

图 10-210　长方体　　　　　　　　　　　图 10-211　圆柱体

命令中各选项功能如下：

（1）三点（3P）。通过指定三点来创建圆柱体底面圆。

（2）两点（2P）。通过指定直径上两点来创建圆柱体底面圆。

（3）相切、相切、半径（T）。通过指定与两个圆、圆弧、直线和某些三维对象的相切关系和半径来创建圆柱体的底面圆。

（4）椭圆（E）。指定圆柱体的底面为椭圆。

（5）两点（2P）。通过指定两点之间的距离为圆柱体的高度来创建圆柱体。

（6）轴端点（A）。指定圆柱体轴线的端点位置来创建圆柱体，轴端点可以位于三维空间的任意位置。

3. 创建圆锥体

圆锥体由圆或椭圆底面以及垂足在其底面上的锥顶点定义，默认情况下，圆锥体的底面位于当前 UCS 的 *XY* 平面上。圆锥体的高可以是正的也可以是负的，且平行于 *Z* 轴。顶点决定圆锥体的高度和方向。创建圆锥体的方法有：

- 【建模】工具栏或功能区【常用】选项卡的【建模】面板： 。
- 下拉菜单：【绘图】/【建模】/【圆锥体】。

- 命令行：cone。

启动该命令后，系统提示指定圆锥体底面的中心点，再指定底面半径或直径，最后指定圆锥体的高度即可生成圆锥体，如图 10-212 所示。

命令中各选项功能与创建圆柱体的相对应选项相同，不再重复介绍。与圆柱体不同的是利用圆锥体命令不仅可以创建圆锥体还可以创建圆台。使用 cone 命令的"顶面半径（T）"选项可以创建从底面逐渐缩小为椭圆面或平整面的圆台。也可以通过工具选项板的"建模"选项卡使用"平截面"工具。还可以使用夹点编辑圆锥体的尖端，并将其转换为平面。

4. 创建球体

球体由中心点和半径或直径定义，如果从圆心开始创建，球体的中心轴将与当前用户坐标系（UCS）的 Z 轴平行。创建球体的方法：

- 【建模】工具栏或功能区【常用】选项卡的【建模】面板：⬤。
- 下拉菜单：【绘图】/【建模】/【球体】。
- 命令行：sphere。

启动该命令后，系统提示指定中心点，指定半径或直径即可生成球体，如图 10-213 所示。

图 10-212　圆锥体

图 10-213　球体

命令中各选项功能如下：

（1）指定中心点。指定球体中心来创建球体，指定中心后，球体的中心轴将与当前用户坐标系（UCS）的 Z 轴平行。

（2）三点（3P）。通过指定三个点以设置圆周或半径的大小和所在平面。使用【三点】选项可以在三维空间中的任意位置定义球体的大小，这三个点还可定义圆周所在平面。

（3）两点（2P）。指定两个点以设置圆周或半径。使用【两点】选项在三维空间中的任意位置定义球体的大小，圆周所在平面与第一个点的 Z 值相符。

（4）相切、相切、半径（T）。通过指定与两个圆、圆弧、直线和某些三维对象的相切关系和半径来创建球体。

5. 创建棱锥体

创建最多具有 32 个侧面的实体棱锥体。可以创建倾斜至一个点的棱锥体，也可以创建从底面倾斜至平面的棱台。创建棱锥体的方法有：

- 【建模】工具栏或功能区【常用】选项卡的【建模】面板：◇。
- 下拉菜单：【绘图】/【建模】/【棱锥体】。
- 命令行：pyramid。

启动该命令后，系统提示指定底面的中心点，然后定底面内切圆的半径，最后指定高度即可生成棱锥体，如图 10-214（a）所示。

命令中各选项功能如下：

（1）指定底面的中心点。指定棱锥体底面的中心来创建实体，所创建的底面将与当前用户坐标系（UCS）的 XY 轴平行。

（2）边（E）。通过拾取两点来指定底面边的尺寸。

（3）两点（2P）。以指定两个点之间的距离来确定棱锥体的高度。

（4）轴端点（A）。指定棱锥体的高度和旋转。此端点（或棱锥体的顶点）可以位于三维空间中的任意位置。

（5）内接（I）。指定底面外接圆的半径。

（6）顶面半径（T）。指定棱锥体顶面半径创建棱台，如图 10-214（b）所示。

6. 创建楔体

楔体形状如图 10-215 所示，楔形的底面平行于当前 UCS 的 *XY* 平面，其倾斜面正对第一个角点。楔体的高度与 *Z* 轴平行，可以是正数也可以是负数。

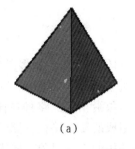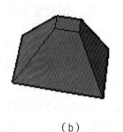

（a）　　　　　　　　（b）

图 10-214　棱锥体

- 【建模】工具栏或功能区【常用】选项卡的【建模】面板：▨。
- 下拉菜单：【绘图】/【建模】/【楔体】。
- 命令行：wedge。

启动该命令后，系统提示指定楔体底面矩形的第一个角点，然后指定楔体底面矩形的另一个角点，最后指定楔体的高度即可创建如图 10-215 所示楔体。

命令中各选项功能如下：

（1）中心（C）。通过指定中心点（即楔体三角形斜边所在矩形的中心点）来创建楔体。

（2）立方体（C）。创建底面矩形的长、宽与高度均相等的楔体，即所创建楔体为立方体沿对角线切开的一半。

（3）长度（L）。通过指定长、宽、高创建楔体。

（4）两点（2P）。以指定两点之间的距离为高度来创建楔体。

7. 创建圆环体

圆环是填充环或实体填充圆，即带有宽度的闭合多段线。创建圆环时，要指定它的内外直径和圆心。创建圆环的方法有：

- 【建模】工具栏或功能区【常用】选项卡的【建模】面板：◉。
- 下拉菜单：【绘图】/【建模】/【圆环体】。
- 命令行：torus。

启动该命令后，系统提示指定圆环体的中心点，然后指定圆环体中心线圆的半径，最后指定圆环体圆管的半径即可创建如图 10-216 所示两种不同的圆环体。

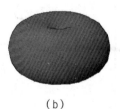

（a）　　　　　　　　（b）

图 10-215　楔体　　　　　　　　　图 10-216　圆环体生成

命令中各选项功能如下：

（1）指定中心点。通过指定圆环体的中心，来创建圆环体。圆环体的中心轴与 UCS 的 *Z* 轴平行，圆环体的中心线圆位于当前 UCS 的 *XY* 平面上，圆环体被平面平分。

（2）三点（3P）。通过指定三点来创建圆环体的中心线圆。

（3）两点（2P）。通过指定直径上两点来创建圆环体的中心线圆。

（4）相切、相切、半径（T）。通过指定与两个圆、圆弧、直线和某些三维对象的相切关系和半径来创建圆环中心线圆。

（5）两点（2P）。通过指定两点之间的距离为圆环体圆管半径。

圆环体由两个半径值定义，一个是圆管的半径，另一个是从圆管体中心到圆管中心的距离即圆环体的半径。如果圆环体半径大于圆管半径，形成的圆环体中间是空的，如图 10-216（a）所示。如果圆管半径大于圆环体半径，结果就像一个两极凹陷的扁球体，如图 10-216（b）所示。

三、创建复杂实体

1. 创建拉伸实体

创建拉伸实体就是将二维的闭合对象（如多段线、多边形、矩形、圆、椭圆、闭合的样条曲线和圆环等）拉伸成三维对象。在拉伸过程中，不但可以指定拉伸的高度，还可以使实体的截面沿拉伸方向变化。另外，还可以将一些二维对象沿指定的路径拉伸。路径可以是圆、椭圆等简单路径，也可以由圆弧、椭圆弧、多段线、样条曲线等组成的复杂路径，路径可以封闭，也可以不封闭。

如果用直线或圆弧绘制拉伸用的二维对象，则需将其转换成面域或用 pedit 转换为多段线，然后再利用【拉伸】命令进行拉伸。

启动拉伸命令的方法：

- 【建模】工具栏或【常用】选项卡的【建模】面板：⬛。
- 下拉菜单：【绘图】/【建模】/【拉伸】。
- 命令行：extrude。

在启动该命令后，可根据命令行提示进行操作，下文实例中会对相关操作进行介绍。

【例 10- 34】 将图 10-217（a）所示矩形拉伸成图 10-217（b）所示立体。

1. 点击【绘图】工具栏中的 ▭，绘制矩形。

2. 点击【建模】工具栏中的 ⬛，启动拉伸命令，选择矩形作为拉伸对象。

3. 输入 t，选择倾斜角选项，给定倾斜角度，如 15°；给定拉伸高度，回车结束命令，得到图 10-217（b）图所示立体。

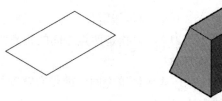

（a） （b）

图 10-217 矩形拉伸

【例 10-35】 用图 10-218（a）拉伸成图 10-218（d）所示齿轮。

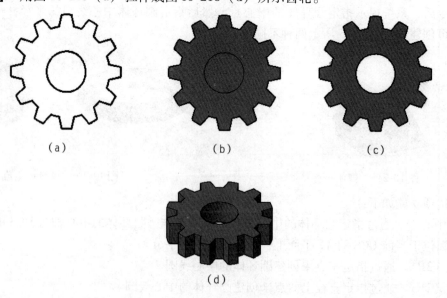

（a） （b） （c）

（d）

图 10-218 拉伸齿轮

1. 单击面域 ⬛ 按钮，将如图 10-218（a）所示平面图形创建成面域，如图 10-218（b）所示，是两个封闭的面域。

2. 单击差集 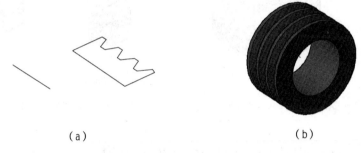 按钮，将两面域求布尔运算，结果如图 10-218（c）所示。

3. 点击【常用】选项卡【建模】面板中的 按钮，选择刚创建的面域作为拉伸对象，给定拉伸高度，如 40，则拉伸得到如图 10-218（d）所示齿轮；

4. 利用【视图】/【显示】/【ViewCube】察看拉伸结果。

上述步骤 2 中求面域差集也可在拉伸后求实体的差集。

2. 创建旋转实体

创建旋转实体是将一个二维对象（例如圆、椭圆、多段线、样条曲线等）绕当前 UCS 坐标系的 X 轴或 Y 轴并按一定的角度旋转成三维对象，也可以绕直线、多段线或两个指定的点旋转对象。启动旋转命令的方法有：

- 【建模】工具栏或【常用】选项卡的【建模】面板： 。
- 下拉菜单：【绘图】/【建模】/【旋转】。
- 命令行：revolve。

【例 10-36】 将图 10-219（a）所示图形旋转生成图 10-219（b）图所示带轮实体。

（a）　　　　　　　　　　　　（b）

图 10-219　旋转形成实体

1. 首先从下拉菜单【视图】/【三维视图】/【俯视】切换至俯视图。

2. 利用【直线】命令绘制图 10-219（a）所示的平面图形。

3. 点击面板【建模】中的 按钮，启动旋转命令，选择图 10-219（a）的封闭图形作为旋转对象，直线作为旋转轴，旋转角度默认 360 度，就得到了图 10-219（b）所示实体。

如果想观察带轮，可以从下拉菜单【视图】/【三维视图】/【西南等轴测】切换到等轴测视图，在绘图区右侧的【视觉样式】中选择"概念"选项；也可以从【视图】/【动态观察】/【自由动态观察】来调整观察立体的视角。

四、编辑实体

在三维实体建模中，经常需要将简单的三维实体进行编辑（例如布尔运算、抽壳、分割、倒角、圆角等）和三维操作（如三维移动、三维旋转、剖切、对齐、三维镜像、三维阵列）以形成更为复杂的三维实体。

1. 布尔运算

布尔运算有求并集、求差集和求交集三种。

（1）求并集

求并集，即将两个或多个实体进行合并，生成一个组合实体，实际上就是实体的相加。可以有以下几种途径来启动求并集命令：

- 【建模】工具栏或【常用】选项卡的【实体编辑】面板： 。
- 下拉菜单：【绘图】/【建模】/【并集】。

- 命令行：union。

启动该命令后，系统提示选择要进行并集的对象，继续选择对象，回车结束选择。

例如，在提示选择对象后，选择图 10-220（a）所示的圆柱体和长方体，然后回车即生成图 10-220（b）所示的组合形体。

（2）求差集

求差集，即从一个实体中减去另一个（或多个）实体，生成一个新的实体。其执行途径：

- 【建模】工具栏或【常用】选项卡的【实体编辑】面板：⊙⊙。
- 下拉菜单：下拉菜单【绘图】/【建模】/【差集】。
- 命令行：subtract。

启动该命令后，系统提示选择要从中减去的实体或面域，然后选择被减实体，最后回车结束选择。

图 10-221（a）所示的圆柱体和长方体，如果选择先圆柱体作为被减，再选择长方体作为要减去的实体，结果如图 10-221（a）所示；如果选择长方体作为被减，再选择圆柱体作为要减去的实体，结果如图 10-221（b）所示。

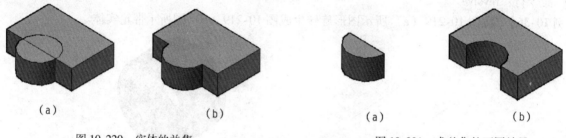

| (a) | (b) | (a) | (b) |

图 10-220　实体的并集　　　　　　图 10-221　求差集的不同效果

（3）求交集

求交集，是将两个或多个实体的公共部分构造成一个新的实体。其执行方法有：

- 【建模】工具栏或【常用】选项卡的【实体编辑】面板：⊙⊙。
- 下拉菜单：下拉菜单【绘图】/【建模】/【交集】。
- 命令行：intersect。

执行该命令后，系统会提示选择要进行交集运算的对象，可以选择两个，也可以选择多个，回车结束选择。如果所选实体具有公共部分，则生成的新实体就是公共部分；如果所选实体没有公共部分，实体将被删除。如图 10-222 所示为长方体和圆柱体交集运算结果。

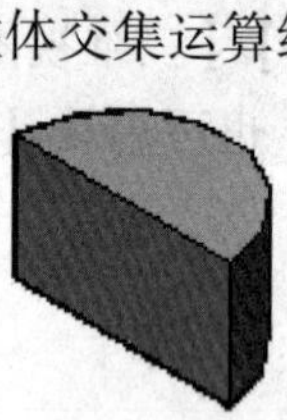

图 10-222　交集运算后生成的实体

2. 三维对齐

可以通过移动、旋转或倾斜对象来使该对象与另一个对象对齐。可以为源对象指定一个、两个或三个点，然后为目标指定一个、两个或三个点。启动三维对齐命令的方法有：

- 【建模】工具栏或【常用】选项卡的【修改】面板：⊡。
- 下拉菜单：【修改】/【三位操作】/【三维对齐】。
- 命令行：3dalign。

启动该命令后，系统提示选择要对齐的对象，首先指定对齐的基点，再指定对齐的第二个点，最后指定对齐的第三个点。

五、实例练习

【例 10-37】 创建如图 10-223 所示的座体的三维实体。

在 AutoCAD 中，三维实体建模的关键是用户要树立良好的空间概念，正确用形体分析法分析各部分之间的关系并能灵活应用前文介绍的知识创建复杂实体。

本例中的座体由五部分组成：后部的竖板、中间的半圆管、连接竖板和半圆管的肋板和两侧对称的底板。这五部分均可用【拉伸】命令来创建，其中肋板还可以用【楔体】创建，半圆管还可以用【旋转】命令创建。

绘制过程：

1. 根据需要设置图层和图形界限，打开 ViewCube，将视图调整为主视图，绘制如图 10-224 所示图形，并将其转换为面域。

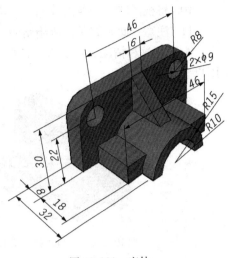

图 10-223 座体

2. 执行【绘图】/【实体】/【拉伸】命令，单击选中面域，输入 23 作为拉伸高度。如图 10-225 所示。

3. 将视图转换到后视图，捕捉到如图 10-226 半圆管中矩形的右下角点，绘制长 13、宽 8 的矩形。

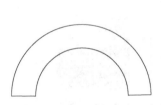

图 10-224 绘制半圆槽平面图形

图 10-225 拉伸成半圆管

图 10-226 绘制矩形

4. 执行【绘图】/【实体】/【拉伸】命令，选择矩形，将其拉伸 –18，如图 10-227 所示，得到右侧的底板（此处注意理解，是从后向前的方向观察）。

5. 执行【修改】/【三维操作】/【三维镜像】命令，以长方体及半圆管轴线所在的侧平面为镜像面，创建出另一侧（左侧）的一底板，如图 10-228 所示。

图 10-227 拉伸矩形

图 10-228 镜像实体

6. 执行【修改】/【实体编辑】/【并集】命令，选中前面创建的三个实体，对其进行求和操作，将其合并为一个实体。

7. 再次将视图转到后视图，捕捉刚才绘制矩形的角点，绘制出如图 10-229 所示的平面图形，并创建面域。

8. 执行【绘图】/【实体】/【拉伸】命令，选择前面创建的面域，将其拉伸 –8。

9. 执行【修改】/【实体编辑】/【并集】命令，将创建的实体相加，得到如图 10-230 所示实体。

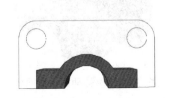

图 10-229 绘制竖板的平面图形

图 10-230 竖板合并创建后的实体

245

10. 将视图转换到西南等轴测，捕捉竖板前表面上端棱线中点，绘制如图 10-231 所示直角三角形。

11. 注意：此时如果以所绘制的三角形拉伸创建三角肋，肋板底部平面与半圆管的圆柱面相切而非相交，为避免这种情况，需要将三角形适当画大些再拉伸。如图 10-232 所示，以三角形的直角为原点创建用户坐标系。

图 10-231　绘制辅助三角形

图 10-232　创建用户坐标系

12. 以直角端点向下再绘制一段直线，为保证不超过底部半圆槽，线的长度应小于 5，但要保证肋板与半圆槽相交也不应太小，本例中取 3，为了使得用户观察方便，将视图转换到左视图，并将实体适当移动，如图 10-233 所示。

13. 用【直线】/【延伸】/【修剪】命令，绘制出如图 10-234 所示平面图形，并将不需要的线条删除。

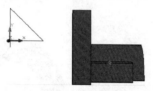

图 10-233　继续绘制截面三角形图

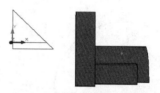

图 10-234　完成截面三角形

14. 用【面域】创建如图 10-235 所示三角肋截面面域，用【移动】命令将实体移动到原来的位置与三角形面域对齐，如图 10-236 所示。

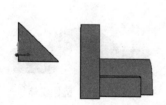

图 10-235　创建三角肋截面面域

图 10-236　移动实体与三角形面域对齐

15. 将视图转换为西南等轴测，此时的视图如图 10-237 所示。用【移动】命令将三角形面域向右移动 3，如图 10-238 所示。

图 10-237　调整视图为西南等轴测

图 10-238　移动三角形面域

16. 执行【绘图】/【实体】/【拉伸】命令，选择三角形面域，将其拉伸 6，如图 10-239 所示。

246

17. 执行【修改】/【实体编辑】/【并集】命令，即可创建如图 10-240 所示座体。

图 10-239　拉伸得到三角肋

图 10-240　合并得到最终座体

本例中，用户在第 9 步后，可考虑用楔体创建肋板。从第 10 步，还可以在任意位置创建肋板，再将肋板用【对齐】或【三维对齐】命令与已创建的实体对齐，再求其并集。第 14 步中亦可直接拉伸长为 3 的实体，将其镜像再求并集。

附　　录

一、螺纹

（一）普通螺纹（GB/T 193—2003、GB/T 196—2003）

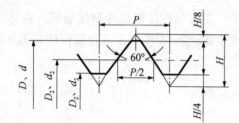

代号示例

公称直径24mm，螺距为1.5mm，右旋的细牙普通螺纹：

M24×1.5

公称直径24mm 的粗牙普通螺纹：

M24

附表1　直径与螺距系列、基本尺寸　　　　　　　　　　　　mm

公称直径 D，d		螺距 P		粗牙小径 D_1、d_1	公称直径 D，d		螺距 P		粗牙小径 D_1、d_1
第一系列	第二系列	粗牙	细牙		第一系列	第二系列	粗牙	细牙	
3		0.5	0.35	2.459		22	2.5	2, 1.5, 1, (0.75), (0.5)	19.294
	3.5	0.6		2.850	24		3	2, 1.5, 1, (0.75)	20.752
4		0.7	0.5	3.242		27	3	2, 1.5, 1, (0.75)	23.752
	4.5	0.75		3.688					
5		0.8		4.134	30		3.5	(3), 2, 1.5, 1, (0.75)	26.211
6		1	0.75, (0.5)	4.917		33	3.5	(3), 2, 1.5, (1), (0.75)	29.211
8		1.25	1, 0.75, (0.5)	6.647	36		4	3, 2, 1.5, (1)	31.670
10		1.5	1.25, 1, 0.75, (0.5)	8.376		39	4		34.670
12		1.75	1.5, 1.25, 1, (0.75), (0.5)	10.106	42		4.5	(4), 3, 2, 1.5, (1)	37.129
	14	2	1.5, (1.25), 1, (0.75), (0.5)	11.835	45		4.5		40.129
16		2	1.5, 1, (0.75), (0.5)	13.835	48		5		42.587
	18	2.5	2, 1.5, 1, (0.75), (0.5)	15.294		52	5		46.587
20		2.5		17.294	56		5.5	4, 3, 2, 1.5, (1)	50.046

注：1. 优先选用第一系列，括号内尺寸尽可能不用，第三系列未列入。

　　2. 中径 D_2、d_2 未列入。

（二）非螺纹密封的管螺纹（GB/T 7307—2001）

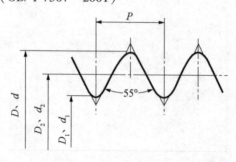

尺寸代号	每25.4mm 内的牙数 n	螺距 P	基本直径	
			大径 d，D	小径 d_1，D_1
1/8	28	0.907	9.728	8.566
1/4	19	1.337	13.157	11.445
3/8	19	1.337	16.662	14.950
1/2	14	1.814	20.955	18.631
5/8	14	1.814	22.911	20.587
3/4	14	1.814	26.441	24.117
7/8	14	1.814	30.201	27.877
1	11	2.309	33.249	30.291
$1\frac{1}{8}$	11	2.309	37.897	34.939
$1\frac{1}{4}$	11	2.309	41.910	38.952
$1\frac{1}{2}$	11	2.309	47.803	44.845
$1\frac{3}{4}$	11	2.309	53.746	50.788
2	11	2.309	59.614	56.656
$2\frac{1}{4}$	11	2.309	65.710	62.752
$2\frac{1}{2}$	11	2.309	75.184	72.226
$2\frac{3}{4}$	11	2.309	81.534	78.576
3	11	2.309	87.884	84.926

（三）梯形螺纹（GB/T 5796.2—2005，GB/T 5796.3—2005）

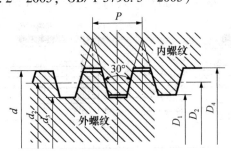

附表 3　直径与螺距系列、基本尺寸   mm

公称直径 d		螺距 P	中径	大径	小径		公称直径 d		螺距 P	中径	大径	小径	
第一系列	第二系列		$d_2=D_2$	D_4	D_3	D_1	第一系列	第二系列		$d_2=D_2$	D_4	D_3	D_1
8		1.5	7.25	8.30	6.20	6.50	10		1.5	9.25	10.30	8.20	8.50
	9	1.5	8.25	9.30	7.20	7.50			2	9.00	10.50	7.50	8.00
		2	8.00	9.50	6.50	7.00							

公称直径 d 第一系列	公称直径 d 第二系列	螺距 P	中径 $d_2=D_2$	大径 D_4	小径 D_3	小径 D_1
	11	8	22.00	27.00	17.00	18.00
		2	10.00	11.50	8.50	9.00
12		3	9.50	11.50	7.50	8.00
		2	11.00	12.50	9.50	10.00
	14	3	10.50	12.50	8.50	9.00
		2	13.00	14.50	11.50	12.00
16		3	12.50	14.50	10.50	11.00
		2	15.00	16.50	13.50	14.00
	18	4	14.00	16.50	11.50	12.00
		2	17.00	18.50	15.50	16.00
20		4	16.00	18.00	13.50	14.00
		2	19.00	20.50	17.50	18.00
	22	4	18.00	20.50	15.50	16.00
		3	20.50	22.50	18.50	19.00
		5	19.50	22.50	16.50	17.00
24		8	18.00	23.00	13.00	14.00
		3	22.50	24.50	20.50	21.00
		5	21.50	24.50	18.50	19.00
	26	8	20.00	25.00	15.00	16.00
		3	24.50	26.50	22.50	23.00
		5	23.50	26.50	20.50	21.00

公称直径 d 第一系列	公称直径 d 第二系列	螺距 P	中径 $d_2=D_2$	大径 D_4	小径 D_3	小径 D_1
28		3	26.50	28.50	24.50	25.00
		5	25.50	28.50	22.50	23.00
		8	24.00	29.00	19.00	20.00
30		3	28.50	30.50	26.50	29.00
		6	27.00	31.00	23.00	24.00
		10	25.00	31.00	19.00	20.00
32		3	30.50	32.50	28.50	29.00
		6	29.00	33.00	25.00	26.00
		10	27.00	33.00	21.00	22.00
34		3	32.50	34.50	30.50	31.00
		6	31.00	35.00	27.00	28.00
		10	29.00	35.00	23.00	24.00
36		3	34.50	36.50	32.50	33.00
		6	33.00	37.00	29.00	30.00
		10	31.00	37.00	25.00	26.00
38		3	36.50	38.50	34.50	35.00
		7	34.50	39.00	30.00	31.00
		10	33.00	39.00	27.00	28.00
40		3	38.50	40.50	36.50	37.00
		7	36.50	41.00	32.00	33.00
		10	35.00	41.00	29.00	30.00

二、常用的标准件

（一）螺栓

六角头螺栓——C 级（GB/T 5780—2000）　　六角头螺栓——A 和 B 级（GB/T 5782—2000）

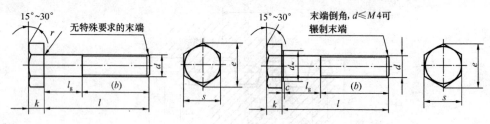

标记示例

螺纹规格 $d = M12$、公称长度 $l = 80$、性能等级为 8.8 级、表面氧化、A 级的六角头螺栓的标记

螺栓 GB/T 5782 $M12 \times 80$

附表 4　　　　　　　　　　　　　　　　　　　　　　　　　　mm

螺纹规格 d		M3	M4	M5	M6	M8	M10	M12	M16	M20	M24	M30	M36	M42
b 参考	L≤125	12	14	16	18	22	26	30	38	46	54	66	—	—
	125<L≤200	18	20	22	24	28	32	36	44	52	60	72	84	96
	L>200	31	33	35	37	41	45	49	57	65	73	85	97	109
C		0.4	0.4	0.5	0.5	0.6	0.6	0.6	0.8	0.8	0.8	0.8	0.8	1

螺纹规格 d			M3	M4	M5	M6	M8	M10	M12	M16	M20	M24	M30	M36	M42
d_w	产品 等级	A	4.57	5.88	6.88	8.88	11.63	14.63	16.63	22.49	28.19	33.61	—	—	—
		B	4.45	5.74	6.74	8.74	11.47	14.47	16.47	22	27.7	33.25	42.75	51.11	59.95
e	产品 等级	A	6.01	7.66	8.79	11.05	14.38	17.77	20.03	26.75	33.53	39.98	—	—	—
		B，C	5.88	7.50	8.63	10.89	14.20	17.59	19.85	26.17	32.95	39.55	50.85	60.97	72.02
K 公称			2	2.8	3.5	4	5.3	6.4	7.5	10	12.5	15	18.7	22.5	26
r			0.1	0.2	0.2	0.25	0.4	0.4	0.6	0.6	0.8	0.8	1	1	1.2
s 公称			5.5	7	8	10	13	16	18	24	30	36	46	55	65
L（商品规格范围）			20~30	25~40	25~50	30~60	40~80	45~100	50~120	65~160	80~200	90~240	110~300	140~360	160~440
L 系列			12, 16, 20, 25, 30, 35, 40, 45, 50, 55, 60, 65, 70, 80, 90, 100, 110, 120, 130, 140, 150, 160, 180, 200, 220, 240, 260, 280, 300, 320, 340, 360, 380, 400, 420, 440, 460, 480, 500												

注：1. A 级用于 $d \leqslant 24$ 和 $l \leqslant 10d$ 或 $\leqslant 150\text{mm}$ 的螺栓；

B 级用于 $d > 24$ 和 $l > 10d$ 或 $> 150\text{mm}$ 的螺栓。

2. 螺纹规格 d 范围：GB/T 5780 为 M5 ~ M64；GB/T 5782 为 M1.6 ~ M64。

3. 公称长度 l 范围：GB/T 5780 为 25 ~ 500；GB/T 5782 为 12 ~ 500。

（二）双头螺柱

$b_m = d$（GB/T 897—1988）　　　　$b_m = 1.25d$（GB/T 898—1988）

$b_m = 1.5d$（GB/T 899—1988）　　　$b_m = 2d$（GB/T 900—1998）

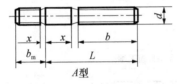
A型

B型

标记示例

1. 两端均为粗牙普通螺纹，$d = 10\text{mm}$，$l = 50\text{mm}$，性能等级为 4.8 级，不经表面处理，B 型，$b_m = d$ 的双头螺柱：

螺柱　GB/T 897—1998　M10×50

2. 旋入机体一端为粗牙普通螺纹，旋螺母一端为螺距 $P = 1\text{mm}$ 的细牙普通螺纹。$D = 10\text{mm}$，$l = 50\text{mm}$，性能等级为 4.8 级，不经表面处理，A 型，$b_m = d$ 的双头螺柱：

螺柱　GB/T 897—1998　AM10—M10×1×50

3. 旋入机体一端为过渡配合螺纹的第一种配合，旋螺母一端粗牙普通螺纹。$D = 10\text{mm}$，$l = 50\text{mm}$，性能等级为 8.8 级，镀锌钝化，B 型，$b_m = d$ 的双头螺柱：

螺柱　GB/T 897—1998　GM10—M10×50—8.8—Zn·D

附表5　　　　　　　　　　　　　　　　　　　　　　　　　　mm

螺纹 规格 d	b_m				l/b
	GB/T 897 —1998	GB/T 898 —1998	GB/T 899 —1998	GB/T 900 —1998	
M2			3	4	(12~16)/6，(18~25)/10
M2.5			3.5	5	(14~18)/8，(20~30)/11
M3			4.5	6	(16~20)/6，(22~40)/12
M4			6	8	(16~22)/10，(25~40)/14
M5	5	6	8	10	(16~22)/10，(25~50)/16
M6	6	8	10	12	(18~22)/10，(25~30)/14，(35~75)/18
M8	8	10	12	16	(18~22)/12，(25~30)/16，(32~90)/22

螺纹	b_{m}				
M10	10	12	15	20	(25~28)/14, (30~38)/16, (40~120)/30, 130/32
M12	12	15	18	24	(25~30)/16, (32~40)/20, (45~120)/30, (130~180)/36
(M14)	14	18	21	28	(30~35)/18, (38~45)/25, (50~120)/34, (130~180)/40
M16	16	20	24	32	(30~38)/20, (40~55)/30, (60~120)/38, (130~200)/44
(M18)	18	22	27	36	(30~40)/22, (45~60)/35, (65~120)/42, (130~200)/48
M20	20	25	30	40	(35~40)/25, (45~65)/38, (70~120)/46, (130~200)/52
(M22)	22	28	33	44	(40~45)/30, (50~70)/40, (75~120)/50, (130~200)/56
M24	24	30	36	49	(45~50)/30, (55~75)/45, (80~120)/54, (130~200)/60
(M27)	27	35	40	54	(50~60)/35, (65~85)/50, (90~120)/60, (130~200)/66
M30	30	38	45	60	(60~65)/40, (70~90)/50, (95~120)/66, (130~200)/72, (210~250)/85
M36	36	45	54	72	(65~75)/45, (80~110)/60, 120/78, (130~200)/84, (210~300)/97
M42	42	52	63	84	(70~80)/50, (85~110)/70, 120/90, (130~200)/96, (210~300)/109
M48	48	60	72	96	(80~90)/60, (95~110)/80, 120/102, (130~200)/108, (210~300)/121
L (系列)	12, (14), 16, (18), 20, (22), 25, (28), 30, (32), 35, (38), 40, 45, 50, 55, 60, 65, 70, 75, 80, 85, 90, 95, 100, 110, 120, 130, 140, 150, 160, 170, 180, 190, 200, 210, 220, 230, 240, 250, 260, 280, 300				

注：1. $d_s \approx$ 螺纹中径

2. $x_{,\mathrm{max}} = 1.5P$（螺距）

（三）螺钉

开槽圆柱头螺钉（GB/T 65—2000）

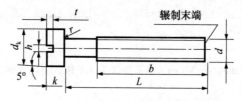

辗制末端

标记示例

螺纹规格 d = M5、公称长度 l = 20mm、性能等级为 4、8 级、不经表面处理的 A 级开槽圆柱头螺钉：

螺钉 GB/T 65　M5×20

附表 6　　　　　　　　　　　　　　　　　　mm

螺纹规格 d	M4	M5	M6	M8	M10
P（螺距）	0.7	0.8	1	1.25	1.5
b	38	38	38	38	38
d_{k}	7	8.5	10	13	16
k	2.6	3.3	3.9	5	6
n	1.2	1.2	1.6	2	2.5
r	0.2	0.2	0.25	0.4	0.4
t	1.1	1.3	1.6	2	2.4
公称长度 l	5~40	6~50	8~60	10~80	12~80
l（系列）	5, 6, 8, 10, 12, (14), 16, 20, 25, 30, 35, 40, 45, 50, (55), 60, (65), 70, (75), 80				

注：1. 公称长度 l≤40 的螺钉，制出全螺纹。

2. 螺纹规格 d = M1.6~M10、公称长度 l = 2~80。

3. 括号内的规格尽可能不采用。

开槽盘头螺钉（GB/T 67—2008）

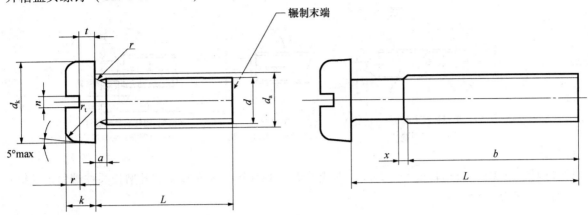

辗制末端

标记示例

螺纹规格 d = M5，公称长度 l = 20mm，性能等级为4.8级，不经表面处理的开槽沉头螺钉：

螺钉 GB/T 67M5×20

附表7   mm

螺纹规格 d		M1.6	M2	M2.5	M3	M4	M5	M6	M8	M10
P^b		0.35	0.4	0.45	0.5	0.7	0.8	1	1.25	1.5
a	max	0.7	0.8	0.9	1	1.4	1.6	2	2.5	3
b	min	25	25	25	25	38	38	38	38	38
d_k	公称 = max	3.2	4.0	5.0	5.6	8.00	9.50	12.00	16.00	20.00
	min	2.9	3.7	4.7	5.3	7.64	9.14	11.57	15.57	19.48
d_a	max	2	2.6	3.1	3.6	4.7	5.7	6.8	9.2	11.2
k	公称 = max	1.00	1.30	1.5	1.8	2.40	3.00	3.6	4.8	6.0
	min	0.86	1.16	1.36	1.66	2.26	2.86	3.3	4.5	5.7
n	公称	0.4	0.5	0.6	0.8	1.2	1.2	1.6	2	2.5
	max	0.6	0.70	0.80	1.00	1.51	1.51	1.91	2.31	2.81
	min	0.46	0.56	0.66	0.86	1.26	1.26	1.66	2.06	2.56
r	min	0.1	0.1	0.1	0.1	0.2	0.2	0.25	0.4	0.4
r_t	参考	0.5	0.6	0.8	0.9	1.2	1.2	1.6	2	2.5
t	min	0.35	0.5	0.6	0.7	1	1.2	1.4	1.9	2.4
w	min	0.3	0.4	0.5	0.7	1	1.2	1.4	1.9	2.4
x	max	0.9	1	1.1	1.25	1.75	2	2.5	3.2	3.8
公称长度 l		2~16	2.5~20	3~25	4~30	5~40	6~50	8~60	10~80	12~80
l（系列）		2, 2.5, 3, 4, 5, 6, 8, 10, 12, (14), 16, 20, 25, 30, 35, 40, 45, 50, (55), 60, (65), 70, (75), 80								

注：1. M1.6~M3 的螺钉，公称长度 l≤30mm 的，制出全螺纹。

2. M4~M10 的螺钉，公称长度 l≤40mm 的，制出全螺纹。

3. 尽可能不采用括号内的规格。

开槽锥端紧定螺钉（GB/T 71—1985）   开槽平端紧定螺钉（GB/T 73—1985）

开槽长圆柱端紧定螺钉（GB/T 75—1985）

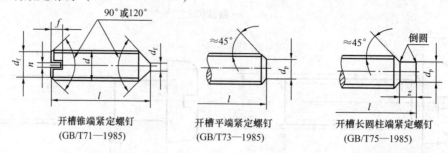

开槽锥端紧定螺钉
（GB/T71—1985）

开槽平端紧定螺钉
（GB/T73—1985）

开槽长圆柱端紧定螺钉
（GB/T75—1985）

标记示例

螺纹规格 d = M5、公称长度 l = 12mm、性能等级为 14H 级，表面氧化的开槽长圆柱端紧定螺钉：

螺钉 GB/T 75　M5 × 12

附表 8

mm

螺纹规格 d		M1.6	M2	M2.5	M3	M4	M5	M6	M8	M10	M12
P（螺距）		0.35	0.4	0.45	0.5	0.7	0.8	1	1.25	1.5	1.75
n		0.25	0.25	0.4	0.4	0.6	0.8	1	1.2	1.6	2
t		0.74	0.84	0.95	1.05	1.42	1.63	2	2.5	3	3.6
d_t		0.16	0.2	0.25	0.3	0.4	0.5	1.5	2	2.5	3
d_p		0.8	1	1.5	2	2.5	3.5	4	5.5	7	8.5
z		1.05	1.25	1.5	1.75	2.25	2.75	3.25	4.3	5.3	6.3
l	GB/T 71—1985	2 ~ 8	3 ~ 10	3 ~ 12	4 ~ 16	6 ~ 20	8 ~ 25	8 ~ 30	10 ~ 40	12 ~ 50	14 ~ 60
	GB/T 73—1985	2 ~ 8	2 ~ 10	2.5 ~ 12	3 ~ 16	4 ~ 20	5 ~ 25	6 ~ 30	8 ~ 40	10 ~ 50	12 ~ 60
	GB/T 75—1985	2.5 ~ 8	3 ~ 10	4 ~ 12	5 ~ 16	6 ~ 20	8 ~ 25	10 ~ 30	10 ~ 40	12 ~ 50	14 ~ 60
l（系列）		2, 2.5, 3, 4, 5, 6, 8, 10, 12,（14）, 16, 20, 25, 30, 35, 40, 45, 50,（55）, 60									

注：1. l 为公称长度。

　　2. 尽可能不采用括号内的规格。

（四）螺母

1 型六角螺母—A 和 B 级（GB/T 6170—1986）

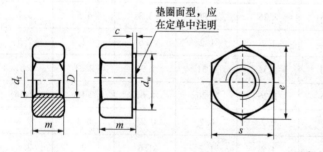

垫圈面型，应
在定单中注明

标记示例

螺纹规格 D = M12，性能等级为 10 级，不经表面处理，产品等级为 A 级的 1 型六角螺母：

螺母 GB/T　6170—1986　M12

附表 9

mm

螺纹规格 D		M3	M4	M5	M6	M8	M10	M12	M16	M20	M24	M30	M36
e	min	6.01	7.66	8.63	10.89	14.20	17.59	19.85	26.17	32.95	39.55	50.85	60.79
s	max	5.5	7	8	10	13	16	18	24	30	36	46	55
	min	5.5	7	8	10	13	16	18	24	30	36	46	55
c	max	0.4	0.4	0.5	0.5	0.6	0.6	0.6	0.8	0.8	0.8	0.8	0.8
d_w	min	4.6	5.9	6.9	8.9	11.6	14.6	16.6	22.5	27.7	33.2	42.8	51.1
d_a	max	3.45	4.6	5.75	6.75	8.75	10.8	13	17.3	21.6	25.9	32.4	38.9
m	max	2.4	3.2	4.7	5.2	6.8	8.4	10.8	14.8	18	21.5	25.6	31
	min	2.15	2.9	4.4	4.9	6.44	8.04	10.37	14.1	16.9	20.2	24.3	29.4

注：A 级用于 $D \leqslant 16$；B 级用于 $D > 16$。

（五）垫圈
平垫圈

| 小垫圈—A 级
（GB/T 848—2002） | 平垫圈—A 级
（GB/T 97.1—2002） | 平垫圈　倒角型—A 级
（GB/T 97.2—2002） |

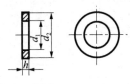 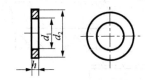 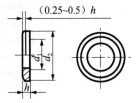

标记示例

标准系列，公称规格8，性能等级为200HV级，不经过表面处理、产品等级为A级的平垫圈：

垫圈 GB/T 97.1　8

附表 10　　　　　　　　　　　　　　　　　　　　　　　　　mm

公称尺寸（螺纹规格）d		1.6	2	2.5	3	4	5	6	8	10	12	14	16	20	24	30	36
d_1	GB/T 848	1.7	2.2	2.7	3.2	4.3	5.3	6.4	8.4	10.5	13	15	17	21	25	31	37
	GB/T 97.1	1.7	2.2	2.7	3.2	4.3	5.3	6.4	8.4	10.5	13	15	17	21	25	31	37
	GB/T 97.2	—	—	—	—	—	5.3	6.4	8.4	10.5	13	15	17	21	25	31	37
d_2	GB/T 848	3.5	4.5	5	6	8	9	11	15	18	20	24	28	34	39	50	60
	GB/T 97.1	4	5	6	7	9	10	12	16	20	24	28	30	37	44	56	66
	GB/T 97.2	—	—	—	—	—	10	12	16	20	24	28	30	37	44	56	66
h	GB/T 848	0.3	0.3	0.5	0.5	0.5	1	1.6	1.6	1.6	2	2.5	2.5	3	4	4	5
	GB/T 97.1	0.3	0.3	0.5	0.5	0.8	1	1.6	1.6	2	2.5	2.5	3	3	4	4	5
	GB/T 97.2	—	—	—	—	—	1	1.6	1.6	2	2.5	2.5	3	3	4	4	5

标准型弹簧垫圈（GB/T 93—2000）

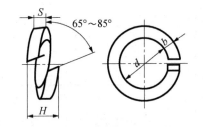 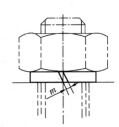

标记示例

规格 16mm、材料为 65Mn、表面氧化的标准型弹簧垫圈：

垫圈 GB/T 93　16

附表 11　　　　　　　　　　　　　　　　　　　　　　　　　mm

规格（螺纹大径）		3	4	5	6	8	10	12	(14)	16	(18)	20	(22)	24	(27)	30
d		3.1	4.1	5.1	6.1	8.1	10.2	12.2	14.2	16.2	18.2	20.2	22.5	24.5	27.5	30.5
H	GB/T 93	1.6	2.2	2.6	3.2	4.2	5.2	6.2	7.2	8.2	9	10	11	12	13.5	15
	GB/T 859	1.2	1.6	2.2	2.6	3.2	4	5	6	6.4	7.2	8	9	10	11	12
$S(b)$	GB/T 93	0.8	1.1	1.3	1.6	2.1	2.6	3.1	3.6	4.1	4.5	5	5.5	6	6.8	7.5
S	GB/T 859	0.6	0.8	1.1	1.3	1.6	2	25	3	3.2	3.6	4	4.5	5	5.5	6
$M \leqslant$	GB/T 93	0.4	0.55	0.65	0.8	1.05	1.3	1.55	1.8	2.05	2.25	2.5	2.75	3	3.4	3.75
	GB/T 859	0.3	0.4	0.55	0.65	0.8	1	1.25	1.5	1.6	1.8	2	2.25	2.5	2.75	3
b	GB/T 859	1	1.2	1.5	2	2.5	3	3.5	4	4.5	5	5.5	6	7	8	9

注：1. 括号内的规格尽可能不用。

　　2. M 应大于零。

（六）键
普通平键及键槽（GB/T 1096—2003 及 GB/T 1095—2003）

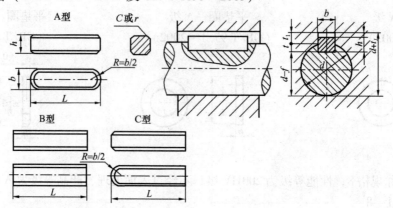

标记示例

圆头普通平键（A型），$b=18mm$，$h=11mm$，$L=100mm$　GB/T 1096—2003：　键 $18 \times 11 \times 100$

圆头普通平键（B型），$b=18mm$，$h=11mm$，$L=100mm$　GB/T 1096—2003：　键 B$18 \times 11 \times 100$

附表12　　　　　　　　　　　　　　　　　　　　　　　　　　　　　　　　mm

轴径 d	键的公称尺寸			键槽深		r 小于
				轴	轮毂	
	b	h	L	t	t_1	
自 6~8	2	2	6~20	1.2	1.0	0.16
>8~10	3	3	6~36	1.8	1.4	
>10~12	4	4	8~45	2.5	1.8	
>12~17	5	5	10~56	3.0	2.3	0.25
>17~22	6	6	14~70	3.5	2.8	
>22~30	8	7	18~90	4.0	3.3	
>30~38	10	8	22~110	5.0	3.3	0.40
>38~44	12	8	28~140	5.0	3.3	
>44~50	14	9	36~160	5.5	3.8	
>50~58	16	10	45~180	6.0	4.3	
>58~65	18	11	50~200	7.0	4.4	
>65~75	20	12	56~220	7.5	4.9	0.60
>75~85	22	14	63~250	9.0	5.4	
>85~95	25	14	70~280	9.0	5.4	
>95~110	28	16	80~320	10.0	6.4	
>110~130	32	18	90~360	11.0	7.4	
>130~150	36	20	100~400	12.0	8.4	1.00
>150~170	40	22	100~400	13.0	9.4	
>170~200	45	25	110~450	15.0	10.4	
>200~230	50	28	125~500	17.0	11.4	
>230~260	56	30	140~500	20.0	12.4	1.60
>260~290	63	32	160~500	20.0	12.4	
>290~330	70	36	180~500	22.0	12.4	
>330~380	80	40	200~500	25.0	15.4	2.50
>380~440	90	45	220~500	28.0	17.4	
>440~500	100	50	250~500	31.0	19.5	
l 的系列	6，8，10，12，14，16，18，20，22，25，28，32，36，40，45，50，56，63，70，80，90，100，110，125，140，160…					

注：1. 在工作图中，轴槽深用 $(d-t)$ 或 t 标注；轮毂槽深用 $(d+t_1)$ 标注。

　　2. 对于空心、阶梯轴、传递较低扭矩及定位等特殊情况，允许大直径的轴选用较小断面尺寸的键。

普通平键的型式和尺寸（GB/T 1096—2003）

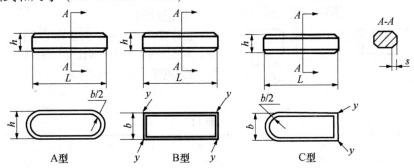

标记示例

宽度 $b=6$mm，高度 $h=6$mm，长度 $L=16$mm 放入平键：

GB/T1096 键 $6 \times 6 \times 16$

附表 13

mm

宽度 b	基本尺寸		2	3	4	5	6	8	10	12	14	16	18	20	22
	极限偏差（$h8$）		0 −0.014			0 −0.018		0 −0.022		0 −0.027				0 −0.033	
高度 h	基本尺寸		2	3	4	5	6	7	8	8	9	10	11	12	14
	极限偏差（$h8$）	矩形（$h11$）	—			—				0 −0.090				0 −0.110	
		方形（$h8$）	0 −0.014			0 −0.018		—		—				—	
倒角或倒圆 s			0.16～0.25			0.25～0.40			0.40～0.60					0.60～0.80	

长度 L

基本尺寸	极限偏差（$h14$）													
6	0 −0.36		—	—	—	—	—	—	—	—	—	—	—	—
8				—	—	—	—	—	—	—	—	—	—	—
10					—	—	—	—	—	—	—	—	—	—
12	0 −0.43					—	—	—	—	—	—	—	—	—
14							—	—	—	—	—	—	—	—
15							—	—	—	—	—	—	—	—
18								—	—	—	—	—	—	—
20								—	—	—	—	—	—	—
22	−0.52		—			标准				—	—	—	—	—
25			—							—	—	—	—	—
28			—								—	—	—	—
32			—								—	—	—	—
36	0 −0.62		—									—	—	—
40			—									—	—	—
45			—	—			长度					—	—	—
50			—	—	—								—	—
56			—	—	—									—
63	0 −0.74		—	—	—									
70			—	—	—									
80			—	—										
90	0 −0.87		—							范围				
100			—											
110			—											

（七）销

圆柱销（GB/T 119.1—2000）不淬硬钢和奥氏体不锈钢

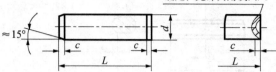

末端形状，由制造者
确定，允许倒角或凹穴

标记示例

公称直径 $d=6$mm、公差 $m6$、公称长度 $l=30$mm、材料为钢、不经淬火、不经表面处理的圆柱销：

销 GB/T 119.1　6m6×30

附表 14　　　　　　　　　　　　　　　　　　　　　　mm

公称直径 d	0.6	0.8	1	1.2	1.5	2	2.5	3	4	5
$c \approx$	0.12	0.16	0.20	0.25	0.30	0.35	0.40	0.50	0.63	0.80
l（商品规格范围公称长度）	2~6	2~8	4~10	4~12	4~16	6~20	6~24	8~30	8~40	10~50
公称直径 d	6	8	10	12	16	20	25	30	40	50
$c \approx$	1.2	1.6	2.0	2.5	3.0	3.5	4.0	5.0	6.3	8.0
l（商品规格范围公称长度）	12~60	14~80	18~95	22~140	26~180	35~200	50~200	60~200	80~200	95~200
l 系列	2, 3, 4, 5, 6, 8, 10, 12, 14, 16, 18, 20, 22, 24, 26, 28, 30, 32, 35, 40, 45, 50, 55, 60, 65, 70, 75, 80, 85, 90, 95, 100, 120, 140, 160, 180, 200									

注：1. 材料用钢时硬度要求为 125~245HV30，用奥氏体不锈钢 A1（GB/T 3098.6）时硬度要求为 210~280HV30。

2. 公差 $m6$：$Ra \leq 0.8$um

3. 公差 $h8$：$Ra \leq 1.6$um。

圆锥销（GB/T 117—2000）

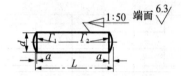

标记示例

公称直径 $d=10$、公称长度 $l=60$、材料为 35 钢、热处理硬度 28~38HRC、表面氧化处理的 A 型圆锥销：

销 GB/T 117　10×60

附表 15　　　　　　　　　　　　　　　　　　　　　　mm

公称直径 d	0.6	0.8	1	1.2	1.5	2	2.5	3	4	5
$a \approx$	0.08	0.1	0.12	0.16	0.2	0.25	0.3	0.4	0.5	0.63
l（商品规格范围公称长度）	4~8	5~12	6~16	6~20	8~24	10~35	10~35	12~45	14~55	18~60
公称直径 d	6	8	10	12	16	20	25	30	40	50
$a \approx$	0.8	1	1.2	1.6	2	2.5	3	4	5	6.3
l（商品规格范围公称长度）	22~90	22~160	26~180	32~200	40~200	45~200	50~200	55~200	60~200	65~200
l 系列	2, 3, 4, 5, 6, 8, 10, 12, 14, 16, 18, 20, 22, 24, 26, 28, 30, 32, 35, 40, 45, 50, 55, 60, 65, 70, 75, 80, 85, 90, 95, 100, 120, 140, 160, 180, 200									

开口销（GB/T 91—2000）

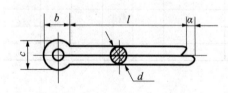

允许制造的形式

$\sigma_{min} = \frac{1}{2}\sigma_{max}$

标记示例

公称直径 $d=5$、长度 $l=50$、材料为低碳钢、不经表面处理的开口销：

销 GB/T 91　5×50

附表 16 | | | | | | | | | | | | | mm

公称规格		0.6	0.8	1	1.2	1.6	2	2.5	3.2	4	5	6.3	8	10	13
d	max	0.5	0.7	0.9	1.0	1.4	1.8	2.3	2.9	3.7	4.6	5.9	7.5	9.5	12.4
	min	0.4	0.6	0.8	0.9	1.3	1.7	2.1	2.7	3.5	4.4	5.7	7.3	9.3	12.1
C	max	1	1.4	1.8	2	2.8	3.6	4.6	5.8	7.4	9.2	11.8	15	19	24.8
	min	0.9	1.2	1.6	1.7	2.4	3.2	4	5.1	6.5	8	10.3	13.1	16.6	21.7
$b\approx$		2	2.4	3	3	3.2	4	5	6.4	8	10	12.6	16	20	26
a_{max}		1.6	1.6	1.6	2.5	2.5	2.5	2.5	3.2	4	4	4	4	6.3	6.3
l(商品规格范围公称长度)		4~12	5~16	6~20	8~26	8~32	10~40	10~50	14~65	18~80	22~100	30~120	40~160	45~200	70~160
l 系列		4, 5, 6, 8, 10, 12, 14, 16, 18, 20, 22, 24, 26, 28, 30, 32, 36, 40, 45, 50, 55, 60, 65, 70, 75, 80, 85, 90, 95, 100, 120, 140, 160, 180, 200													

注：1. 公称规格等于开口销孔直径。

    2. 公称规格≤1.2：H13。

    3. 公称规格≤1.6：H14。

（八）滚动轴承

滚动轴承深沟球轴承（GB/T 276—1994）

60000 型

标记示例

内径 $d=20$ 的 60000 型深沟球轴承，尺寸系列为（0）2，组合代号为 62：

滚动轴承 6204　GB/T 276—1994

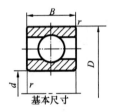 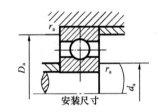

基本尺寸　安装尺寸

附表 17 | | | | | | | mm

轴承代号	基本尺寸				安装尺寸/mm		
	d	D	B	$r_{s,min}$	$d_{a,min}$	$D_{a,max}$	$r_{as,max}$
（0）1 尺寸系列							
6000	10	26	8	0.3	12.4	23.6	0.3
6001	12	28	8	0.3	14.4	25.6	0.3
6002	15	32	9	0.3	17.4	29.6	0.3
6003	17	35	10	0.3	19.4	32.6	0.3
6004	20	42	12	0.6	25	37	0.6
6005	25	47	12	0.6	30	42	0.6
6006	30	55	13	1	36	49	1
6007	35	62	14	1	41	56	1
6008	40	68	15	1	46	62	1
6009	45	75	16	1	51	69	1
6010	50	80	16	1	56	74	1
6011	55	90	18	1.1	62	83	1
6012	60	95	18	1.1	67	88	1
6013	65	100	18	1.1	72	93	1
6014	70	110	20	1.1	77	103	1
6015	75	115	20	1.1	82	108	1

轴承代号	基本尺寸				安装尺寸		
	d	D	B	$r_{s,min}$	$d_{a,min}$	$D_{a,max}$	$r_{as,max}$
6016	80	125	22	1.1	87	118	1
6017	85	130	22	1.1	92	123	1
6018	90	140	24	1.5	99	131	1.5
6019	95	145	24	1.5	104	136	1.5
6020	100	150	24	1.5	109	141	1.5
（0）2尺寸系列							
6200	10	30	9	0.6	15	25	0.6
6201	12	32	10	0.6	17	27	0.6
6202	15	35	11	0.6	20	30	0.6
6203	17	40	12	0.6	22	35	0.6
6204	20	47	14	1	26	41	1
6205	25	52	15	1	31	46	1
6206	30	62	16	1	36	56	1
6207	35	72	17	1.1	42	65	1
6208	40	80	18	1.1	47	73	1
6209	45	85	19	1.1	52	78	1
6210	50	90	20	1.1	57	83	1
6211	55	100	21	1.5	64	91	1.5
6212	60	110	22	1.5	69	101	1.5
6213	65	120	23	1.5	74	11	1.5
6214	70	125	24	1.5	79	116	1.5
6215	75	130	25	1.5	84	121	1.5
6216	80	140	26	2	90	130	2
6217	85	150	28	2	95	140	2
6218	90	160	30	2	100	150	2
6219	95	170	32	2.1	107	158	2.1
6220	100	180	34	2.1	112	168	2.1
（0）3尺寸系列							
6300	10	35	11	0.6	15	30	0.6
6301	12	37	12	1	18	31	1
6302	15	42	13	1	21	36	1
6303	17	47	14	1	23	41	1
6304	20	52	15	1.1	27	45	1
6305	25	62	17	1.1	32	55	1
6306	30	72	19	1.1	37	65	1
6307	35	80	21	1.5	44	71	1.5
6308	40	90	23	1.5	49	81	1.5
6309	45	100	25	1.5	54	91	1.5
6310	50	110	27	2	60	100	2

轴承代号	基本尺寸				安装尺寸		
	d	D	B	$r_{s,min}$	$d_{a,min}$	$D_{a,max}$	$r_{as,max}$
6311	55	120	29	2	65	110	2
6312	60	130	31	2.1	72	118	2.1
6313	65	140	33	2.1	77	128	2.1
6314	70	150	35	2.1	82	138	2.1
6315	75	160	37	2.1	87	148	2.1
6316	80	170	39	2.1	92	158	2.1
6317	85	180	41	3	99	166	2.5
6318	90	190	43	3	104	176	2.5
6319	95	200	45	3	109	186	2.5
6320	100	215	47	3	114	201	2.5
（0）3 尺寸系列							
6403	17	62	17	1.1	24	55	1
6404	20	72	19	1.1	27	65	1
6405	25	80	21	1.5	34	71	1.5
6406	30	90	23	1.5	39	81	1.5
6407	35	100	25	1.5	44	91	1.5
6408	40	110	27	2	50	100	2
6409	45	120	29	2	55	110	2
6410	50	130	31	2.1	62	118	2.1
6411	55	140	33	2.1	67	128	2.1
6412	60	150	35	2.1	72	138	2.1
6413	65	160	37	2.1	77	148	2.1
6414	70	180	42	3	84	166	2.5
6415	75	190	45	3	89	176	2.5
6416	80	200	48	3	94	186	2.5
6417	85	210	52	4	103	192	3
6418	90	225	54	4	108	207	3
6420	100	250	58	4	118	232	3

圆锥滚子轴承（GB/T 297—1994）

30000 型

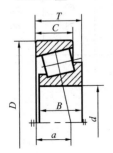

标记示例

内径 $d = 20\text{mm}$，尺寸系列代号为 02 的圆锥滚子轴承，其标记为：

滚动轴承 30204　GB/T 297—1994

轴承代号	尺寸/mm					轴承代号	尺寸/mm				
	d	D	T	B	C		d	D	T	B	C
02 尺寸系列						22 系列					
30203	17	40	13.25	12	11	32206	30	62	21.25	20	17
30204	20	47	15.25	14	12	32207	35	72	24.25	23	19
30205	25	52	16.25	15	13	32208	40	80	24.75	23	19
30206	30	62	17.25	16	14	32209	45	85	24.75	23	19
30207	35	72	18.25	17	15	32210	50	90	24.75	23	19
30208	40	80	19.75	18	16	32211	55	100	26.75	25	21
30209	45	85	20.75	19	16	32212	60	110	29.75	28	24
30210	50	90	21.75	20	17	32213	65	120	32.75	31	27
30211	55	100	22.75	21	18	32214	70	125	33.25	31	27
30212	60	110	23.75	22	19	32215	75	130	33.25	31	27
30213	65	120	24.75	23	20	32216	80	140	35.25	33	28
30214	70	125	26.25	24	21	32217	85	150	38.5	36	30
30215	75	130	27.25	25	22	32218	90	160	42.5	40	34
30216	80	140	28.25	26	22	32219	95	170	45.5	43	37
30217	85	150	30.5	28	24	32220	100	180	49	46	39
30218	90	160	32.5	30	26						
30219	95	170	34.5	32	27						
30220	100	180	37	34	29						
03 尺寸系列						23 系列					
30302	15	42	14.25	13	11	32303	17	47	20.25	19	16
30303	17	47	15.25	14	12	32304	20	52	22.25	21	18
30304	20	52	16.25	15	13	32305	25	62	25.25	24	20
30305	25	62	18.25	17	15	32306	30	72	28.75	27	23
30306	30	72	20.75	19	16	32307	35	80	32.75	31	25
30307	35	80	22.75	21	18	32308	40	90	35.25	33	27
30308	40	90	25.25	23	20	32309	45	100	38.25	36	30
30309	45	100	27.25	25	22	32310	50	110	42.25	40	33
30310	50	110	29.25	27	23	32311	55	120	45.5	43	35
30311	55	120	31.5	29	25	32312	60	130	48.5	46	37
30312	60	130	33.5	31	26	32313	65	140	51	48	39
30313	65	140	36	33	28	32314	70	150	54	51	42
30314	70	150	38	35	30	32315	75	160	58	55	45
30315	75	160	40	37	31	32316	80	170	61.5	58	48
30316	80	170	42.5	39	33	32317	85	180	63.5	60	49
30317	85	180	44.5	41	34	32318	90	190	67.5	64	53
30318	90	190	46.5	43	36	32319	95	200	71.5	67	55
30319	95	200	49.5	45	38	32320	100	215	77.5	73	60
30320	100	215	51.5	47	39						

推力球轴承（GB/T 301—1995）

51000 型

标记示例

内径 $d = 20$mm，5100 型推力球轴承，12 尺寸系列，其标记为：

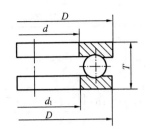

滚动轴承 51204　GB/T 301—1995

附表 19　　　　　　　　　　　　　　　　　　　　　mm

轴承代号	基本尺寸/mm				轴承型号	基本尺寸/mm			
	d	d_{1min}	D	T		d	d_{1min}	D	T
12 尺寸系列					51309	45	47	85	28
51200	10	12	26	11	51310	50	52	95	31
51201	12	14	28	11	51311	55	57	105	35
51202	15	17	32	12	51312	60	62	110	35
51203	17	19	35	12	51313	65	67	115	36
51204	20	22	40	14	51314	70	72	125	40
51205	25	27	47	15	51315	75	77	135	44
51206	30	32	52	16	51316	80	82	140	44
51207	35	37	62	18	51317	85	88	150	49
51208	40	42	68	19	51318	90	93	155	50
51209	45	47	73	20	51320	100	103	170	55
51210	50	52	78	22	14 系列				
51211	55	57	90	25	51405	25	27	60	24
51212	60	62	95	26	51406	30	32	70	28
51213	65	67	100	27	51407	35	37	80	32
51214	70	72	105	27	51408	40	42	90	36
51215	75	77	110	27	51409	45	47	100	39
51216	80	82	115	28	51410	50	52	110	43
51217	85	88	125	31	51411	55	57	120	48
51218	90	93	135	35	51412	60	62	130	51
51220	100	103	150	38	51413	65	68	140	56
13 系列					51414	70	73	150	60
51304	20	22	47	18	51415	75	78	160	65
51305	25	27	52	18	51416	80	83	170	68
51306	30	32	60	21	51417	85	88	180	72
51307	35	37	68	24	51418	90	93	190	77
51308	40	42	78	26	51420	100	103	210	85

三、极限与配合

（一）轴的优先及常用轴公差带极限偏差数值表（GB/T 1800.2—2009）

附表 20　　　　　　　　　　　　　　　　　　　　　μm

基本尺寸/mm		常用及优先公差带（带圈者为优先公差带）												
		a	b		c			d					e	
大于	至	11	11	12	9	10	⑪	8	⑨	10	11	7	8	9
—	3	−270 −330	−140 −200	−140 −240	−60 −85	−60 −100	−60 −120	−20 −34	−20 −45	−20 −60	−20 −80	−14 −24	−14 −28	−14 −39
3	6	−270 −345	−140 −215	−140 −260	−70 −100	−70 −118	−70 −145	−30 −48	−30 −60	−30 −78	−30 −105	−20 −32	−20 −38	−20 −50

263

基本尺寸/mm		常用及优先公差带（带圈者为优先公差带）												
		a	b		c			d				e		
大于	至	11	11	12	9	10	⑪	8	⑨	10	11	7	8	9
6	10	−280/−370	−150/−240	−150/−300	−80/−116	−80/−138	−80/−170	−40/−62	−40/−76	−40/−98	−40/−130	−25/−40	−25/−47	−25/−61
10	14	−290/−400	−150/−260	−150/−330	−95/−138	−95/−165	−95/−205	−50/−77	−50/−93	−50/−120	−50/−160	−32/−50	−32/−59	−32/−75
14	18	−290/−400	−150/−260	−150/−330	−95/−138	−95/−165	−95/−205	−50/−77	−50/−93	−50/−120	−50/−160	−32/−50	−32/−59	−32/−75
18	24	−300/−430	−160/−290	−160/−370	−110/−162	−110/−194	−110/−240	−65/−98	−65/−117	−65/−149	−65/−195	−40/−61	−40/−73	−40/−92
24	30	−300/−430	−160/−290	−160/−370	−110/−162	−110/−194	−110/−240	−65/−98	−65/−117	−65/−149	−65/−195	−40/−61	−40/−73	−40/−92
30	40	−310/−470	−170/−330	−170/−420	−120/−182	−120/−220	−120/−280	−80/−119	−80/−142	−80/−180	−80/−240	−50/−75	−50/−89	−50/−112
40	50	−320/−480	−180/−340	−180/−430	−130/−192	−130/−230	−130/−290	−80/−119	−80/−142	−80/−180	−80/−240	−50/−75	−50/−89	−50/−112
50	65	−340/−530	−190/−380	−190/−490	−140/−214	−140/−260	−140/−330	−100/−146	−100/−174	−100/−220	−100/−290	−60/−90	−60/−106	−60/−134
65	80	−360/−550	−200/−390	−200/−500	−150/−224	−150/−270	−150/−340	−100/−146	−100/−174	−100/−220	−100/−290	−60/−90	−60/−106	−60/−134
80	100	−380/−600	−200/−440	−220/−570	−170/−257	−170/−310	−170/−390	−120/−174	−120/−207	−120/−260	−120/−340	−72/−107	−72/−126	−72/−159
100	120	−410/−630	−240/−460	−240/−590	−180/−267	−180/−320	−180/−400	−120/−174	−120/−207	−120/−260	−120/−340	−72/−107	−72/−126	−72/−159
120	140	−460/−710	−260/−510	−260/−660	−200/−300	−200/−360	−200/−450	−145/−208	−145/−245	−145/−305	−145/−395	−85/−125	−85/−148	−85/−185
140	160	−520/−770	−280/−530	−280/−680	−210/−310	−210/−370	−210/−460	−145/−208	−145/−245	−145/−305	−145/−395	−85/−125	−85/−148	−85/−185
160	180	−580/−830	−310/−560	−310/−710	−230/−330	−230/−390	−230/−480	−145/−208	−145/−245	−145/−305	−145/−395	−85/−125	−85/−148	−85/−185
180	200	−660/−950	−340/−630	−340/−800	−240/−355	−240/−425	−240/−530	−170/−242	−170/−285	−170/−355	−170/−460	−100/−146	−100/−172	−100/−215
200	225	−740/−1030	−380/−670	−380/−840	−260/−375	−260/−445	−260/−550	−170/−242	−170/−285	−170/−355	−170/−460	−100/−146	−100/−172	−100/−215
225	250	−820/−1110	−420/−710	−420/−880	−280/−395	−280/−465	−280/−570	−170/−242	−170/−285	−170/−355	−170/−460	−100/−146	−100/−172	−100/−215
250	280	−920/−1240	−480/−800	−480/−1000	−300/−430	−300/−510	−300/−620	−190/−271	−190/−320	−190/−400	−190/−510	−110/−162	−110/−191	−110/−240
280	315	−1050/−1370	−540/−860	−540/−1060	−330/−460	−330/−540	−330/−650	−190/−271	−190/−320	−190/−400	−190/−510	−110/−162	−110/−191	−110/−240
315	355	−1200/−1560	−600/−960	−600/−1170	−360/−500	−360/−590	−360/−720	−210/−299	−210/−350	−210/−440	−210/−570	−125/−182	−125/−214	−125/−265
355	400	−1350/−1710	−680/−1040	−680/−1250	−400/−540	−400/−630	−400/−760	−210/−299	−210/−350	−210/−440	−210/−570	−125/−182	−125/−214	−125/−265
400	450	−1500/−1900	−760/−1160	−760/−1390	−440/−595	−440/−690	−440/−840	−230/−327	−230/−385	−230/−480	−230/−630	−135/−198	−135/−232	−135/−290
450	500	−1650/−2050	−840/−1240	−840/−1470	−480/−635	−480/−730	−480/−880	−230/−327	−230/−385	−230/−480	−230/−630	−135/−198	−135/−232	−135/−290

常用及优先公差带（带圈者为优先公差带）

基本尺寸/mm		f					g			h							
大于	至	5	6	⑦	8	9	5	⑥	7	5	⑥	⑦	8	⑨	10	⑪	12
—	3	−6 / −10	−6 / −12	−6 / −16	−6 / −20	−6 / −31	−2 / −6	−2 / −8	−2 / −12	0 / −4	0 / −6	0 / −10	0 / −14	0 / −25	0 / −40	0 / −60	0 / −100
3	6	−10 / −15	−10 / −18	−10 / −22	−10 / −28	−10 / −40	−4 / −9	−4 / −12	−4 / −16	0 / −5	0 / −8	0 / −12	0 / −18	0 / −30	0 / −48	0 / −75	0 / −120
6	10	−13 / −19	−13 / −22	−13 / −28	−13 / −35	−13 / −49	−5 / −11	−5 / −14	−5 / −20	0 / −6	0 / −9	0 / −15	0 / −22	0 / −36	0 / −58	0 / −90	0 / −150
10	14	−16 / −24	−16 / −27	−16 / −34	−16 / −43	−16 / −59	−6 / −14	−6 / −17	−6 / −24	0 / −8	0 / −11	0 / −18	0 / −27	0 / −43	0 / −70	0 / −110	0 / −180
14	18																
18	24	−20 / −29	−20 / −33	−20 / −41	−20 / −53	−20 / −72	−7 / −16	−7 / −20	−7 / −28	0 / −9	0 / −13	0 / −21	0 / −33	0 / −52	0 / −84	0 / −130	0 / −210
24	30																
30	40	−25 / −36	−25 / −41	−25 / −50	−25 / −64	−25 / −87	−9 / −20	−9 / −25	−9 / −34	0 / −11	0 / −16	0 / −25	0 / −39	0 / −62	0 / −100	0 / −160	0 / −250
40	50																
50	65	−30 / −43	−30 / −49	−30 / −60	−30 / −76	−30 / −104	−10 / −23	−10 / −29	−10 / −40	0 / −13	0 / −19	0 / −30	0 / −46	0 / −74	0 / −120	0 / −190	0 / −300
65	80																
80	100	−36 / −51	−36 / −58	−36 / −71	−36 / −90	−36 / −123	−12 / −27	−12 / −34	−12 / −47	0 / −15	0 / −22	0 / −35	0 / −54	0 / −87	0 / −140	0 / −220	0 / −350
100	120																
120	140	−43 / −61	−43 / −68	−43 / −83	−43 / −106	−43 / −143	−14 / −32	−14 / −39	−14 / −54	0 / −18	0 / −25	0 / −40	0 / −63	0 / −100	0 / −160	0 / −250	0 / −400
140	160																
160	180																
180	200	−50 / −70	−50 / −79	−50 / −96	−50 / −122	−50 / −165	−15 / −35	−15 / −44	−15 / −61	0 / −20	0 / −29	0 / −46	0 / −72	0 / −115	0 / −185	0 / −290	0 / −460
200	225																
225	250																
250	280	−56 / −79	−56 / −88	−56 / −108	−56 / −137	−56 / −186	−17 / −40	−17 / −49	−17 / −69	0 / −23	0 / −32	0 / −52	0 / −81	0 / −130	0 / −210	0 / −320	0 / −520
280	315																
315	355	−62 / −87	−62 / −98	−62 / −119	−62 / −151	−62 / −202	−18 / −43	−18 / −54	−18 / −75	0 / −25	0 / −36	0 / −57	0 / −89	0 / −140	0 / −230	0 / −360	0 / −570
355	400																
400	450	−68 / −95	−68 / −108	−68 / −131	−68 / −165	−68 / −223	−20 / −47	−20 / −60	−20 / −83	0 / −27	0 / −40	0 / −63	0 / −97	0 / −155	0 / −250	0 / −400	0 / −630
450	500																

常用及优先公差带（带圈者为优先公差带）

基本尺寸/mm		js			k			m			n			p		
大于	至	5	⑥	7	5	⑥	7	5	6	7	5	⑥	7	5	⑥	7
—	3	±2	±3	±5	+4 / 0	+6 / 0	+10 / 0	+6 / +2	+8 / +2	+12 / +2	+8 / +4	+10 / +4	+14 / +4	+10 / +6	+12 / +6	+16 / +6
3	6	±2.5	±4	±6	+6 / +1	+9 / +1	+13 / +1	+9 / +4	+12 / +4	+16 / +4	+13 / +8	+16 / +8	+20 / +8	+17 / +12	+20 / +12	+24 / +12
6	10	±3	±4.5	±7	+7 / +1	+10 / +1	+16 / +1	+12 / +6	+15 / +6	+21 / +6	+16 / +10	+19 / +10	+25 / +10	+21 / +15	+24 / +15	+30 / +15
10	14	±4	±5.5	±9	+9 / +1	+12 / +1	+19 / +1	+15 / +7	+18 / +7	+25 / +7	+20 / +12	+23 / +12	+30 / +12	+26 / +18	+29 / +18	+36 / +18
14	18															

基本尺寸/mm		常用及优先公差带（带圈者为优先公差带）														
		js			k			m			n			p		
大于	至	5	⑥	7	5	⑥	7	5	6	7	5	⑥	7	5	⑥	7
18	24	±4.5	±6.5	±10	+11/+2	+15/+2	+23/+2	+17/+8	+21/+8	+29/+8	+24/+15	+28/+15	+36/+15	+31/+22	+35/+22	+43/+22
24	30															
30	40	±5.5	±8	±12	+13/+2	+18/+2	+27/+2	+20/+9	+25/+9	+34/+9	+28/+17	+33/+17	+42/+17	+37/+26	+42/+26	+51/+26
40	50															
50	65	±6.5	±9.5	±15	+15/+2	+21/+2	+32/+2	+24/+11	+30/+11	+41/+11	+33/+20	+39/+20	+50/+20	+45/+32	+51/+32	+62/+32
65	80															
80	100	±7.5	±11	±17	+18/+3	+25/+3	+38/+3	+28/+13	+35/+13	+48/+13	+38/+23	+45/+23	+58/+23	+52/+37	+59/+37	+72/+37
100	120															
120	140	±9	±12.5	±20	+21/+3	+28/+3	+43/+3	+33/+15	+40/+15	+55/+15	+45/+27	+52/+27	+67/+27	+61/+43	+68/+43	+83/+43
140	160															
160	180															
180	200	±10	±14.5	±23	+24/+4	+33/+4	+50/+4	+37/+17	+46/+17	+63/+17	+51/+31	+60/+31	+77/+31	+70/+50	+79/+50	+96/+50
200	225															
225	250															
250	280	±11.5	±16	±26	+27/+4	+36/+4	+56/+4	+43/+20	+52/+20	+72/+20	+57/+34	+66/+34	+86/+34	+79/+56	+88/+56	+108/+56
280	315															
315	355	±12.5	±18	±28	+29/+4	+40/+4	+61/+4	+46/+21	+57/+21	+78/+21	+62/+37	+73/+37	+94/+37	+87/+62	+98/+62	+119/+62
355	400															
400	450	±13.5	±20	±31	+32/+5	+45/+5	+68/+5	+50/+23	+63/+23	+86/+23	+67/+40	+80/+40	+103/+40	+95/+68	+108/+68	+131/+68
450	500															

基本尺寸/mm		常用及优先公差带（带圈者为优先公差带）												
		r			s			t			u		v	x	y	z
大于	至	5	6	7	5	⑥	7	5	6	7	⑥	7	6	6	6	6
—	3	+14/+10	+16/+10	+20/+10	+18/+14	+20/+14	+24/+14	—	—	—	+24/+18	+28/+18	—	+26/+20	—	+32/+26
3	6	+20/+15	+23/+15	+27/+15	+24/+19	+27/+19	+31/+19	—	—	—	+31/+23	+35/+23	—	+36/+28	—	+43/+35
6	10	+25/+19	+28/+19	+34/+19	+29/+23	+32/+23	+38/+23	—	—	—	+37/+28	+43/+28	—	+43/+34	—	+51/+42
10	14	+31/+23	+34/+23	+41/+23	+36/+28	+39/+28	+46/+28	—	—	—	+44/+33	+51/+33	—	+51/+40	—	+61/+50
14	18												+50/+39	+56/+45	—	+71/+60
18	24	+37/+28	+41/+28	+49/+28	+44/+35	+48/+35	+56/+35	—	—	—	+54/+41	+62/+41	+60/+47	+67/+54	+76/+63	+86/+73
24	30							+50/+41	+54/+41	+62/+41	+61/+48	+69/+48	+68/+55	+77/+64	+88/+75	+101/+88
30	40	+45/+34	+50/+34	+59/+34	+54/+43	+59/+43	+68/+43	+59/+48	+64/+48	+73/+48	+76/+60	+85/+60	+84/+68	+96/+80	+110/+94	+128/+112
40	50							+65/+54	+70/+54	+79/+54	+86/+70	+95/+70	+97/+81	+113/+97	+130/+114	+152/+136

266

基本尺寸/mm		常用及优先公差带（带圈者为优先公差带）													
		r			s			t			u		v	x	y	z
大于	至	5	6	7	5	⑥	7	5	6	7	⑥	7	6	6	6	6
50	65	+54 +41	+60 +41	+71 +41	+66 +53	+72 +53	+83 +53	+79 +66	+85 +66	+96 +66	+106 +87	+117 +87	+121 +102	+141 +122	+163 +144	+191 +172
65	80	+56 +43	+62 +43	+73 +43	+72 +59	+78 +59	+89 +59	+88 +75	+94 +75	+105 +75	+121 +102	+132 +102	+139 +120	+165 +146	+193 +174	+229 +210
80	100	+66 +51	+73 +51	+86 +51	+86 +71	+93 +71	+106 +71	+106 +91	+113 +91	+126 +91	+146 +124	+159 +124	+168 +146	+200 +178	+236 +214	+280 +258
100	120	+69 +54	+76 +54	+89 +54	+94 +79	+101 +79	+114 +79	+119 +104	+126 +104	+139 +104	+166 +144	+179 +144	+194 +172	+232 +210	+276 +254	+332 +310
120	140	+81 +63	+88 +63	+103 +63	+110 +92	+117 +92	+132 +92	+140 +122	+147 +122	+162 +122	+195 +170	+210 +170	+227 +202	+273 +248	+325 +300	+390 +365
140	160	+83 +65	+90 +65	+105 +65	+118 +100	+125 +100	+140 +100	+152 +134	+159 +134	+174 +134	+215 +190	+230 +190	+253 +228	+305 +280	+365 +340	+440 +415
160	180	+86 +68	+93 +68	+108 +68	+126 +108	+133 +108	+148 +108	+164 +146	+171 +146	+186 +146	+235 +210	+250 +210	+277 +252	+335 +310	+405 +380	+490 +465
180	200	+97 +77	+106 +77	+123 +77	+142 +122	+151 +122	+168 +122	+186 +166	+195 +166	+212 +166	+265 +236	+282 +236	+313 +284	+379 +350	+454 +425	+549 +520
200	225	+100 +80	+109 +80	+126 +80	+150 +130	+159 +130	+176 +130	+200 +180	+209 +180	+226 +180	+287 +258	+304 +258	+339 +310	+414 +385	+499 +470	+604 +575
225	250	+104 +84	+113 +84	+130 +84	+160 +140	+169 +140	+186 +140	+216 +196	+225 +196	+242 +196	+313 +284	+330 +284	+369 +340	+454 +425	+549 +520	+669 +640
250	280	+117 +94	+126 +94	+146 +94	+181 +158	+190 +158	+210 +158	+241 +218	+250 +218	+270 +218	+347 +315	+367 +315	+417 +385	+507 +475	+612 +580	+742 +710
280	315	+121 +98	+130 +98	+150 +98	+193 +170	+202 +170	+222 +170	+263 +240	+272 +240	+292 +240	+382 +350	+402 +350	+457 +425	+557 +525	+682 +650	+822 +790
315	355	+133 +108	+144 +108	+165 +108	+215 +190	+226 +190	+247 +190	+293 +268	+304 +268	+325 +268	+426 +390	+447 +390	+511 +475	+626 +590	+766 +730	+936 +900
355	400	+139 +114	+150 +114	+171 +114	+233 +208	+244 +208	+265 +208	+319 +294	+330 +294	+351 +294	+471 +435	+492 +435	+566 +530	+696 +660	+856 +820	+1036 +1000
400	450	+153 +126	+166 +126	+189 +126	+259 +232	+272 +232	+295 +232	+357 +330	+370 +330	+393 +330	+530 +490	+553 +490	+635 +595	+780 +740	+960 +920	+1140 +1100
450	500	+159 +132	+172 +132	+195 +132	+279 +252	+292 +252	+315 +252	+387 +360	+400 +360	+423 +360	+580 +540	+603 +540	+700 +660	+860 +820	+1040 +1000	+1290 +1250

注：基本尺寸小于1mm时，各级的 a 和 b 均不采用。

（二）孔的极限偏差（GB/T1800.4—1999）

基本尺寸/mm 大于	至	A 11	B 11	C 12	C ⑪	D 8	D ⑨	D 10	D 11	E 8	E 9	F 6	F 7	F ⑧	F 9
—	3	+330 +270	+200 +140	+240 +140	+120 +60	+34 +20	+45 +20	+60 +20	+80 +20	+28 +14	+39 +14	+12 +6	+16 +6	+20 +6	+31 +6
3	6	+345 +270	+215 +140	+260 +140	+145 +70	+48 +30	+60 +30	+78 +30	+105 +30	+38 +20	+50 +20	+18 +10	+22 +10	+28 +10	+40 +10
6	10	+370 +280	+240 +150	+300 +150	+170 +80	+62 +40	+76 +40	+98 +40	+130 +40	+47 +25	+61 +25	+22 +13	+28 +13	+35 +13	+49 +13
10	14	+400 +290	+260 +150	+330 +150	+205 +95	+77 +50	+93 +50	+120 +50	+160 +50	+59 +32	+75 +32	+27 +16	+34 +16	+43 +16	+59 +16
14	18														
18	24	+400 +300	+290 +160	+370 +160	+240 +110	+98 +65	+117 +65	+149 +65	+195 +65	+73 +40	+92 +40	+33 +20	+41 +20	+53 +20	+72 +20
24	30														
30	40	+470 +310	+330 +170	+420 +170	+280 +120	+119 +80	+142 +80	+180 +80	+240 +80	+89 +50	+112 +50	+41 +25	+50 +25	+64 +25	+87 +25
40	50	+480 +320	+340 +180	+430 +180	+290 +130										
50	65	+530 +340	+380 +190	+490 +190	+330 +140	+146 +100	+170 +100	+220 +100	+290 +100	+106 +60	+134 +60	+49 +30	+60 +30	+76 +30	+104 +30
65	80	+550 +360	+390 +200	+500 +200	+340 +150										
80	100	+600 +380	+440 +220	+570 +220	+390 +170	+174 +120	+207 +120	+260 +120	+340 +120	+126 +72	+159 +72	+58 +36	+71 +36	+90 +36	+123 +36
100	120	+630 +410	+460 +240	+590 +240	+400 +180										
120	140	+710 +460	+510 +260	+660 +260	+450 +200	+208 +145	+245 +145	+305 +145	+395 +145	+148 +85	+185 +85	+68 +43	+83 +43	+106 +43	+143 +43
140	160	+770 +520	+530 +280	+680 +280	+460 +210										
160	180	+830 +580	+560 +310	+710 +310	+480 +230										
180	200	+950 +660	+630 +340	+800 +340	+530 +240	+242 +170	+285 +170	+355 +170	+460 +170	+172 +100	+215 +100	+79 +50	+96 +50	+122 +50	+165 +50
200	225	+1030 +740	+670 +380	+840 +380	+550 +260										
225	250	+1110 +820	+710 +420	+880 +420	+570 +280										
250	280	+1240 +920	+800 +480	+1000 +480	+620 +300	+271 +190	+320 +190	+400 +190	+510 +190	+191 +110	+240 +110	+88 +56	+108 +56	+137 +56	+186 +56
280	315	+1370 +1050	+860 +540	+1060 +540	+650 +330										

常用及优先公差带（带圈为优先公差带）

基本尺寸/mm		A	B	C		D				E		F			
大于	至	11	11	12	⑪	8	⑨	10	11	8	9	6	7	⑧	9
315	355	+1560 / +1200	+960 / +600	+1170 / +600	+720 / +360	+299 / +210	+350 / +210	+440 / +210	+570 / +210	+214 / +125	+265 / +125	+98 / +62	+119 / +62	+151 / +62	+202 / +62
355	400	+1710 / +1350	+1040 / +680	+1250 / +680	+760 / +400	+299 / +210	+350 / +210	+440 / +210	+570 / +210	+214 / +125	+265 / +125	+98 / +62	+119 / +62	+151 / +62	+202 / +62
400	450	+1900 / +1500	+1160 / +760	+1390 / +760	+840 / +440	+327 / +230	+385 / +230	+480 / +230	+630 / +230	+232 / +135	+290 / +135	+108 / +68	+131 / +68	+165 / +68	+223 / +68
450	500	+2050 / +1650	+1240 / +840	+1470 / +840	+880 / +480	+327 / +230	+385 / +230	+480 / +230	+630 / +230	+232 / +135	+290 / +135	+108 / +68	+131 / +68	+165 / +68	+223 / +68

常用及优先公差带（带圈者为优先公差带）

基本尺寸/mm		G		H							Js			K			M		
大于	至	6	⑦	6	⑦	⑧	⑨	10	⑪	12	6	7	8	6	⑦	8	6	7	8
—	3	+8 / +2	+12 / +2	+6 / 0	+10 / 0	+14 / 0	+25 / 0	+40 / 0	+60 / 0	+100 / 0	±3	±5	±7	0 / −6	0 / −10	0 / −14	−2 / −8	−2 / −12	−2 / −16
3	6	+12 / +4	+16 / +4	+8 / 0	+12 / 0	+18 / 0	+30 / 0	+48 / 0	+75 / 0	+120 / 0	±4	±6	±9	+2 / −6	+3 / −9	+5 / −13	−1 / −9	0 / −12	+2 / −16
6	10	+14 / +5	+20 / +5	+9 / 0	+15 / 0	+22 / 0	+36 / 0	+58 / 0	+90 / 0	+150 / 0	±4.5	±7	±11	+2 / −7	+5 / −10	+6 / −16	−3 / −12	0 / −15	+1 / −21
10	14	+17 / +6	+24 / +6	+11 / 0	+18 / 0	+27 / 0	+43 / 0	+70 / 0	+110 / 0	+180 / 0	±5.5	±9	±13	+2 / −9	+6 / −12	+8 / −19	−4 / −15	0 / −18	+2 / −25
14	18	+17 / +6	+24 / +6	+11 / 0	+18 / 0	+27 / 0	+43 / 0	+70 / 0	+110 / 0	+180 / 0	±5.5	±9	±13	+2 / −9	+6 / −12	+8 / −19	−4 / −15	0 / −18	+2 / −25
18	24	+20 / +7	+28 / +7	+13 / 0	+21 / 0	+33 / 0	+52 / 0	+84 / 0	+130 / 0	+210 / 0	±6.5	±10	±16	+2 / −11	+6 / −15	+10 / −23	−4 / −17	0 / −21	+4 / −29
24	30	+20 / +7	+28 / +7	+13 / 0	+21 / 0	+33 / 0	+52 / 0	+84 / 0	+130 / 0	+210 / 0	±6.5	±10	±16	+2 / −11	+6 / −15	+10 / −23	−4 / −17	0 / −21	+4 / −29
30	40	+25 / +9	+34 / +9	+16 / 0	+25 / 0	+39 / 0	+62 / 0	+100 / 0	+160 / 0	+250 / 0	±8	±12	±19	+3 / −13	+7 / −18	+12 / −27	−4 / −20	0 / −25	+5 / −34
40	50	+25 / +9	+34 / +9	+16 / 0	+25 / 0	+39 / 0	+62 / 0	+100 / 0	+160 / 0	+250 / 0	±8	±12	±19	+3 / −13	+7 / −18	+12 / −27	−4 / −20	0 / −25	+5 / −34
50	65	+29 / +10	+40 / +10	+19 / 0	+30 / 0	+46 / 0	+74 / 0	+120 / 0	+190 / 0	+300 / 0	±9.5	±15	±23	+4 / −15	+9 / −21	+14 / −32	−5 / −24	0 / −30	+5 / −41
65	80	+29 / +10	+40 / +10	+19 / 0	+30 / 0	+46 / 0	+74 / 0	+120 / 0	+190 / 0	+300 / 0	±9.5	±15	±23	+4 / −15	+9 / −21	+14 / −32	−5 / −24	0 / −30	+5 / −41
80	100	+34 / +12	+47 / +12	+22 / 0	+35 / 0	+54 / 0	+87 / 0	+140 / 0	+220 / 0	+350 / 0	±11	±17	±27	+4 / −18	+10 / −25	+16 / −38	−6 / −28	0 / −35	+6 / −48
100	120	+34 / +12	+47 / +12	+22 / 0	+35 / 0	+54 / 0	+87 / 0	+140 / 0	+220 / 0	+350 / 0	±11	±17	±27	+4 / −18	+10 / −25	+16 / −38	−6 / −28	0 / −35	+6 / −48
120	140	+39 / +14	+54 / +14	+25 / 0	+40 / 0	+63 / 0	+100 / 0	+160 / 0	+250 / 0	+400 / 0	±12.5	±20	±31	+4 / −21	+12 / −28	+20 / −43	−8 / −33	0 / −40	+8 / −55
140	160	+39 / +14	+54 / +14	+25 / 0	+40 / 0	+63 / 0	+100 / 0	+160 / 0	+250 / 0	+400 / 0	±12.5	±20	±31	+4 / −21	+12 / −28	+20 / −43	−8 / −33	0 / −40	+8 / −55
160	180	+39 / +14	+54 / +14	+25 / 0	+40 / 0	+63 / 0	+100 / 0	+160 / 0	+250 / 0	+400 / 0	±12.5	±20	±31	+4 / −21	+12 / −28	+20 / −43	−8 / −33	0 / −40	+8 / −55
180	200	+44 / +15	+61 / +15	+29 / 0	+46 / 0	+72 / 0	+115 / 0	+185 / 0	+290 / 0	+460 / 0	±14.5	±23	±36	+5 / −24	+13 / −33	+22 / −50	−8 / −37	0 / −46	+9 / −63
200	225	+44 / +15	+61 / +15	+29 / 0	+46 / 0	+72 / 0	+115 / 0	+185 / 0	+290 / 0	+460 / 0	±14.5	±23	±36	+5 / −24	+13 / −33	+22 / −50	−8 / −37	0 / −46	+9 / −63
225	250	+44 / +15	+61 / +15	+29 / 0	+46 / 0	+72 / 0	+115 / 0	+185 / 0	+290 / 0	+460 / 0	±14.5	±23	±36	+5 / −24	+13 / −33	+22 / −50	−8 / −37	0 / −46	+9 / −63
250	280	+49 / +17	+69 / +17	+32 / 0	+52 / 0	+81 / 0	+130 / 0	+210 / 0	+320 / 0	+520 / 0	±16	±26	±40	+5 / −27	+16 / −36	+25 / −56	−9 / −41	0 / −52	+9 / −72
280	315	+49 / +17	+69 / +17	+32 / 0	+52 / 0	+81 / 0	+130 / 0	+210 / 0	+320 / 0	+520 / 0	±16	±26	±40	+5 / −27	+16 / −36	+25 / −56	−9 / −41	0 / −52	+9 / −72
315	355	+54 / +18	+75 / +18	+36 / 0	+57 / 0	+89 / 0	+140 / 0	+230 / 0	+360 / 0	+570 / 0	±18	±28	±44	+7 / −29	+17 / −40	+28 / −61	−10 / −41	0 / −57	+11 / −78
355	400	+54 / +18	+75 / +18	+36 / 0	+57 / 0	+89 / 0	+140 / 0	+230 / 0	+360 / 0	+570 / 0	±18	±28	±44	+7 / −29	+17 / −40	+28 / −61	−10 / −41	0 / −57	+11 / −78
400	450	+60 / +20	+83 / +20	+40 / 0	+63 / 0	+97 / 0	+155 / 0	+250 / 0	+400 / 0	+630 / 0	±20	±31	±48	+8 / −32	+18 / −45	+29 / −68	−10 / −50	0 / −63	+11 / −86
450	500	+60 / +20	+83 / +20	+40 / 0	+63 / 0	+97 / 0	+155 / 0	+250 / 0	+400 / 0	+630 / 0	±20	±31	±48	+8 / −32	+18 / −45	+29 / −68	−10 / −50	0 / −63	+11 / −86

基本尺寸/mm		常用及优先公差带（带圈者为优先公差带）											
		N			P		R		S		T		U
大于	至	6	⑦	8	6	⑦	6	7	6	⑦	6	7	⑦
—	3	−4 −10	−4 −14	−4 −18	−6 −12	−6 −16	−10 −16	−10 −20	−14 −20	−14 −24	—	—	−18 −28
3	6	−5 −13	−4 −16	−2 −20	−9 −17	−8 −20	−12 −20	−11 −23	−16 −24	−15 −27	—	—	−19 −31
6	10	−7 −16	−4 −19	−3 −25	−12 −21	−9 −24	−16 −25	−13 −28	−20 −29	−17 −32	—	—	−22 −37
10	14	−9 −20	−5 −23	−3 −30	−15 −26	−11 −29	−20 −31	−16 −34	−25 −36	−21 −39	—	—	−26 −44
14	18	−9 −20	−5 −23	−3 −30	−15 −26	−11 −29	−20 −31	−16 −34	−25 −36	−21 −39	—	—	−26 −44
18	24	−11 −24	−7 −28	−3 −36	−18 −31	−14 −35	−24 −37	−20 −41	−31 −44	−27 −48	—	—	−33 −54
24	30	−11 −24	−7 −28	−3 −36	−18 −31	−14 −35	−24 −37	−20 −41	−31 −44	−27 −48	−37 −50	−33 −54	−40 −61
30	40	−12 −28	−8 −33	−3 −42	−21 −37	−17 −42	−29 −45	−25 −50	−38 −54	−34 −59	−43 −59	−39 −64	−51 −76
40	50	−12 −28	−8 −33	−3 −42	−21 −37	−17 −42	−29 −45	−25 −50	−38 −54	−34 −59	−49 −65	−45 −70	−61 −86
50	65	−14 −33	−9 −39	−4 −50	−26 −45	−21 −51	−35 −54	−30 −60	−47 −66	−42 −72	−60 −79	−55 −85	−76 −106
60	80	−14 −33	−9 −39	−4 −50	−26 −45	−21 −51	−37 −56	−32 −62	−53 −72	−48 −78	−69 −88	−64 −94	−91 −121
80	100	−16 −38	−10 −45	−4 −58	−30 −52	−24 −59	−44 −66	−38 −73	−64 −86	−58 −93	−84 −106	−78 −113	−111 −146
100	120	−16 −38	−10 −45	−4 −58	−30 −52	−24 −59	−47 −69	−41 −76	−72 −94	−66 −101	−97 −119	−91 −126	−131 −166
120	140	−20 −45	−12 −52	−4 −67	−36 −61	−28 −68	−56 −81	−48 −88	−85 −110	−77 −117	−115 −140	−107 −147	−155 −195
140	160	−20 −45	−12 −52	−4 −67	−36 −61	−28 −68	−58 −83	−50 −90	−93 −118	−85 −125	−127 −152	−119 −159	−175 −215
160	180	−20 −45	−12 −52	−4 −67	−36 −61	−28 −68	−61 −86	−53 −93	−101 −126	−93 −133	−139 −164	−131 −171	−195 −235
180	200	−22 −51	−14 −60	−5 −77	−41 −70	−33 −79	−68 −97	−60 −106	−113 −142	−105 −151	−157 −186	−149 −195	−219 −265
200	225	−22 −51	−14 −60	−5 −77	−41 −70	−33 −79	−71 −100	−63 −109	−121 −150	−113 −159	−171 −200	−163 −209	−241 −287
225	250	−22 −51	−14 −60	−5 −77	−41 −70	−33 −79	−75 −104	−67 −113	−131 −160	−123 −169	−187 −216	−179 −225	−267 −313
250	280	−25 −57	−14 −66	−5 −86	−47 −79	−36 −88	−85 −117	−74 −126	−149 −181	−138 −190	−209 −241	−198 −250	−295 −347
280	315	−25 −57	−14 −66	−5 −86	−47 −79	−36 −88	−89 −121	−78 −130	−161 −193	−150 −202	−231 −263	−220 −272	−330 −382

基本尺寸/mm		常用及优先公差带（带圈者为优先公差带）											
		N			P		R		S		T		U
大于	至	6	⑦	8	6	⑦	6	7	6	⑦	6	7	⑦
315	340	−26 −62	−16 −73	−5 −94	−51 −87	−41 −98	−97 −133	−87 −144	−179 −215	−169 −226	−257 −293	−247 −304	−369 −426
355	400						−103 −139	−93 −150	−197 −233	−187 −244	−283 −319	−273 −330	−414 −471
400	450	−27 −67	−17 −80	−6 −103	−55 −95	−45 −108	−113 −153	−103 −166	−219 −259	−209 −272	−317 −357	−307 −370	−467 −530
450	500						−119 −159	−109 −172	−239 −279	−229 −292	−347 −387	−337 −400	−517 −580

注：基本尺寸小于 1mm 时，各级的 A 和 B 均不采用。

四、常用材料以及常用的热处理、表面处理名词解释

（一）黑色金属材料

附表 22

标准	名称	牌号	应用举例		说明
GB/T 700—2006	普通碳素结构钢	Q215	A 级	金属结构件，拉杆，套圈，铆钉，螺栓。短轴，心轴，凸轮（载荷不大的），垫圈；渗碳零件及焊接件。	"Q" 为普碳素钢代号，后面的数字表示屈服点的数值。如 Q235 表示普通碳素结构钢的屈服点为 235N/mm² 。 新旧牌号对照： Q215—A2 Q235—A3 Q235—A5
			B 级		
		Q235	A 级	金属结构件，心部强度要求不高的渗碳或氰化零件；吊钩，拉杆，套圈，汽缸，齿轮，螺栓，螺母，连杆，轮轴，楔，盖及焊接件。	
			B 级		
			C 级		
			D 级		
		Q275	轴，轴销，刹车杆，螺母，螺栓，垫圈，连杆，齿轮以及其他强度较高的零件。		
GB/T 11352—2009	铸钢	ZG230-450	轧机机架、铁道车辆摇枕、侧梁、铁锧台、机座、箱体、锤轮、450℃ 以下的管路附件。		"ZG" 为铸钢代号，后面的数字表示屈服点和抗拉强度，如 ZG230-450 表示屈服点为 230N/mm² ，抗拉强度为 450N/mm²
		ZG310-570	适用于各种形状的零件，如联轴器、齿轮、汽缸、轴、机架、齿圈。		
GB/T 9439—2010	灰铸铁	HT150	用于小负荷和对耐磨性无特殊要求的零件，如端盖、外罩、手轮、一般机床底座、床身及其复杂零件、滑台、工作台和低压管件等。		"HT" 为灰铸铁的代号，后面的数字表示抗拉强度，如 HT200 表示抗拉强度为 200N/mm² 的灰铸铁。
		HT200	用于中等负荷和对耐磨性有一定要求的零件，如机床床身、立柱、飞轮、汽缸、泵体、轴承座、活塞、齿轮箱、阀体等。		
		HT250	用于中等负荷和对耐磨性有一定要求的零件，如阀壳、油缸、汽缸、联轴器、机体、齿轮、齿轮箱外壳、飞轮、衬套、凸轮、轴承座、活塞等。		
		HT300	用于受力大的齿轮、床身导轨、车床卡盘、剪床、压力机的床身、凸轮、高压油缸、液压泵和滑阀超额壳体冲模模体。		

（二）有色金属材料

附表 23

标准	名称	牌号	应用举例	说明
GB/T 699—1999	优质碳素结构钢	10	用作拉杆、卡头、垫圈、铆钉及用作焊接零件。	牌号的数字表示平均含碳量，45 号钢即表示含碳量为 0.45%；含碳量≤0.25%的碳钢是低碳钢（渗碳钢）；含碳量在 0.25%～0.6%之间的碳钢是中碳钢（调质钢）；含碳量大于 0.6%的碳钢是高碳钢。沸腾钢在牌号后加符号"F"含锰量较高的钢，须加注化学元素符号"Mn"
		15	用于受力不大和韧性较高的零件、渗碳零件及紧固件如螺栓、螺钉、法兰盘和化工贮器。	
		35	用于制做曲轴、转轴、轴销、杠杆、连杆、螺栓、螺母、垫圈、飞轮（多在正火、调质下使用）。	
		45	用作要求综合机械性能高的各种零件，通常经正火或调质处理后使用，用于制造轴、齿轮、齿条、链轮、螺栓、螺母、销钉、键、拉杆等。	
		65	用于制作弹簧、弹簧垫圈、凸轮、轧辊等。	
		15Mn	制作心部机械性能要求较高且须渗碳的零件。	
		65Mn	用作要求耐磨性高的圆盘、衬板、齿轴、花键轴、弹簧等。	
GB/T 3077—1999	合金结构钢	20Mn2	用作渗碳小齿轮、小轴、活塞销、柴油机套筒、气门推杆、缸套等	钢中加入一定量的合金元素，提高了钢的力学性能和耐磨性；也提高了钢的淬透性，保证金属在较大截面上获得高的力学性能。
		15Cr	用与要求心部韧性较高的渗碳零件，如船舶主机用螺栓、活塞销、凸轮、凸轮轴，汽轮机套环，机车小零件等。	
		40Cr	用于受变载、中速、中载、强烈磨损而无很大冲击的重要零件，如重要的齿轮、轴、曲轴、连杆、螺栓、螺母等。	
		35SiMn	耐磨、耐疲劳性均佳，适用于小型轴类、齿轮及 430°C 以下的重要紧固件。	
		20CrMnTi	工艺性特优，强度、韧性均高，可用于承受高速、中等或重负荷以及冲击、磨损等的重要零件，如渗碳齿轮、凸轮等。	
GB/T 1176—1987	5—5—5 锡青铜	ZCuSn5 Pb5Zn5	耐磨性和耐蚀性均好，易加工，铸造性和气密性较好，用于较高负荷、中等滑动速度下工作的耐磨、耐腐蚀零件，如轴瓦、衬套、缸体、活塞、离合器、蜗轮等。	"Z"为铸造铜合金代号，各化学元素后面的数字表示该元素含量的百分数，如 zcuAl10Fe3 表示含 Al8.1%～11%，Fe2%～4%，其余为 Cu 的铸造铝青铜。
	10—3 铝青铜	ZCuAL10Fe3	机械性能高，耐磨性耐蚀性抗氧化性好，可焊接，不易钎焊，大型铸件自 700°C 空冷可防止变脆，制造强度高、耐磨、耐蚀的零件，如蜗轮、轴承、衬套、管嘴、耐热管配件。	
	25—6—3—3 铝黄铜	ZCuZn25A L6Fe3Mn3	有很高的力学性能，铸造性良好、耐蚀性较好，有应力腐蚀开裂倾向，可以焊接，适用于高强耐磨零件，如桥梁支承板、螺母、螺杆、耐磨板、滑块和蜗轮等。	
	38—2—2 锰黄铜	ZCu58Mn 2Pb2	有较高的力学性能和耐蚀性，耐磨性较好，切削性良好，作一般用途的构件，船舶仪表等使用的外型简单的铸件，如套筒、衬套、轴瓦、滑块等。	

（三）常用的热处理和表面处理名词解释

附表 24

名词	代号	说明	应用
退火	5111	将钢件加热到临界温度以上（一般是710～715℃，个别合金钢（800～900℃）31～50℃，保温一段时间，然后缓慢冷却（一般在炉中冷却）	用来消除铸、锻、焊零件的内应力，降低硬度，便于切削加工，细化金属晶粒，改善组织，增加韧性
正火	5121	将钢件加热到临界温度以上，保温一段时间，然后在空气中冷却，冷却速度比退火快	用来处理低碳和中碳结构钢及渗碳零件，使其组织细化，增加强度与韧性
淬火	5131	将钢件加热到临界温度以上，保温一段时间，然后在水、盐水或油中（个别材料在空气中）急速冷却，使其得到高硬度	用来提高钢的硬度和硬度极限。但淬火会引起内应力，使钢变脆，所以淬火后必须回火
回火	5141	回火是将淬硬的钢件加热到临界点以下的温度，保温一段时间，然后在空气中或油中冷却下来	用来消除淬火后的脆性和内应力，提高钢的塑性和冲击韧性
调质	5151	淬火后在450～650℃进行高温回火，称为调质	用来使钢获得高的韧性和足够的强度。重要的齿轮、轴及丝杆等零件是调质处理的
表面淬火 火焰淬火	5213	用火焰或高频电流将零件表面迅速加热至临界温度以上，迅速冷却	使零件表面获得高的硬度，而心部保持一定的韧性，使零件既耐磨又能承受冲击。表面淬火常用来处理齿轮等
高频淬火	5212		
渗碳淬火	5311	在渗碳剂中将钢件加热到900～950℃，停留一段时间，将碳渗入钢表面，深度约为0.5～2mm，再淬火后回火	增加钢件的耐磨性能、表面强度、抗拉强度及疲劳极限；适用于低碳、中碳（C＜0.40%）结构钢的中小型零件
氮碳共渗	5340	氮化是在500～600℃通入氨的炉子内加热，向钢的表面渗入氮原子的过程。氮化层为0.025～0.8mm，氮化时间需40～50h	增加钢件的耐磨性能、表面硬度、疲劳极限和抗蚀能力；适用于合金钢、碳钢、铸铁件，如机床主轴、丝杆以及在潮湿碱水和燃烧气体介质的环境中工作的零件
碳氮共渗	5320	在820～860℃炉内通入碳和氮，保温1～2h，使钢件的表面同时渗入碳、氮原子，可得0.2～0.5mm的氰化层	增加表面硬度、耐磨性、疲劳强度和耐蚀性；用于要求硬度高、耐磨的中、小型及零件和刀具等
固溶处理和时效	5181	低温回火后，精加工之前，加热到100～160℃，保持10～40h。对铸件也可用天然时效（放在露天中一年以上）	使工件消除内应力和稳定形状用于量具、精密丝杆、床身导轨、床身等
发黑	发黑	将金属零件放在很浓的碱和氧化剂溶液中加热氧化，使金属表面形成一层氧化铁所组成的保护性薄膜	防腐蚀、美观。用于一般连接的标准和其他电子类零件
硬度	HB（布氏硬度）	材料抵抗硬的物体压入其表面的能力称"硬度"。根据测定的方法不同，可分布氏硬度、洛氏硬度和维氏硬度 硬度的测定是检验材料经热处理后的机械性能——硬度	用于退火、正火、调质的零件及铸件的硬度检验
	HRC（洛氏硬度）		用于经淬火、回火及表面渗碳、渗氮等处理的零件硬度检验
	HV（维氏硬度）		用于薄层硬化零件的硬度检验

参考文献

［1］莫正波，高丽燕，宋琦．AutoCAD2008 建筑绘图实例教程［M］．北京：中国石油大学出版社，2008.

［2］杨月英，张琳主编．AutoCAD2008 中文版 AutoCAD2008 绘制机械图［M］．北京：机械工业出版社，2008.

［3］王海英．举一反三 AutoCAD 中文版建筑制图实战训练［M］．北京：人民邮电出版社，2004.

［4］张琳，马晓丽．AutoCAD2010 机械制图及上机指导［M］．北京：中国电力出版社．2010